JN253003

設計技術シリーズ

SDR: Software Defined Radio

ソフトウェアで作る無線機の設計法

［著］

福岡大学 太郎丸 眞［編著］

東京工業大学 阪口 啓［編著］

東京工業大学 高田 潤一

東京工業大学 荒木 純道

慶應義塾大学 眞田 幸俊

日本無線㈱ 横野 聡

東北大学 末松 憲治

岡山大学（元 日本電信電話㈱） 上原 一浩

電気通信大学 藤井 威生

京都大学（元 情報通信研究機構） 原田 博司

マイクロウェーブファクトリー㈱（元 日本電業工作㈱） 宮本 健宏

ノキアソリューションズ&ネットワークス㈱ 小島 浩

科学情報出版株式会社

序　文

「ソフトウェア無線」という言葉を筆者が初めて耳にしたのは1990年台後半である。今日SDR：software defined radioとも言われるその技術は、フィルタや変復調などのアナログ回路処理をプロセッサなどでディジタル処理することで、複数または新規の通信方式にソフトの入れ替えなどで対応するものである。また、トラフィックや周波数の利用状況など環境を認識し通信方式を切り替える「コグニティブ無線」にもSDRは不可欠である。ところがSDRはこのように有望な技術でありながら、アナログ／ディジタル変換など回路技術の制約などにより、これまで研究・試作・実験の域を出なかったのである。しかしコンセプトが提唱されてから二十年弱の月日が流れた今日、SDRの名にふさわしい実用例も増えており、今やSDRは実用化のフェーズに入ったと言えよう。

本書は上記状況を踏まえ、実用的な無線機を作るための基礎知識の修得を目的としている。本書前半では基礎理論を中心に述べ、後半では実現例・応用例を示すことで、送受信機設計の具体的なイメージが持てるようにしている。執筆者はSDRの研究開発の第一線に携わる方々とし、対象読者は大学卒業または当該部門に転籍して間もない技術者に加え、大学院生や学部生の専門学習にも役立つよう編集した。

SDR技術はソフトウェアだけの技術ではない。アナログ／ディジタル、ハード／ソフトのいずれをも包含した電子・情報システム技術であり、SDR無線機の開発には幅広い知識が要求される。読者諸氏の専門技術の修得と技術の裾野の拡大に本書が資すれば幸甚である。末筆ながら、本書をまとめるにあたり共編者として尽力いただいた東京工業大学の阪口啓准教授をはじめ執筆者各位、協力・助言をいただいた電子情報通信学会スマート無線研究専門委員会（旧ソフトウエア無線研究会）および無線通信システム研究専門委員会の各位、ならびにこのような機会をいただいた科学情報出版株式会社殿に深謝する。

太郎丸　眞

目　次

序文

I　序論

II　無線通信システム設計の基礎理論

Ⅲ　送受信機の信号処理と要素技術

コラム
無線機の機能ブロックと信号処理の用語について

Ⅳ　送受信機構成と信号処理のディジタル化・ソフトウェア化

V　ソフトウェア無線のための高周波回路技術

Ⅵ ソフトウェア無線機の具体例と設計上の留意点

I

序論

1．福岡大学　太郎丸 眞
2．東京工業大学　高田 潤一

1．ソフトウェア無線の歴史と現状

ソフトウェア無線の概念を提示した文献として有名なのは、1992年と1995年のMitraの論文[1],[2]である。当時のセルラ（携帯電話）システムは2G（第二世代＝初代ディジタル）で、日米欧で多数の方式が林立し、他の国または地域では端末（携帯電話機）が使えなかった。ITU（国際電気通信連合）ではIMT-2000が提唱され3Gセルラの世界統一規格への調整がなされたが、結局は複数方式となった。このような状況で注目されたのが「ソフトウェア無線」（SDR：software defined radio）である。通信トラフィックや電波・周波数利用状況など環境を認識し通信方式を切り替える「コグニティブ無線[3]」にもSDRは不可欠である。それはフィルタや変復調などのアナログ回路処理をディジタル化することで、回路の無調整化や経時変化がなくなるだけでなく、ソフトウェア化により規格変更や異なる無線方式にも柔軟に対応できることによる。なお、無線機のディジタル化自体はMitolaの論文以前からあった概念で、最初の本格的なプロジェクトは軍用無線機への応用を目指したものだった[1],[3]。

このように魅力的技術であるSDRは大いに注目され、米欧を中心にSDR Forumをはじめとする多くのコンソーシアム、プロジェクト、標準化グループが設立された。日本では1996年に電波産業会（ARIB）で調査検討会が立ち上がり、1998年には電子情報通信学会にソフトウェア無線研究専門委員会が設立されている[4]。なお、上述の欧米のプロジェクトの多くではソフトウェアの標準化、具体的にはSDR用アプリケーションのインターフェース（API）の標準化が盛んに検討された[5]。パソコンやスマートフォンのアプリケーションソフトのように、多くのソフトウェアベンダーがどのメーカーの無線機プラットフォーム上でも動作するようにするには、OSやハードウエアとのインターフェースを標準化する必要がある。

さて、Mooreの法則と呼ばれるCMOS ICの微細化と高速化の驚速的進歩を見ればSDR実用化は時間の問題と思われた。が、アンテナからの高周波信号を直接AD変換することでアナログフィルタを一掃せんとする真のSDRは、一朝一夕には成らなかった。CMOSの微細化はチップ上トランジスタの動作周波数を向上させるが、アナログ回路の低消費電力化やAD変換回路の高精度化には直接つながらないのである。しかし今日ではSDRの名にふさわしい実用例も増えている。短波帯ではRF直接サンプルのSDR受信機が実用化され[6]、RF直接サンプルではないものの、GHz帯が数十MHzの帯域幅のAD変換により送受信可能な、汎用SDRプラットフォームも増えている[7],[8]。今日SDRは、もはや技術者、研究者にとって手を伸ばせば簡単に届く技術となったのである。

2．周波数有効利用・スペクトル管理とソフトウェア無線技術

1995年に論文 "Software Radio Architecture" を発表し[2]、ソフトウェア無線の父とも呼ばれているJoseph Mitolaは、ソフトウェア無線技術の応用として、環境を認識して周辺の電波環境や利用者のニーズを認知し自動的に最適な通信を行う無線システムであるコグニティブ無線の概念を1999年に提唱している[3]。その後のコグニティブ無線技術は、周波数有効利用の観点から発展を続けている。大別すると、複数の通信システムをシームレスにハンドオーバできるヘテロジニアス型コグニティブ無線、ホワイトスペースと呼ばれる時間的・空間的に未利用の周波数帯を動的に利用するダイナミックスペクトルアクセス型のコグニティブ無線がある。前者は、よりトラヒックの少ない無線アクセスネットワークへのオフロードやハンドオーバを自動的に行うなどの働きがある。後者はスペクトル検出、もしくは位置情報と紐付けたホワイトスペースデータベースへのアクセスにより、未利用周波数を同定して通信を行う。

コグニティブ無線におけるこれらの機能は、新たなシステムや周波数帯域への対応がソフトウェアの更新のみにより担保できるソフトウェア無線による実現が望ましい。ソフトウェア無線自体はすでに携帯電話基地局などに使用されており、電波免許の取得上の制約はない。しかしながら、ソフトウェアを書き換えた場合、書き換えられた無線機の技術基準への適合性が問題となり、特にユーザ端末ソフトウェアでは注意が必要となる。日本における電波法の枠組みの場合を例にとると[9]、一般

の無線局の免許手続きにおいては、予備免許を受けてから実機を検査した上で免許が付与される。一方、携帯電話など、総務省令で定められる小規模な無線機（特定無線設備）については、事前に電波法に基づく基準認証を受けて「技適」マークが付されている場合には予備免許や検査が不要となり、通信事業者に包括免許が付与される。しかしながら、2012年12月に総務省より出された電波有効利用の促進に関する検討会報告書[10]には、「製品出荷時に搭載していない新たな規格の無線機能を、出荷後、利用者が使用している場所で無線を利用して遠隔操作などで追加可能な、いわゆるソフトウェア無線技術などの開発が行われており、将来的な実用化が見込まれている。現状では、無線局の開設後に無線設備を変更する場合は無線設備の変更申請が必要となる。他方、出荷後の無線設備に、新たに別の無線規格を付加し、無線設備を変更することは想定されていなかったため、そのような変更に対する認証効力の範囲および変更申請（届出）の手続が明確となっていない。ソフトウェア無線技術などは、無線設備のモジュール化、さらには、将来的な機能向上に対応した技術でもあり、モジュール化のさらなる進展状況や各国動向なども踏まえつつ、今後必要に応じ、前述の認証効力の範囲などについて検討していくべきである。」と述べられており、現在も課題となっていることがわかる。

ソフトウェア無線機だけでなく、ホワイトスペースの二次的利用についても新しい法的な枠組みが必要とされている。国際電気通信連合（ITU）が制定している無線通信規則（RR）の中でも周波数別に業務が割り当てられており、各国主管庁は国際法であるRRにしたがってより詳細な業務ごとに周波数を割り当てている。これに対して、ホワイトスペースはオポチュニスティックに未利用周波数を検出して使用するため事前の周波数割当がなく、一次利用者へ干渉を与えないことを担保する仕組みも確立する必要がある。

2002年にコグニティブ無線技術によるホワイトスペース利用を最初に提唱した米国連邦通信委員会（FCC）は[11]、2004年に未利用のテレビジョン（TV）周波数帯における免許不要の運用に関して、与干渉対策として自らの位置の同定、近傍の送信機情報データベースへの参照、他の送信機を検出するセンシング機能を義務づけることで、二次的な利用を認める法案を提示した。そして、2010年に免許不要のTVホワイトスペース利用が正式に認可され、規則改定がなされている。新しい規則ではセンシング機能は必須とはならず、位置情報に基づく運用が前提とされており、場所に応じた空き周波数の情報を民間機関が運用するデータベースにて提供することが決まっている。2012年には、データベース構築に必要となる与干渉条件が規則の中に明示され、承認されたデータベースの運用も開始されている[12]。米国での制度化の流れを受けて、IEEE Standard Association（SA）ではTVホワイトスペースを用いた無線地域ネットワーク（802.22）、無線LAN（802.11af）、無線センサネットワーク（802.15.4m）、二次利用システム間の共存（802.19.1）、あるいは無線リソース制御（1900.4a）などの標準化が進められている。

英国でもデータベース技術を用いた免許不要のTVホワイトスペース利用の試行が行われ[13]、2013年から2014年にかけて実際にテレビジョン放送受信者に影響が出るか否かをパイロット実験によって評価している。なお、ここでの干渉要件は、欧州電気通信標準化機構（ETSI）の技術基準案[14]に準拠している。

シンガポールでも2011年に主管庁であるIDA（Info-communications Development Authority）がコグニティブ無線特区（Cognitive Radio Venues：CRAVE）を設置してTVホワイトスペースの実証実験を実施し、2013年6月にはテレビジョン放送周波数帯における免許制のホワイトスペース利用の法的な枠組案を公表している[15]。

日本においては[16]、2009年11月に招集された「新たな電波の活用ビジョンに関する検討チーム」がホワイトスペースの活用に関して検討を行った。パブリックコメントを通じたニーズ調査の結果は、他国の傾向とは大きく異なり、エリア放送やデジタルサイネージなどの単方向の地域コミュニティ・メディアが主要ニーズであると結論づけられた。一方、ブロードバンド通信などの双方向サービスは将来的なサービスと位置付けられている。検討チームの報告書を受けて、ホワイトスペース活用の全国展開を目指す「ホワイトスペース推進会議」が2010年9月に設立された。テレビジョン放送への混信を防止するための環境整備の推進やホワイトスペースを活用したビジネス展開に向けたルールつくりを促進する役割を担っている。2012年1月には「ホワイトスペース利用システムの共用方針」を公表し、地上テレビジョン放送用周波数帯を利用するいずれのホワイトスペース利用システムも、地上テレビジョン放送へ有害な混信を生じさせてはならず、また地上テレビジョン放送からの有害な混信への保護を求めてはならないことを明示するとともに、ホワイトスペースの利用は免許制とすること、700MHz帯携帯電話用周波数再編整備の一環として移行してきた特定ラジオマイクを他のホワイトスペース利用よりも優先すること、などの方針を示した。地上デジタルテレビジョン放送と、現在までに制度化がなされた業務である特定ラジオマイクおよびエリア放送の間で干渉を受けないことを担保する運用調整を行うため、2013年4月に民間団体「TVホワイトスペース利用システム運用調整連絡会」が設立された。その後2014年に3月に「TVホワイトスペース等利用システム運用調整協議会」[17]に改組され、現在に至っている。エリア放送は固定局であり、特定ラジオマイクは移動局ながら劇場や音楽ホールなど運用場所が限定されておりデータベース化されている。すなわちリアルタイムに周波数の動的な割当を行う必要性に迫られていない。現在、災害向け通信システム（災害対応ロボット・機器用）、センサネットワークの二つのシステムについては、総務省の技術試験事務を経て実用化へと検討が進められつつある。

コグニティブ無線技術を用いたTVホワイトスペースの動的な利用については前述した各国が日本に先んじて実用化を果たすことになるが、これらの先例での経験も参考にしつつ、テレビジョン放送のような時間的・空間的な利用率が必ずしも低くない周波数帯域ばかりでなく、より利用率の低い周波数帯域の有効活用も念頭に置き、実用化に向けて研究開発が活発に行われることを期待する。

参考文献

[1] J. Mitola, "Software radios: survey, critical evaluation and future directions," Proc. National Telesystems Conf., May 1992.
[2] J. Mitola, "The Software Radio Architecture," IEEE Communications Magzine, vol.34, no.5, pp.26-38, May 1995.
[3] J. Mitola, and G.Q. Maguire Jr., "Cognitive Radio: Making Software Radios More Personal," IEEE Personal Communications, vol.6, no.4, pp.13-18, Aug 1999.
[4] 荒木純道 , 鈴木康夫 , 原田博司 , ソフトウエア無線の基礎と応用 , サイペック , 2002.
[5] T. Ulversoy, "Software defined radio: challenges and opportunities," IEEE Communications Surveys & Tutorials, vol.12, no.4, pp.531-550, May 2010.
[6] 横野聡 , 逆井孝英 , "HF 受信用 RF サンプリング SDR," 信学技報 , vol.111, no.452, SR2011-126, pp.155-160, Mar. 2012.
[7] "NI USRP-292x/293x datasheet: universal software radio peripherals," Web site, National Instruments, http://sine.ni.com/ds/app/doc/p/id/ds-355/, 2014.
[8] "Matchstiq: handheld reconfigurable RF transceiver," Web site, Epiq Solutions, http://epiqsolutions.com/matchstiq/, 2014.
[9] 総務省 , "電波利用ホームページ | 無線局機器に関する基準認証制度 ," http://www.tele.soumu.go.jp/j/sys/equ/index.htm (2013 年 11 月 1 日確認)
[10] 総務省 , "電波有効利用の促進に関する検討会 ," http:// www.soumu.go.jp/main_sosiki/kenkyu/denpa_riyou/index.html (2013 年 11 月 1 日確認)
[11] Federal Communications Commission, "Spectrum Policy Task Force Report," FCC ET Docket no. 02-135, Nov. 2002.
[12] Federal Communications Commission, "White Space | FCC.gov," http://www.fcc.gov/topic/white-space (2013 年 11 月 1 日確認)
[13] Ofcom, "Ofcom | TV White-Spaces," http://stakeholders.ofcom.org.uk/spectrum/tv-white-spaces/ (2013 年 11 月 1 日確認)
[14] "White Space Devices (WSD); Wireless Access Systems operating in the 470 MHz to 790 MHz frequency band; Harmonized EN covering the essential

requirements of article 3.2 of the R&TTE Directive," Draft ETSI EN 301 598 V1.0.0, July 2013.
[15] Infocomm Development Authority of Singapore, "Proposed Regulatory Framework for TV White Space Operations in the VHF/UHF Bands," http://www.ida.gov.sg/Policies-and-Regulations/Consultation-Papers-and-Decisions/Store/Proposed-Regulatory-Framework-for-TV-White-Space--Operations-in-the-VHF-UHF-Bands（2013 年 11 月 1 日確認）
[16] 高田潤一, "日本における TV ホワイトスペースの利用の動向," 電子情報通信学会誌, vol.96, no.2, pp.111-116, Feb 2013.
[17] "TV ホワイトスペース等利用システム運用調整協議会," http://www.rf-unyo.jp/.

II

無線通信システム設計の基礎理論

1. 東京工業大学　荒木 純道
2. 東京工業大学　阪口　啓

ここでは電磁波を用いて情報伝送を行う無線通信システムの基本動作を理解し設計するための数学的な準備を行うことにする。特に重要な事項は、

・電磁波を介して伝えられる情報が複素数で表現できること
・直交性を備えた三角関数系の役割
・時間軸での信号表現と周波数軸での信号表現とその相互関係
・信号と雑音に対する信号処理としてのフィルタ理論
・情報伝送（通信）が本来的に有している確率過程としての性質とその取り扱い

などである。

さらに本章の後半では、無線通信システムの構成要素である

・通信路を介した信号伝送のモデル
・情報源（送信側）の情報理論的特徴付け
・送信側での変調技術
・無線伝搬路の特徴付けとモデリング
・受信側での最適信号検出理論

などの基礎理論を説明する。

1．基礎数学

人類が三角関数という重要な概念と道具立てを獲得したのは遥か昔の古代バビロニア（現代のイラク付近）の時代とされているが、一方複素数という概念は求積法と関連して古代エジプトでも取り扱われていたとされている。ただ、3次代数方程式の解公式に明示的に複素数が現れたのは15世紀のイタリアにおいてである。代数的に考えると、複素数は実数の2次拡大であるが、任意次数の代数方程式が複素数の範囲で解を持つということ、つまり3次以上の代数的拡大は必要ないということはある意味衝撃的なことであった。人類はついに複素数という完璧な「数概念」を獲得した。無線通信というアナログの世界（+その一部としてのデジタル情報を含む）を表現する数（道具）が、この完璧な「複素数」という訳である。

それでは、何故無線通信では2次拡大されたアナログ量、つまり複素数を用いるのかから話しを始めよう。

1－1　複素数と複素関数

1－1－1　三角関数

まず通信技術に深く関係している三角関数の生い立ちを紹介しよう。測量技術に関連して三角比が古代エジプト時代より用いられてきた。三角比 $\cos\theta$ と $\sin\theta$ は幾何学的には、図2-1に示すように斜辺Cと直交する2辺A、Bとの比として定義される。

$$\cos\theta = A/C \quad \sin\theta = B/C$$

ここで静的な角度 θ を動的な変数 θ と捉え直すことにより、古代の「三角比」は現代の「三角関数」に生まれ変わる。そして、一挙に解析性（微積分性）を獲得することになる。

1－1－2　複素数

さて、実数を2次拡大して得られる複素数 z は

$$z = x + jy \quad \cdots\cdots \quad (2\text{-}1)$$

と表記される。ここで、x、y は実数であり、それぞれ複素数 z の実部、虚部と呼び、$x=\mathrm{Re}[z]$、$y=\mathrm{Im}[z]$ と書く。また $j=\sqrt{(-1)}$ を虚数単位と呼ぶ。$jj=-1$ の性質に注意。なお電気系の分野では、電流に i（Intensityの頭文字）を用いているので、数学の分野での i（Imaginary Unit）という記号は

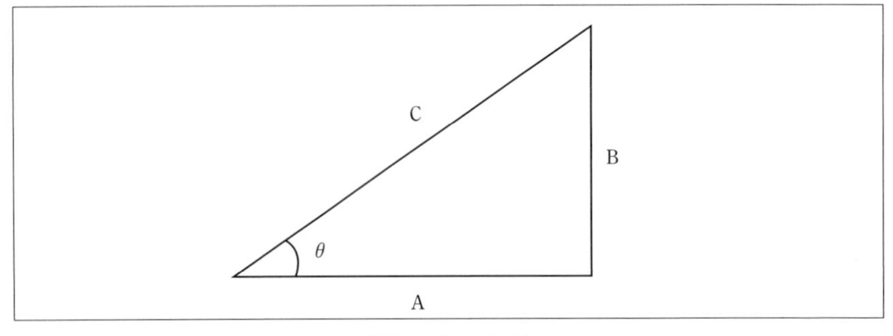
C
B
θ
A

〔図2-1〕三角比

あまり使わない。

複素数の乗算は、$jj=-1$ より

$$z_1 z_2=(x_1+jy_1)(x_2+jy_2)=x_1 x_2-y_1 y_2+j(x_1 y_2+x_2 y_1)$$

となる。

一方、

$$z^*=x-jy \quad \cdots\cdots \quad (2\text{-}2)$$

を z の「共役複素数」と呼ぶ。(2-1) 式、(2-2) 式から

$$x=(z+z^*)/2 \quad \cdots\cdots \quad (2\text{-}3)$$

$$y=(z-z^*)/(2j) \quad \cdots\cdots \quad (2\text{-}4)$$

と書くことができる。

また明らかに

$$(z^*)^*=z \quad \cdots\cdots \quad (2\text{-}5)$$

となり、z と z^* を2次元平面に描くと実軸に対して鏡映の位置にあることがわかる。(図 2-2)

次に複素数 z の絶対値 $|z|$ を定義する。

$$|z|=\sqrt{(xx+yy)}=\sqrt{zz^*} \quad \cdots\cdots \quad (2\text{-}6)$$

これは幾何学的には原点 O から z までの距離に相当する。

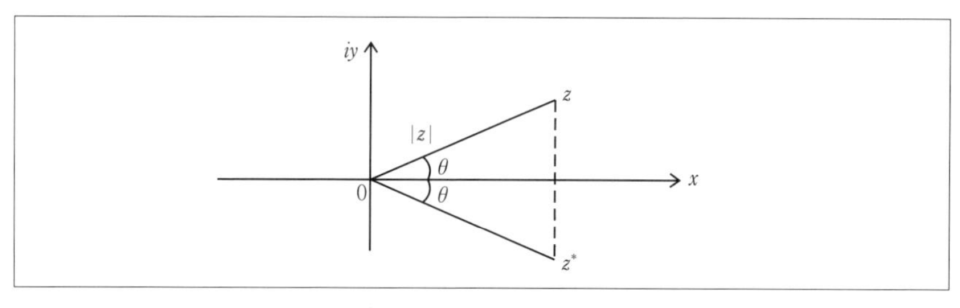
iy
z
|z|
θ
θ
0
x
z*

〔図 2-2〕共役複素数

そこで実軸との偏角を θ とすると

$$z = x + jy = |z|\cos\theta + j|z|\sin\theta = |z|(\cos\theta + j\sin\theta) \quad \cdots\cdots (2\text{-}7)$$

$$= |z|\exp(j\theta) \quad \cdots\cdots (2\text{-}7')$$

とも書ける。ただし、(2-7') 式は後述のオイラーの公式による。これを複素数の「極形式」と呼ぶ。

1－1－3　オイラーの公式

三角関数の微分公式

$$d\cos\theta/d\theta = -\sin\theta,\ d\sin\theta/d\theta = \cos\theta$$

を用いて

$$f(\theta) = \cos\theta + j\sin\theta = \exp(j\theta) \quad \cdots\cdots (2\text{-}8)$$

を導出しよう。これは「オイラーの公式」と呼ばれるもので、以下の議論で重要な役割を果たす。

$$df(\theta)/d\theta = -\sin\theta + j\cos\theta = jf(\theta)$$
$$\therefore f(\theta) = K\exp(j\theta)$$

最後に $f(0)=\cos(0)+j\sin(0)=1$ に注意すると $K=1$ となり (2-8) 式を得る。

さらに三角関数の偶奇性

$$\cos(-\theta) = \cos\theta,\ \sin(-\theta) = -\sin\theta$$

により

$$\exp(-j\theta) = \cos\theta - j\sin\theta \quad \cdots\cdots (2\text{-}9)$$

となるので、

$$\cos\theta = (\exp(j\theta) + \exp(-j\theta))/2 \quad \cdots\cdots (2\text{-}10)$$

$$\sin\theta = (\exp(j\theta) - \exp(-j\theta))/(2j) \quad \cdots\cdots (2\text{-}11)$$

を得る。

こうして、三角関数と指数関数とは意外なことに「兄弟関係」にあることがわかる。

特に、$\theta=\pi$ を (2-8) 式に代入すると

$$\exp(j\pi)=e^{j\pi}=-1 \quad \cdots\cdots (2\text{-}12)$$

を得る。

これは寺尾聡主演の映画「博士の愛した数式」に出てくる式である。歴史的経緯のまったく異なる三つの定数、円周率 π と虚数単位 j とネピア自然対数の底 e とが (2-12) 式で簡潔に結び付いていることに驚かされる。

1－1－4　帯域信号

情報伝送の世界に限らないが、我々は情報の担い手の信号を時間関数（もしくは時系列）として表現する。そして、連続した時間 t で定義されるシステムを連続時間系 [CT (Continuous Time) 系]、離散的な時刻 $n\times\Delta T$ (n=0, ±1, ±2,…) で定義されるシステムを離散時間系 [DT (Discrete Time) 系] と称する。なお時間間隔 ΔT を「標本間隔」と呼ぶ場合もある。さて現代の無線通信システムは主流がデジタル無線通信であるが、デジタル無線通信は CT 系と DT 系との性格を併せ持っている。一方アナログ無線通信は CT 系に分類される。

一般に DT 系は CT 系のサブセットと考えられるが、ある条件下では両者を等価なものと見なすことができる。その条件とは後述の「標本化定理」という形でまとめられる。

従来の無線機はほとんどが CT 系に分類されるが、近年柔軟性、可変性に優れた、つまりソフトウェア無線機に適した無線機アーキテクチャ（離散時間無線機と呼ばれる）が DT 系を積極的に活用する形で構成されるようになってきたが、ここではそれ以上の言及は省略する。

さて CT 系で表現される「帯域信号」$s(t)$ とは

$$s(t)=i(t)\cos\omega_0 t-q(t)\sin\omega_0 t \quad \cdots\cdots (2\text{-}13)$$

で定義される実時間信号のことを指す。ここで $\omega_0=2\pi f_c$ である。特に周波数 f_c の正弦波をもとに（2-13）式などの演算により意図的に生成された情報伝送の信号の場合は、f_c を「搬送波周波数」と呼ぶ。また二つの実時間信号 $i(t)$ と $q(t)$ とを「同相信号」、「直交信号」と呼ぶ。

前述のオイラーの公式と複素乗算の公式を用いると

$$s(t)=\mathrm{Re}[z(t)\exp(j\omega_0 t)] \quad \cdots\cdots\cdots\cdots\cdots\cdots\cdots\cdots\cdots\cdots\cdots\cdots \quad (2\text{-}14)$$

とも書ける。ここで

$$z(t)=i(t)+jq(t)$$

を「（複素）ベースバンド信号」、「（複素）基底帯域信号」、「複素包絡線」、「等価低域系信号」、あるいは「等価低域系表現」、「複素表示」などと称する。

二つの実信号 $i(t)$、$q(t)$ に対して一つの実信号 $s(t)$ が（2-13）式で一義的に定義できることは自明であるが、逆はどうであろうか？

結論を先に示すと、$i(t)$、$q(t)$ の周波数スペクトル（後述）が存在する（角）周波数範囲（$-\Delta\omega,+\Delta\omega$）（$\Delta\omega>0$）に対して、$\omega_0>\Delta\omega$ であれば一つの実信号 $s(t)$ から二つの実信号 $i(t)$ と $q(t)$ とが一義的に定義できるのである。なお $s(t)$ から $i(t)$、$q(t)$ を復元する過程を「（準）同期検波」または「直交復調」と呼んで、逆に $i(t)$、$q(t)$ から $s(t)$ を生成する過程を「直交変調」と呼んでいる。これらの詳細は本章の後半で議論する。

こうして一つの実信号 $s(t)$ と一つの複素信号 $z(t)=i(t)+jq(t)$ との間の等価性 $s(t)\Leftrightarrow z(t)$ が $z(t)$ の「狭帯域性」にあることに気付く。

つまり、帯域信号とは本来の情報の担い手である二つの信号 $i(t)$、$q(t)$ の周波数帯域幅 $\Delta\omega$ よりも搬送波（角）周波数 ω_0 のほうが（遥かに）大きい信号のことである。無線通信の例で言えば、$\omega_0/2\pi$=2GHz、$\Delta\omega/2\pi$=5MHz などである。このように電磁波に情報を乗せるために基底帯域にある信号は送信機側で搬送波周波数まで上げてやる必要があるし、一方受信機側では電磁波に乗っている情報を基底帯域に持ってくる必要がある。その意味では、「周波数変換」自体は情報そのものを加工していることではないが、情報伝送（無線通信）にとっては基本的な必須機能である。

次に信号の周波数領域での表現やフーリエ変換について詳しく説明し、さらに理解を深めよう。

1－2　フーリエ級数とフーリエ変換

情報を担う信号というものを「時間軸上」で理解するとともに、「周波数軸上」でも理解することがとても重要である。時間軸と周波数軸とは相補的な関係にあるが､こうした相補関係は位置と角度の間にも見られ、光学系やアンテナ系の近傍界分布と遠方界分布との関係はフーリエ変換と類似の関係が成立している。さらに言うと、相補関係は量子力学の不確定性原理とも関係している。

1－2－1　フーリエ級数

さて固定した信号波形の集合を用いて任意の信号波形を線形結合の形で表現することを考える。そのためにはまず「無限大の階層」について整理しておく必要がある。

一番低い階層の無限大は「可算無限個」（自然数全体の集合と1：1対応がつく無限大）である。整数全体の集合や有理数全体の集合が、これに該当する。

次の階層に属する無限大は「非可算無限個」（自然数全体の集合のすべての部分集合から構成される「べき集合」の個数）であるが、実数全体や複素数全体からなる集合がこれに該当する。さらに上位の階層は実数全体の集合のべき集合が該当する。そしてこの無限大に関する階層は限りなく続く。

さて「任意の」信号波形を固定した信号波形の集合を用いて線形結合の形で表現したいのであるが、実は用意すべき信号波形の個数は、信号波形を表現する範囲の区間幅に関係する。つまり、区間幅が有限であれば、用意すべき信号波形の個数は「可算無限個」である。その場合の展開方法で最もよく知られている方法が「フーリエ級数展開」である。

有限区間 $[0,T]$ を信号波形の展開する範囲とする。用意すべき固定した信号波形の集合は可算無限個の

$$\{1, \cos(2\pi nt/T),\ \sin(2\pi nt/T)\,(n = 1, 2, \ldots)\} \quad \cdots\cdots\cdots\cdots (2\text{-}15)$$

である。

そして任意の信号波形 s(t) は

$$s(t) = A_0 \textstyle\sum_{n=1}^{\infty} [A_n \cos(2\pi nt/T) + B_n \sin(2\pi nt/T)] \quad \cdots\cdots (2\text{-}16)$$

と表現できる。

このとき、「フーリエ係数」と呼ばれる (2-16) 式の展開係数は

$$A_0 = \frac{1}{T}\int_0^T s(t)\,dt$$
$$A_n = \frac{1}{2T}\int_0^T s(t)\cos(2\pi nt/T)\,dt$$
$$B_n = \frac{1}{2T}\int_0^T s(t)\sin(2\pi nt/T)\,dt$$

で与えられる。

なお (2-15) 式で定義された信号波形の集合には、「周期性」と「直交性」とが成立していることに注意しておく。また任意の波形が表現できる (後述の 2 乗誤差 J が 0 に収束する) ので「完備性」も備えている。

またオイラーの公式を用いると用意すべき信号波形の集合を (2-15) 式の代わりに

$$\{\exp(j2\pi nt/T)\}\ (n = 0, \pm 1, \pm 2, \ldots) \quad \cdots\cdots\cdots\cdots\cdots\cdots\cdots\cdots (2\text{-}17)$$

としても構わない。このときの展開係数 (複素フーリエ係数) C_n は

$$C_n = \frac{1}{T}\int_0^T s(t)\exp(-j2\pi nt/T)\,dt \quad \cdots\cdots\cdots\cdots\cdots\cdots\cdots\cdots (2\text{-}18)$$

により与えられて、s(t) は

$$s(t) = \textstyle\sum_{n=-\infty}^{\infty} C_n \exp(j2\pi nt/T) \quad \cdots\cdots\cdots\cdots\cdots\cdots\cdots\cdots (2\text{-}19)$$

と表現される。

なおフーリエ係数 C_n は次の最小 2 乗法問題の解でもある。

$$\{C_n\} = \text{argmin} \int_0^T \left| s(t) - \sum_{n=-\infty}^{\infty} C_n \exp(j2\pi nt/T) \right|^2 dt \quad \cdots \text{(2-20)}$$

つまり、信号波形の展開に関する２乗誤差

$$\begin{aligned} J &= \int_0^T \left| s(t) - \sum_{n=-\infty}^{\infty} C_n \exp(j2\pi nt/T) \right|^2 dt \\ &= \int_0^T |s(t)|^2 dt - \sum_{n=-\infty}^{\infty} \int_0^T s(t) * C_n \exp(j2\pi nt/T)\, dt \\ &\quad - \sum_{n=-\infty}^{\infty} \int_0^T s(t)\, C_n^* \exp(-j2\pi nt/T)\, dt + \sum_{n=-\infty}^{\infty} |C_n|^2 T \end{aligned}$$

を最小にする展開係数は $\partial J/\partial C_n^* = 0$（複素関数の微分）より（2-18）式に一致する。

以上のことから有限区間で定義された時間関数 $s(t)$ と可算無限個の展開係数の集合 $\{C_n\}$ とは等価な情報を表していることがわかる。

$$s(t) \Leftrightarrow \{C_n\} \quad (n = 0, \pm 1, \pm, 2, \ldots)$$

例）図 2-3 に示す周期配列したインパルス信号列 $\sum_{m=-\infty}^{\infty} \delta(t - mT)$ のフーリエ級数は

$$\begin{aligned} C_n &= \frac{1}{T} \int_0^T \delta(t) \exp(-j2\pi nt/T)\, dt \\ &= \frac{1}{T} \qquad\qquad\qquad \cdots\cdots\cdots \text{(2-21)} \\ \therefore \sum_{m=-\infty}^{\infty} \delta(t - mT) &= \frac{1}{T} \sum_{n=-\infty}^{\infty} \exp(j2\pi nt/T) \end{aligned}$$

この式は「Poisson 総和公式」と呼ばれ、これからの議論でしばしば現れる。

１－２－２　フーリエ変換

次に信号波形の展開する範囲が無限長の区間幅（$-\infty, +\infty$）の場合を

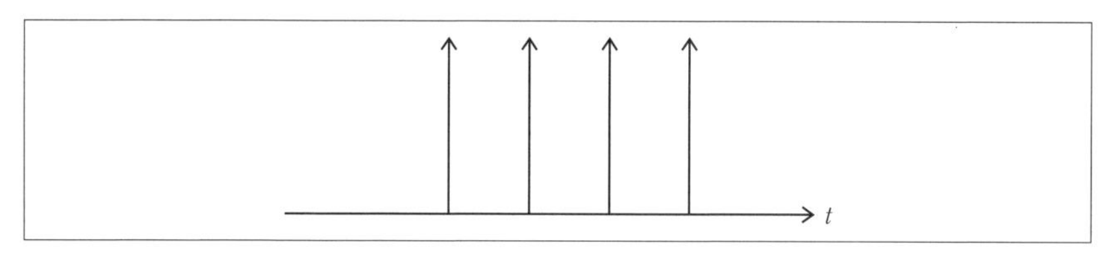
t

〔図 2-3〕周期インパルス列

考える。この場合には、用いる固定した信号波形の集合は非可算無限個必要になる。非可算無限個の実数パラメタ ω を用いて

$$\{\exp(j\omega t)\}\,(-\infty<\omega<+\infty) \quad \cdots\cdots (2\text{-}22)$$

を固定した信号波形の集合とする。なお実数パラメタ $\omega=2\pi f$ は物理的には角周波数に、f は周波数に相当する。(2-22) 式の信号波形の集合にも「周期性」と「直交性」とが成立している。

そして信号表現はフーリエ級数の場合の可算無限個の総和 Σ に対して、非可算無限個の場合には積分 $\int$ に置き換わることに注意して

$$s(t)=\frac{1}{2\pi}\int_{-\infty}^{\infty}S(\omega)\exp(j\omega t)\,d\omega \quad \cdots\cdots (2\text{-}23)$$

となる。

ここで展開係数に相当する ω の関数 $S(\omega)$ は

$$S(\omega)=\int_{-\infty}^{\infty}s(t)\exp(-j\omega t)\,dt \quad \cdots\cdots (2\text{-}24)$$

で与えられる。なお、$\omega=2\pi f$ を代入するとそれぞれ、

$$s(t)=\int_{-\infty}^{\infty}S(f)\exp(j2\pi ft)\,df \quad \cdots\cdots (2\text{-}23')$$

$$S(f)=\int_{-\infty}^{\infty}s(t)\exp(-j2\pi ft)\,dt \quad \cdots\cdots (2\text{-}24')$$

となる。

こうして $s(t)$ と $S(\omega)$ との1：1対応が成立することになり、信号は時間軸上でも周波数軸上でも表現可能となる。

$$s(t)\Leftrightarrow S(\omega)$$

そして $S(\omega)$ を信号の「周波数スペクトル」と呼ぶ。

また上述の線形積分変換の対 (2-23) 式、(2-24) 式を「逆フーリエ変換」、「フーリエ変換」と称する。フーリエ変換と逆フーリエ変換と繰り返すと恒等変換になるので

$$\delta(t)=\frac{1}{2\pi}\int_{-\infty}^{\infty}\exp(j\omega t)\,d\omega \quad \cdots\cdots (2\text{-}25)$$

という重要な関係を得る。時間的に局在し無限大に発散するインパルス信号 $\delta(t)$ が発散も減衰もしない定常的な複素正弦波 $\exp(j\omega t)$ の重ね合わせで表現できることは驚異である。

なお、

$$\int_{-\infty}^{\infty}|s(t)|^2 dt = \frac{1}{2\pi}\int_{-\infty}^{\infty}|S(\omega)|^2 d\omega \quad \cdots\cdots \text{(2-26)}$$

が成立する。これを「Parsevalの等式」と呼ぶ。(2-26) 式の両辺は信号の2乗ノルム（信号の全エネルギーに相当）と呼ばれ、時間軸上でも周波数軸上でも表現できることを意味している。

なお (2-26) 式はより一般的には

$$\int_{-\infty}^{\infty} s_1(t)s_2^*(t)\ dt = \frac{1}{2\pi}\int_{-\infty}^{\infty} s_1(\omega)s_2^*(\omega)d\omega \quad \cdots\cdots \text{(2-26')}$$

と書ける。

最後に時間軸上での信号処理とその周波数スペクトルについていくつかまとめておく。

(1) 遅延した信号 $s(t-\tau)$ の周波数スペクトル

$$\begin{aligned}&\int_{-\infty}^{\infty} s(t-\tau)\exp(-j\omega t)dt\\&=\int_{-\infty}^{\infty} s(t-\tau)\exp(-j\omega(t-\tau))dt\exp(-j\omega\tau) \quad \cdots\cdots \text{(2-27)}\\&=S(\omega)\exp(-j\omega\tau)\end{aligned}$$

となるので、遅延量 τ に応じて位相回転 $(-\omega\tau)$ が生じるが、周波数軸上の移動はない。

(2) 複素正弦波 $\exp(j\omega_0 t)$ の乗算

$$\begin{aligned}&\int_{-\infty}^{\infty} s(t)\exp(j\omega_0 t)\exp(-j\omega t)dt\\&=\int_{-\infty}^{\infty} s(t)\exp(-j(\omega-\omega_0)t)dt \quad \cdots\cdots \text{(2-28)}\\&=S(\omega-\omega_0)\end{aligned}$$

となり、ω_0 だけの周波数軸上の移動を意味することになる。このことから (2-13) 式の帯域信号の周波数スペクトルは

$$S(\omega)=I(\omega-\omega_0)/2-Q(\omega-\omega_0)/(2j)+I(\omega+\omega_0)/2+Q(\omega+\omega_0)/(2j) \quad \cdots\cdots (2\text{-}29)$$

さらに言うと実信号の周波数スペクトルには

$$I(\omega)^*=I(-\omega) \quad Q(\omega)^*=Q(-\omega) \quad \cdots\cdots (2\text{-}30)$$

という性質が成立するので、$|\omega'|<\omega_0$ であれば

$$\begin{aligned} &S(\omega_c+\omega')=[I(\omega')+jQ(\omega')]/2 \\ &S(-\omega_c+\omega')=[I(\omega')-jQ(\omega')]/2 \\ \therefore\ &I(\omega')=S(\omega_c+\omega')+S(-\omega_c+\omega') \\ &Q(\omega')=[S(\omega_c+\omega')-S(-\omega_c+\omega')/j \end{aligned} \quad \cdots\cdots (2\text{-}31)$$

となるので、$s(t)$ の周波数スペクトルから $i(t)$、$q(t)$ の周波数スペクトルが一意的に決まることが示される。(→本章の後半で詳述される。)

(3) 正弦波

インパルス信号 $\delta(t)$ の逆の性質を有するのが正弦波である。この信号波形は$-\infty<t<+\infty$の範囲で発散も収束もしない。複素正弦波信号は $\exp(j\omega_0 t)$ で与えられ、その周波数スペクトルは (2-19) 式、(2-20) 式から

$$2\pi\delta(\omega-\omega_0) \quad \cdots\cdots (2\text{-}32)$$

となり、明らかに $\omega=\omega_0$ の単一の周波数成分のみで構成されていることがわかる。一方、実正弦波信号では $\omega=\pm\omega_0$ の1対の成分からなる。

インパルス信号と正弦波信号は二つの極限的信号波形であり、時間軸上での信号の拡がりを0にすると周波数軸上での拡がりは無限大になり、逆に周波数軸上の拡がりを0にすると時間軸上の拡がりは無限大になる。

一般には時間軸上の拡がり Δt と周波数軸上の拡がり $\Delta\omega$ との積には次の下限が存在する。

$$\Delta t\Delta\omega\geq 1/2 \quad \cdots\cdots (2\text{-}33)$$

これは量子力学の不確定性原理と本質的には同一である。((2-33) 式の

両辺を Planck 定数 h 倍すれば、Heisenberg の不確定性原理に帰着。）

なお複素正弦波は時間微分、時間積分操作という線形演算に対しては

$$j\omega_0 \exp(j\omega_0 t) \text{、} \exp(j\omega_0 t)/(j\omega_0)$$

となるので、時間変数を含まない単なる定数倍の演算でしかない。

さらに一般化して述べると、線形時不変回路に複素正弦波を入力すると出力信号は入力信号を定数倍した

$$H(\omega_0)\exp(j\omega_0 t)$$

という形になる。$H(\omega_0)$ を伝達関数と呼び、入力信号の周波数 ω_0 の関数である。つまり、回路の線形時不変性は信号の周波数軸上の移動を一切もたらさない。また後述するが、信号の確率的な定常性も保持することが知られている。

(4) 畳み込み

二つの信号波形、$x(t)$、$y(t)$ に対して

$$z(t) = \int_{-\infty}^{\infty} x(t-\tau)\, y(\tau)\, d\tau \quad \cdots\cdots\cdots\cdots\cdots\cdots\cdots\cdots\cdots\cdots\cdots\cdots \quad (2\text{-}34)$$

で定義される演算を「畳み込み積分」と呼ぶ。

それぞれの信号波形に対する周波数スペクトルを

$$X(\omega),\, Y(\omega),\, Z(\omega)$$

とすると

$$\begin{aligned} Z(\omega) &= \int_{-\infty}^{\infty} z(t) \exp(-j\omega t)\, dt \\ &= \int_{-\infty}^{\infty} \int_{-\infty}^{\infty} x(t-\tau)\, y(\tau)\, d\tau \exp(-j\omega t)\, dt \\ &= \int_{-\infty}^{\infty} x(t-\tau) \exp(-j\omega(t-\tau))\, dt \int_{-\infty}^{\infty} y(\tau) \exp(-j\omega\tau)\, d\tau \\ &= X(\omega)\, Y(\omega) \qquad\qquad (2\text{-}35) \end{aligned}$$

となり、単純な「乗算」に帰着される。このことは多重畳み込み積分に対しても成立する。

実は線形時不変回路の入出力特性も畳み込み積分で与えられる。イン

パルス信号 $\delta(t)$ を入力した場合の出力信号を「インパルス応答」$h(t)$ と呼ぶと、回路の時不変性から

$$\begin{array}{ccc} \text{入力} & & \text{出力} \\ \delta(t-\tau) & \Rightarrow & h(t-\tau) \end{array}$$

また回路の線形性から

$$\begin{array}{ccc} \text{入力} & & \text{出力} \\ \int_{-\infty}^{\infty} x(\tau)\,\delta(t-\tau)\,d\tau & \Rightarrow & \int_{-\infty}^{\infty} x(\tau)\,h(t-\tau)\,d\tau \end{array}$$

さらにインパルス関数の性質から

$$\begin{array}{ccc} \text{入力} & & \text{出力} \\ \int_{-\infty}^{\infty} x(\tau)\,\delta(t-\tau)\,d\tau = x(t) & \Rightarrow & \int_{-\infty}^{\infty} x(\tau)\,h(t-\tau)\,d\tau \end{array} \quad \cdots\cdots\cdots\cdots (2\text{-}36)$$

こうして線形時不変回路の出力信号 $y(t)$ は入力信号 $x(t)$ とインパルス応答 $h(t)$ との畳み込み積分で与えられる。

1－3　サンプリング定理

先述のように時系列からなるDT系は連続時間信号のCT系のサブセットであるが、ある条件が満足されるとCT系がDT系で完全に表現できることになる。このことは、20世紀中頃より「染谷-Shannonの定理」として知られてきたが、その源流は19世紀のフランスの数学者Cauchyにまで遡ることができる。

それでは、どのような条件が必要になるのか見ていこう。

1－3－1　パルス列

連続時間信号 $s(t)$ の一定時間間隔 ΔT での値からなる時系列を

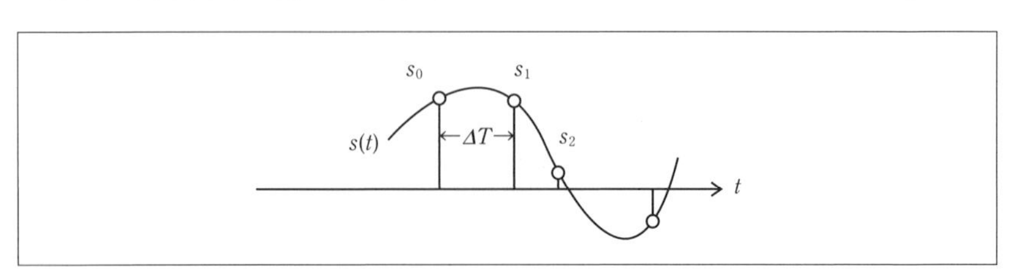

s0
s1
s(t)
ΔT
s2
t

〔図2-4〕標本化

$\{s_n=s(n\Delta T)\}$ とする。CT 系から DT 系への変換、つまり $s(t)\Rightarrow\{s_n\}$ の過程を「標本化」と呼ぶ。（図 2-4）

それでは、逆の過程（復元化）を考えてみよう。そのために特別な信号波形 $u(t)$ を用意する。

$$u(t)=\sin(\pi t/\Delta T)/(\pi t/\Delta T)=\mathrm{sinc}(\pi t/\Delta T) \quad \cdots\cdots\cdots\cdots\cdots\cdots\cdots (2\text{-}37)$$

これを「標本化関数」と呼ぶ。（図 2-5）

このとき、任意の整数 n に対して

$$u(n\Delta T)=\begin{cases}1 & (n=0)\\ 0 & (n\neq 0)\end{cases}$$

が成立する。

この $u(t)$ を用いて

$$s'(t)=\sum_{n=-\infty}^{\infty} s_n u(t-n\Delta T) \quad \cdots\cdots\cdots\cdots\cdots\cdots\cdots (2\text{-}38)$$

という CT 系での時間関数を定義すると、すべての標本時刻 $n\Delta T$ では

$$s'(n\Delta T)=s(n\Delta T) \quad \cdots\cdots\cdots\cdots\cdots\cdots\cdots (2\text{-}39)$$

が成立する。それではそれ以外の時刻ではどうであろうか？

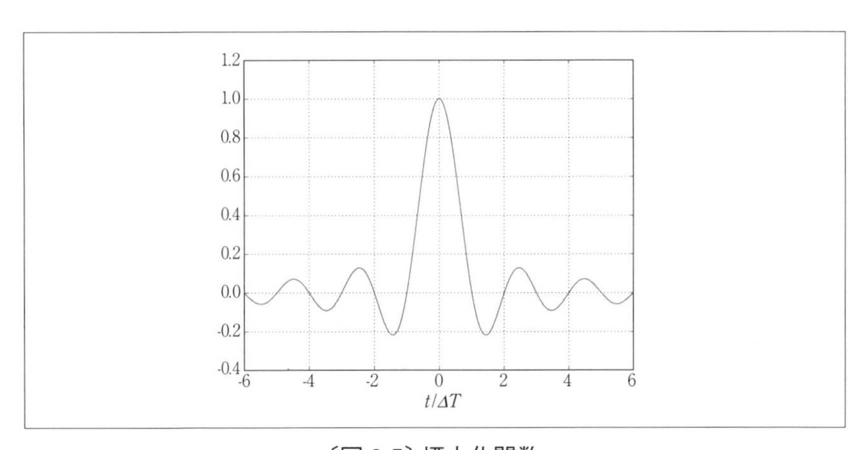
1.2
1.0
0.8
0.6
0.4
0.2
0.0
-0.2
-0.4
-6
-4
-2
0
2
4
6
t/ΔT

〔図 2-5〕標本化関数

1－3－2　帯域制限

まず (2-37) 式の標本化関数 $u(t)$ の周波数スペクトル $U(\omega)$ を求めてみる。

$$U(\omega)=\int_{-\infty}^{\infty}u(t)\exp(-j\omega t)\,dt$$
$$=\int_{-\infty}^{\infty}[\exp(jat)-\exp(-jat)]\exp(-j\omega t)/(j2at)\,dt$$

ただし、$a=\pi/\Delta T$。

ここで両辺を ω で微分してみる。

$$\partial U(\omega)/\partial\omega=\int_{-\infty}^{\infty}[-\exp(jat)+\exp(-jat)]\exp(-j\omega t)/(2a)\,dt$$
$$=[-\delta(\omega-a)+\delta(\omega+a)]\Delta T$$

$\because$ (2-25) 式より

$$\therefore\ U(\omega)=\begin{cases}\Delta T & (|\omega|<\pi/\Delta T)\\ 0 & (|\omega|>\pi/\Delta T)\end{cases} \quad\cdots\cdots\cdots\ (2\text{-}40)$$

つまり、(2-37) 式の標本化関数の周波数スペクトルは有限帯域内 ($|\omega|<\pi/\Delta T$) では一定であり、帯域外では 0 になっていることがわかる。

一方、$s'(t)$ の周波数スペクトルは (2-27) 式より

$$S'(\omega)=\sum_{n=-\infty}^{\infty}s_n\,U(\omega)\exp(-jn\Delta T\omega)$$
$$=U(\omega)\sum_{n=-\infty}^{\infty}s_n\exp(-jn\Delta T\omega)$$

となるから、やはり

$$S'(\omega)=0\quad(|\omega|>\pi/\Delta T)\quad\cdots\cdots\cdots\ (2\text{-}41)$$

となる。

さて

$$\sum_{n=-\infty}^{\infty}s_n\exp(-jn\Delta T\omega)$$

について考察しておこう。$s(t)$ の周波数スペクトルを $S(\omega)$ とすると

$$s_n = s(n\Delta T) = \frac{1}{2\pi}\int_{-\infty}^{\infty} S(\omega)\exp(-jn\Delta T\omega)\,d\omega$$

$$\therefore \sum_{n=-\infty}^{\infty} s_n \exp(-jn\Delta T\omega) = \sum_{n=}^{\infty} \frac{1}{2\pi}{}_{-\infty}\int_{-\infty}^{\infty} S(u)\exp(jn\Delta T\omega)\,du\,\exp(-jn\Delta T\omega)$$

$$= \frac{1}{2\pi}\int_{-\infty}^{\infty} S(u)\sum_{n=-\infty}^{\infty}\exp(j(u-\omega)n\Delta T)\,du$$

$$= \int_{-\infty}^{\infty} S(u)\sum_{m=-\infty}^{\infty}\delta((u-\omega)+2\pi m/\Delta T)\,du/\Delta T$$

$$= \sum_{m=-\infty}^{\infty} S(-2\pi m/\Delta T+\omega)/\Delta T \qquad \cdots (2\text{-}42)$$

なお途中で (2-21) 式の Poisson 総和公式を用いた。

こうして周波数スペクトル $S(\omega)$ に $S(\omega)=0 \quad (|\omega|>\pi/\Delta T)$ の性質が成立しているのであれば、すべての ω に対して

$$S'(\omega) = S(\omega) \quad \cdots\cdots\cdots\cdots\cdots\cdots\cdots\cdots\cdots\cdots\cdots\cdots\cdots (2\text{-}43)$$

となることがわかる。つまり、元信号が帯域制限されていれば、標本値で補間された信号 (2-38) 式は、元信号と完全に一致することがわかる。

さて「標本化」と「補間」という信号処理を改めて考察してみると

$$CT \rightarrow DT \rightarrow CT$$

という変換過程を経ているが (2-42) 式からわかるように元スペクトル以外の $S(\omega-2\pi m/\Delta T)$ $(m\neq 0)$ という成分が発生していることに気付く。この成分を「エイリアス・スペクトル」と呼ぶ。

つまり時間間隔 ΔT の標本化は $m/\Delta T$ の周波数変換を内包していることになる。そのため ADC の設計にあたっては常に「エイリアス・スペクトル」の問題を考慮する必要がある。逆に「標本化処理」に積極的に周波数変換を兼ねさせることが考えられる。これは離散時間無線機の一つの特長である。(図 2-6)

１－３－３　ナイキスト周波数

1926 年にナイキストは通信技術の分野にとって重要な論文を 2 編立て続けて発表した。1 編は後に「熱雑音定理」と呼ばれるもので、背景熱雑音は受信アンテナの指向性に依らずアンテナの放射抵抗のみで決定されることを明らかにしたものである。もう 1 編はデジタル通信の基本

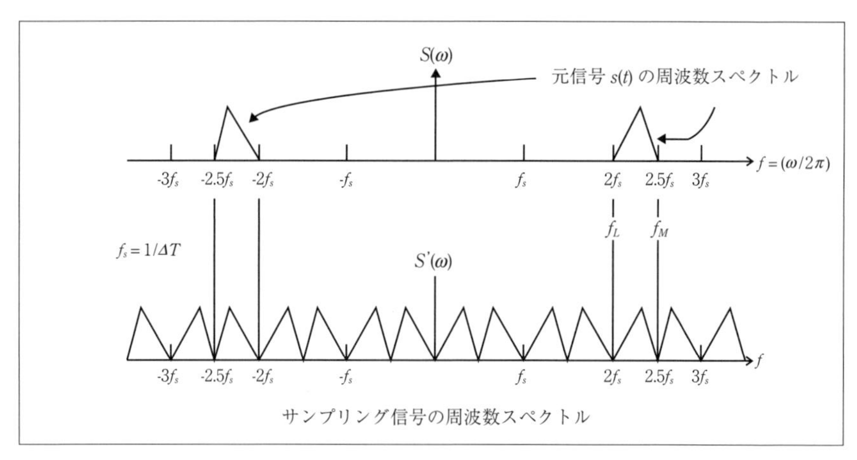
S(ω)
元信号 s(t) の周波数スペクトル
-3fs -2.5fs -2fs -fs fs 2fs 2.5fs 3fs
f=(ω/2π)
fL fM
fs=1/ΔT
S'(ω)
f
サンプリング信号の周波数スペクトル

〔図 2-6〕「エイリアス・スペクトル」

的な枠組みを導出し、送信フィルタの特性と符号間干渉問題が取り扱われた。ここでは後者の内容を紹介する。

標本化補間操作と極めて類似しているがデジタル通信の送信信号 $s(t)$ は 1 種類の基底関数 $u(t)$ を用いて

$$s(t)=\sum_{n=-\infty}^{\infty} s_n u(t-nT) \quad \cdots\cdots (2\text{-}44)$$

と表現される。ここで T はシンボル間隔と呼ばれる。s_n は有限離散値であり、これがデジタル情報を担っている。たとえば、QPSK 変調では 4 個の複素数値 $(\pm 1 \pm j)$ を 2bit データに対応させる。

なお上式は「線形変調信号」と呼ばれるもので、FSK（周波数デジタル変調）のような非線形変調信号に対しては複数個の基底関数が用いられる。

受信系での信号処理の詳細は本章後半で議論されるので、ここでは簡略化して受信時系列 s'_m を

$$s'_m=s(mT)=\sum_{n=-\infty}^{\infty} s_n u(mT-nT) \quad \cdots\cdots (2\text{-}45)$$

とする。そこで (2-37) 式の信号波形のように整数 k に対して、

$$u(kT)=\begin{cases}1 & (k=0)\\ 0 & (k\neq 0)\end{cases}$$

の条件が成立すれば、符号間干渉が生じないことになる。この条件を周波数軸上で表現すると

$$\frac{1}{2\pi}\int_{-\infty}^{\infty} U(\omega)\exp(jkT\omega)\,d\omega=\delta_k \quad \cdots\cdots\cdots\cdots\cdots\cdots\cdots\cdots\cdots\cdots \text{(2-46)}$$

となる。ただし、

$$\delta_k=\begin{cases}1 & (k=0)\\ 0 & (k\neq 0)\end{cases}$$

これを満足する $U(\omega)$ としては

$$U_0(\omega)=\begin{cases}T\ (|\omega|<\pi/T)\\ 0\ (|\omega|>\pi/T)\end{cases}$$

が考えられる。またより一般な形としては

$$\sum_{n=-\infty}^{\infty} U(\omega-\frac{2n\pi}{T})$$

が定数となる基底関数であれば (2-46) 式を満たす。これをナイキストの第1基準と呼ぶことがある。代表的な例がレイズドコサインフィルタで、その伝達関数は、

$$U(\omega)=\begin{cases}T & (0\leq|\omega T|\leq(1-\alpha)\pi)\\ \frac{T}{2}\left\{1-\sin\left[\frac{1}{2\alpha}(|\omega T|-\pi\right]\right\} & \left((1-\alpha)\pi\leq|\omega T|\leq(1+\alpha)\pi\right)\\ 0 & \left((1+\alpha)\pi\leq|\omega T|\right)\end{cases}$$

$$\cdots\cdots \text{(2-47)}$$

となる。ただし、α は $0\leqq\alpha\leqq 1$ の値を取る定数でロールオフ率と呼ばれる。なおこの場合は

$$u(t)=\frac{\operatorname{sinc}(\pi t/T)\cos(\pi\alpha t/T)}{(1-(2\alpha t/T)^2)} \quad \cdots\cdots\cdots\cdots\cdots\cdots\cdots\cdots\cdots\cdots \text{(2-48)}$$

となるので、sinc 関数よりも収束が早いので送信フィルタの時間領域での

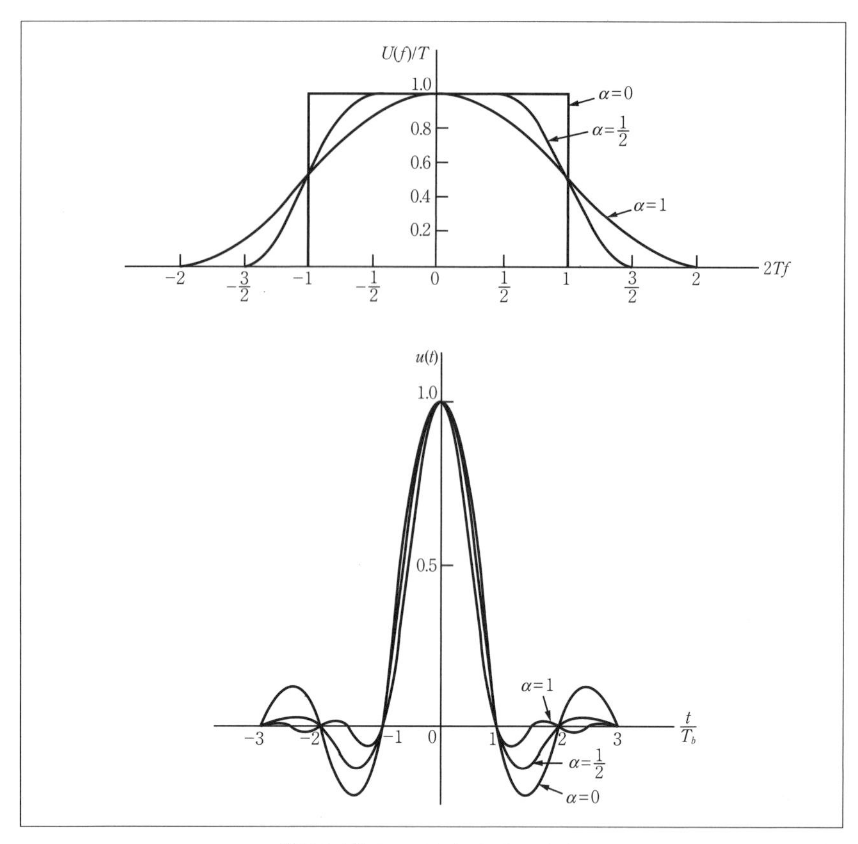
U(f)/T
1.0
0.8
0.6
0.4
0.2
α=0
α=1/2
α=1
−2
−3/2
−1
−1/2
0
1/2
1
3/2
2
2Tf
u(t)
1.0
0.5
α=1
−3
−2
−1
0
1
2
3
t/T_b
α=1/2
α=0

〔図 2-7〕ロールオフフィルタ

処理負担が大幅に削減されるという利点がある。ただし、変調帯域幅は(2-37) 式の sinc フィルタよりも $(1+\alpha)$ 倍だけ拡がっていることに注意。ここで $\alpha=0$ に相当する周波数つまり $\omega=\pi/T$ を「ナイキスト周波数」と呼び、符号間干渉なくデジタル通信を行うために必要な周波数の下限値を表している。

1－4　フィルタ理論

1－4－1　畳み込み

すでに述べたように線形時不変な回路の入出力特性は入力信号と回路のインパルス応答との畳み込み積分で与えられる。さて、雑音で汚された信号から雑音成分を抑圧して元の信号に近い信号を作り出す作業を「フィルタリング」(濾波)と呼んでいるが、こうしたフィルタリングを最終的には線形時不変回路で実現することを考えてみよう。なお、最適フィルタを設計するためには所望信号の電力スペクトル密度関数と不要雑音の電力スペクトル密度が既知である必要がある。

1－4－2　アナログフィルタ

先述のように線形時不変回路の伝達関数 $H(\omega)$ とインパルス応答 $h(\tau)$ とはフーリエ変換で結び付いている。

$$H(\omega)=\int_{-\infty}^{\infty}h(\tau)\exp(-j\omega\tau)d\tau \quad \cdots\cdots (2\text{-}49)$$

回路の伝達関数が周波数の関数として与えられた際に、具体的に L、C の回路素子の組み合わせで実現するものをアナログフィルタと言う。回路の動作量は電圧と電流であり、回路素子の特性と素子間の結線が与えられるとキルヒホッフ方程式とオームの法則などで回路方程式が決定し、回路内のすべての電圧分布、電流分布が確定する。こうして回路の入出力特性が周波数の関数として与えられる。

ここでは簡単な設計例としてバターワース(最平坦)低域通過フィルタを取り上げる。所望信号は低域側に集中しているのに対して不要雑音は白色雑音を仮定すると、フィルタの電力伝達関数は

$$|H(\omega)|^2=\frac{1}{(1+(\omega/\omega_c)^{2n})} \quad \cdots\cdots (2\text{-}50)$$

と想定される。ただし、所望信号は $|\omega| \leqq \omega_0$ に存在するものとする。また n はフィルタ次数と呼ばれるもので、L、C の 個数に対応する。

アナログフィルタを2ポート回路で実現するものとすると $|S_{21}|^2=|H|^2$ であり、回路の無損失性から、

$$\begin{aligned}|S_{11}|^2 &= 1-|S_{21}|^2=\frac{((\omega/\omega_c)^{2n})}{(1+(\omega/\omega_c)^{2n})} \\ &= S_{11}(s)S_{11}(-s)=\frac{((-s^2/\omega_c{}^2)^n)}{(1+(-s^2/\omega_c{}^2)^n)}\end{aligned} \quad \cdots\cdots (2\text{-}51)$$

となる。ただし、S_{21} は透過係数、S_{11} は反射係数。

この複素関数を因数分解することにより $S_{11}(s)$ が求められる。ただし、$s=j\omega$。

そして次に（正規化）入力インピーダンス $Z_{in}(s)$ が

$$Z_{in}(s)=\frac{(1+S_{11}(s))}{(1-S_{11}(s))} \quad \cdots\cdots (2\text{-}52)$$

により s の有理関数として与えられる。最後は有理関数を連分数展開していけば、LC の梯子型回路構成 LPF が得られる。

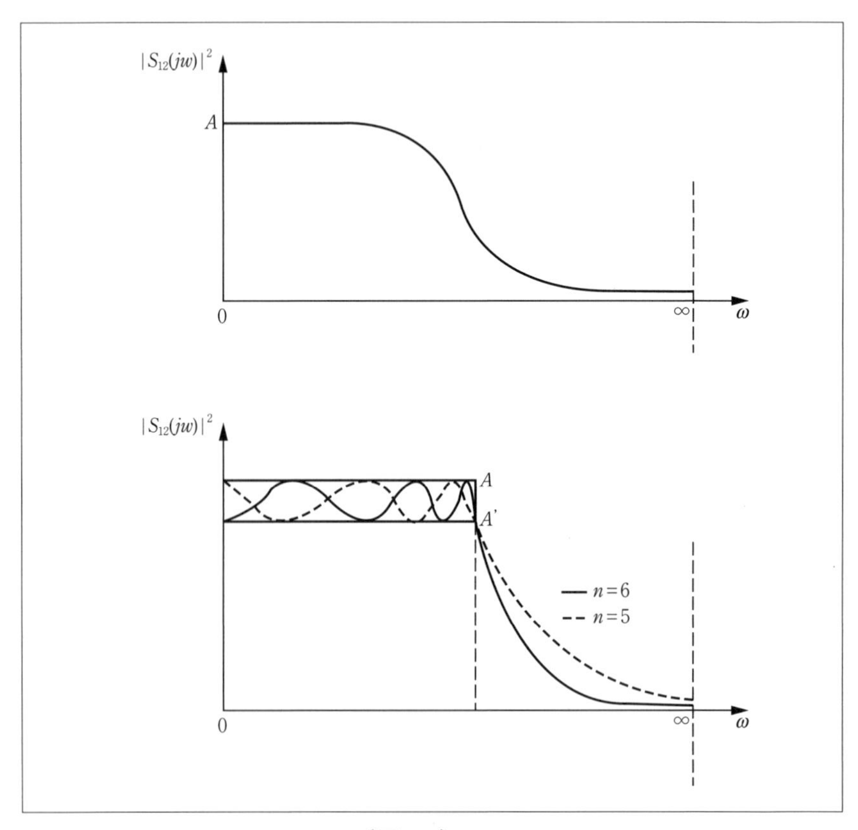
|S12(jw)|²
A
0
∞
ω
|S12(jw)|²
A
A'
n=6
n=5
0
∞
ω

〔図 2-8〕LPF

n=2 で具体的に設計してみる。

$$S_{11}(s)=\frac{(s/\omega_c)^2}{(1+\sqrt{2}(s/\omega_c)+(s/\omega_c)^2)} \quad \cdots\cdots (2\text{-}53)$$

なお因数分解に際してはフィルタ回路の安定性と因果律を考慮して、$S_{11}(s)$ の極が s 平面の右半平面に存在しないようにしている。

$$\therefore\ Z_{in}(s)=\frac{(1+\sqrt{2}(s/\omega_c)+2(s/\omega_c)^2}{(1+\sqrt{2}(s/\omega_c))} =\frac{\sqrt{2}(s/\omega_c)+1}{(1+\sqrt{2}(s/\omega_c))} \quad \cdots\cdots (2\text{-}54)$$

こうして梯子型フィルタの直列インダクダンス L は、

$$L=\sqrt{2}(Z_0/\omega_c)$$

並列容量 C は、

$$C=\sqrt{2}/(\omega_c Z_0)$$

となり、n=2 個のリアクタンス素子で構成されることが示された。ただし、Z_0：基準インピーダンス。

1－4－3　デジタルフィルタ

アナログ的な物理量である電圧や電流ではなく、デジタルな数値とし

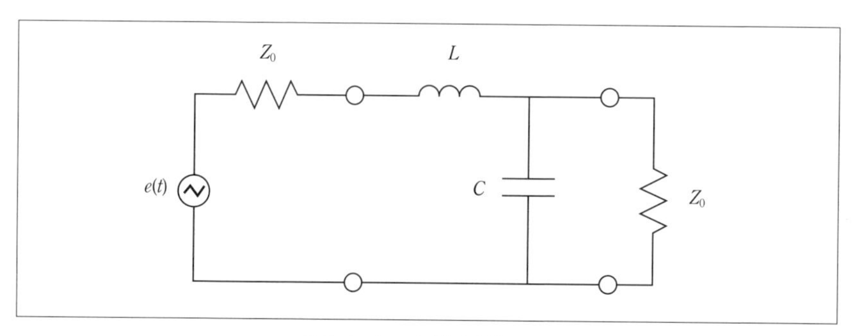

Z0
L
e(t)
C
Z0

〔図 2-9〕*LC* 梯子型 LPF

てフィルタを実現する方法がある。そしてデジタル数値は時系列として与えられる。またアナログ回路素子の L や C での時間微分操作は数値演算としては差分で置き換えられる。また、アナログ回路ではキルヒホッフ法則を満足しなければならなかったが、数値的な処理として実現するデジタルフィルタでは、そうした物理的拘束はない。たとえば、アナログフィルタでは2個の回路を縦続接続しても回路間の反射があるので伝達関数は2個の伝達関数の積にはならない。しかしデジタルフィルタでは反射のような物理現象の拘束がないので、縦続接続すればその伝達関数はそれぞれの伝達関数の積で与えられ、設計が容易になる。

一般に線形デジタルフィルタの基本演算操作は加算、定数倍、遅延であるので入出力伝達関数は z 領域での有理関数

$$H(z)=N(z)/D(z) \quad \cdots\cdots (2\text{-}55)$$

という形に帰着される。特に $D(z)=$ 定数の場合は FIR（有限インパルス応答）フィルタと呼ばれ、$D(z)\neq$ 定数の場合を IIR（無限インパルス応答）フィルタと呼ばれ帰還ループを含んだ構成になる（図 2-10）。なお伝達関数の「有理性」は演算素子数の「有限性」の反映である。

また動作変数 $z=\exp(j\omega T)$ であるので伝達関数は ω 領域では $2\pi/T$ の周期で繰返すことになる。

さて FIR フィルタの実現は比較的簡単である。

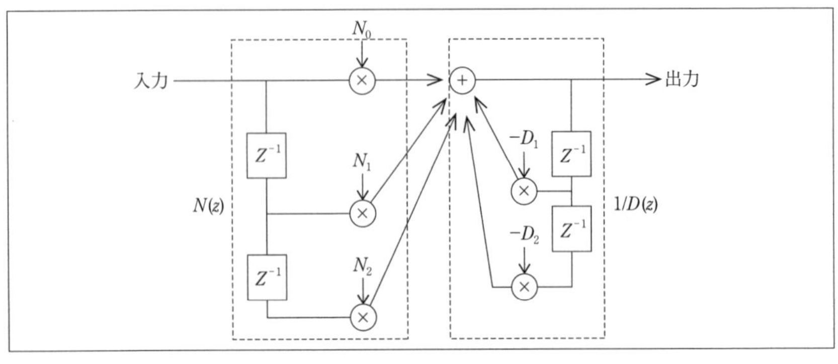

入力
出力
N_0
N_1
N_2
Z^{-1}
Z^{-1}
$N(z)$
$-D_1$
$-D_2$
Z^{-1}
Z^{-1}
$1/D(z)$

〔図 2-10〕IIR　デジタルフィルタ

$$N(z)=N_0+N_1 z^{-1}+N_2 z^{-2}+\ldots \quad \cdots\cdots\cdots (2\text{-}56)$$

と展開すれば、定数倍器と遅延器と加算器との組み合わせで実現できることがわかる。

一方、IIR フィルタにおいては開ループ利得を G とおいたときの閉ループの伝達関数が $1/(1-G)$ となることを利用すれば、$G(z)=1-D(z)$ として $G(z)$ を FIR フィルタを用いて実現すれば最終的に図 2-10 の IIR フィルタが構成できる。

なおスイッチドキャパシタフィルタ（SCF）と呼ばれるフィルタが 1980 年代に提案された。これは DT 系に属するが、信号は数値ではなく、あくまでも電圧もしくは電流のアナログ物理量である。これは可変性柔軟性に優れた回路特性を有し、ソフトウェア無線機に向いた構成として期待されている。

１－４－４　ウィナーフィルタ

元の信号を $x(t)$、雑音を $n(t)$、雑音で加法的に汚された信号を $y(t)$ とすると

$$y(t)=x(t)+n(t)$$

と書ける。フィルタ回路のインパルス応答を $h(t)$ とすると、その出力信号 $x'(t)$ は

$$x'(t)=\int_{-\infty}^{\infty} y(t-\tau)\,h(\tau)\,d\tau \quad \cdots\cdots\cdots (2\text{-}57)$$

そこで最適なインパルス応答 $h(\tau)$ は、次の平均2乗誤差

$$
\begin{aligned}
&E[|x'(t)-x(t)|^2]\\
&=E[|x'(t)|^2]-E[|x'(t)_* x(t)]\\
&-E[|x'(t)x(t)_*]+E[|x(t)|^2]\\
&=E[\int_{-\infty}^{\infty} y(t-\tau)h(\tau)\,d\tau \int_{-\infty}^{\infty} y(t-\tau')^* h(\tau')\,d\tau']\\
&-E[\int_{-\infty}^{\infty} y(t-\tau)^* h(\tau)^* d\tau x(t)]\\
&-E[\int_{-\infty}^{\infty} y(t-\tau)h(\tau)\,d\tau x(t)^*]+E[|x(t)|^2]\\
&=\int_{-\infty}^{\infty}\int_{-\infty}^{\infty} E[y(t-\tau)y(t-\tau')^*]\,h(\tau)\,d\tau h(\tau')\,d\tau'\\
&-\int_{-\infty}^{\infty} E[y(t-\tau)^* x(t)]\,h(\tau)^* d\tau\\
&-\int_{-\infty}^{\infty} E[y(t-\tau)x(t)^*]\,h(\tau)\,d\tau+E[|x(t)|^2]
\end{aligned}
$$

を最小にするものとして定義される。

ここで平均化操作 $E[\ \ ]$ は、信号や雑音が確定的なものではなく確率的な挙動（確率過程）であるために必要となる。さらに、信号 $x(t)$ や雑音 $n(t)$ に定常性と独立性を仮定すると

$$
E[y(t)y(t-\tau')^*]=R_x(\tau'-\tau)+R_n(\tau'-\tau) \quad \cdots\cdots\cdots\cdots\cdots\cdots\cdots (2\text{-}58)
$$

などが得られて、因果律を満足する最適なインパルス応答は

$$
\int_{-\infty}^{\infty}[R_x(\tau'-\tau)+R_n(\tau'-\tau)]\,h(\tau)\,d\tau=R_x(\tau') \quad (\tau'\geqq 0) \quad \cdots\cdots (2\text{-}59)
$$

の積分方程式（Wiener-Hopf 方程式と呼ばれる）の解として与えられる。

一方、確率過程の自己相関関数と電力スペクトルとは密接な関係で結び付いている。そうして、信号や雑音の電力スペクトル（もしくは自己相関）が与えられるのであれば、先ほどの最適フィルタの設計は可能となる。こうした定式化は Wiener Filter と呼ばれる。なお Wiener Filter は線形時不変回路でフィルタを実現しているが、このことは信号および雑音の定常性（確率構造が時不変であること）に依っている。そのため非定常過程に対する最適フィルタリングは線形時不変回路では実現できず、Kalman Filter の出現を待たなければならない。

１－５　確率過程

先述したが所望の信号でも不必要な雑音でもそれらは確率的構造を含んだ時間信号として取り扱われる。確率構造を含んだ時間信号を確率過程というが、それらの性質をここで簡単にまとめておく。まず信号を二つのグループに分けておく。

①エネルギー有限の信号グループ
②電力有限の信号グループ

①の信号グループに対してはフーリエ変換が可能であるが、②の信号グループに対してはそのままではフーリエ変換が適用できないので、若干の注意が必要である。

１－５－１　ランダムパルス列

標本値系列 $\{s_n\}$ を確率変数（乱数）とする。そしてCT系の信号を

$$s(t)=\sum_{n=-\infty}^{\infty} s_n u(t-nT) \quad \cdots\cdots (2\text{-}60)$$

で定義するとこれは確率過程の一つの例となる。ただし、$u(t)$ は確定した時間関数であり、T も確定値とする。

何度も出てきたこの信号形式はデジタル通信の基本形でもあり、また電力有限の信号グループに属する。

１－５－２　自己相関

確率的な信号 $s(t)$ の自己相関とは、平均化操作によって得られるものであり

$$R_s(t,\tau)=E[s(t)\,s^*(t-\tau)] \quad \cdots\cdots (2\text{-}61)$$

で定義されるもので自己相関関数自体は確定した関数である。特に $R_s(t,\tau)=R_s(t+T,\tau)$ となる場合の信号を「周期定常確率過程」と呼ぶ。

先ほどのランダムパルス系列の例で確認しよう。

$$R_s(t,\tau)=E[\sum_{n=-\infty}^{\infty} s_n u(t-nT)\sum_{m=-\infty}^{\infty} s^*_m u(t-\tau-mT)^*]$$

ここで標本値系列 $\{s_n\}$ が独立で同一分布にしたがい、平均値が０であ

ると仮定すると

$$R_s(t,\tau)=\sum_{n=-\infty}^{\infty}E[|s_n|^2]u(t-nT)u(t-\tau-nT)^* \\ =E[|s_n|^2]\sum_{n=-\infty}^{\infty}u(t-nT)u(t-\tau-nT)^* \quad \cdots\cdots (2\text{-}62)$$

となり、周期定常過程であることがわかる。

つまりデジタル通信の送信信号は周期定常過程として特徴付けられる。さらに、$R_s(t,\tau)=R_s(\tau)$ となる確率過程を「定常確率過程」と呼ぶ。つまり、自己相関関数が時間差 τ のみに依り、時間 t には依らない確率過程である。

1－5－3　電力スペクトル

定常確率過程の自己相関関数と電力スペクトルとはフーリエ変換の関係にあることが、「Wiener-Khintchin の定理」として知られている。そのことを説明する。

時間関数 $s(t)$ を周波数スペクトル $S(\omega)$ で表現する。

$$s(t)=\frac{1}{2\pi}\int_{-\infty}^{\infty}S(\omega)\exp(j\omega t)\,d\omega \quad \cdots\cdots (2\text{-}63)$$

そして $s(t)$ の確率特性は、$S(\omega)$ に反映される。

$$E[s(t)\,s^*(t-\tau)] \\ =E[\frac{1}{2\pi}\int_{-\infty}^{\infty}S(\omega)\exp(j\omega t)\,d\omega\ \frac{1}{2\pi}\int_{-\infty}^{\infty}S(\nu)^*\exp(-j\nu(t-\tau))\,d\nu] \\ =\frac{1}{(2\pi)^2}\int_{-\infty}^{\infty}\int_{-\infty}^{\infty}E[S(\omega)S(\nu)^*]\exp(j(\omega-\nu)t)\,d\omega\exp(j\nu\tau))\,d\nu \quad \cdots (2\text{-}64)$$

ここで

$$E[S(\omega)S^*(\nu)]=P(\omega)\,\delta(\omega-\nu)(2\pi) \quad \cdots\cdots (2\text{-}65)$$

であると仮定すると

$$E[s(t)\,s^*(t-\tau)]=\frac{1}{2\pi}\int_{-\infty}^{\infty}P(\omega)\exp(j\omega\tau)\,d\omega \quad \cdots\cdots (2\text{-}66)$$

となり、自己相関関数が t に依らず、しかもそのフーリエ変換が $P(\omega)$ に一致することになる。この事実を Wiener-Khintchine の定理と称する。なおこの $P(\omega)$ を定常過程の「電力スペクトル密度」と呼ぶ。

なお周期定常過程に対しては t について1周期 T にわたって平均化した自己相関関数を用いて電力スペクトル密度が与えられる。

再びランダムパルス系列の信号を取り上げる。(2-21) 式の Poisson 総和公式などを用いて

$$\frac{1}{T}\int R_s(t,\tau)\,dt = P\frac{1}{2\pi}\int |U(\omega)|^2 \exp(j\omega\tau)\,d\omega \quad \cdots\cdots\cdots\cdots\cdots \text{(2-67)}$$

を得る。ただし、$P=E[|s_n|^2]$。こうしてランダムパルス系列の信号（デジタル送信信号）の電力スペクトル密度は送信フィルタの電力伝達関数 $|U(\omega)|^2$ で決定されることになる。

なおコグニティブ無線などでは送信フィルタの電力スペクトル $|U(\omega)|^2$ を手掛かりにして信号検出の効率化が検討されている。

1－5－4　白色過程

極限的な信号として、白色信号（もしくは白色過程）というものをしばしば取り扱う。これはその電力スペクトル密度が $(-\infty,\infty)$ の周波数範囲で一定となる場合である。つまり、定常自己相関関数が

$$R_s(\tau) = \frac{1}{2\pi}\int_{-\infty}^{\infty} \exp(j\omega\tau)\,d\omega = \delta(\tau) \quad \cdots\cdots\cdots\cdots\cdots\cdots\cdots \text{(2-68)}$$

となり、有限な時間差 $\tau \neq 0$ があると $s(t)$ と $s(t-\tau)$ が無相関になることを意味している。

こうした定常過程を「白色過程」とよぶ。

ただし、そのままでは $s(t)$ の2次モーメントが発散してしまう。

$$R_s(0) = E[|s(t)|^2] = \delta(0) \to \infty \quad \cdots\cdots\cdots\cdots\cdots\cdots\cdots\cdots\cdots \text{(2-69)}$$

そのため、RC 低域フィルタリングされた白色過程を用いて、2次モーメントの有限性と無相関性を近似的に両立させることが行われている。

2．無線通信理論

2－1　信号システム

2－1－1　線形時不変システム

本章の前半では無線システムに関わる数学ツールを学習した。本章の後半ではそれらのツールを活用して無線システムを数学的に記述する。はじめに通信システムの基礎として図 2-11 に示す線形時不変システムを考えよう。ここで $s(t)$ はシステムの入力すなわち送信信号でありランダム過程として記述できる。また $y(t)$ はシステムの出力すなわち受信信号であり同じくランダム過程として記述する。一方、通信路は有線の場合はたとえばツイストペアケーブルや光ファイバなどで構成され、無線の場合は送信アンテナと受信アンテナ間の空間（伝搬路）で構成される。

通信路の一般的な表現方法としてインパルス応答 $h(\tau)$ がある。これはシステムにデルタ関数 $s(t)=\delta(t)$ を入力したときの出力応答 $h(\tau)=y(t)$ を表している。通信路が周波数特性を持つとき $h(\tau)$ は遅延時間 τ に対して拡がりを持つ。システムが線形時不変である場合、すなわちインパルス応答 $h(\tau)$ が時間変動せず、また入力 $s(t)$ によって $h(\tau)$ が変化しない線形システムの場合は、システムの入出力特性は以下の畳み込み積分で記述できる。

$$y(t)=\int_{-\infty}^{\infty}h(\tau)s(t-\tau)d\tau \quad \cdots\cdots (2\text{-}70)$$

2－1－2　等価低域表現

無線通信において送信信号 $s(t)$ はその中心周波数 f_0 と帯域幅 B_s で特徴付けられる。一般に中心周波数 f_0 が高いほど帯域幅 B_s を広く、すなわちデータレートを速くできるが、通信のカバレッジが小さくなるというトレードオフがある。このような帯域系の送信信号 $s(t)$ は、低域系の

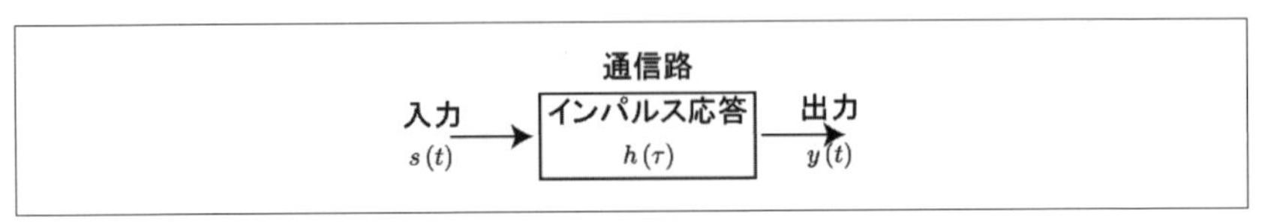
通信路
入力
s(t)
インパルス応答
h(τ)
出力
y(t)

〔図 2-11〕線形時不変システム

送信信号 $s_B(t)$ と帯域系の解析信号 $s_R(t)$ を用いて次式に表現できる。

$$s_R(t) = s_B(t)e^{j2\pi f_0 t} \quad \cdots\cdots (2\text{-}71)$$

$$s(t) = \mathrm{Re}[s_R(t)] \quad \cdots\cdots (2\text{-}72)$$

ここで帯域系の解析信号 $s_R(t)$ とは現実世界には存在しないが、システムを数学的に綺麗に表現でき、またデジタル信号処理との親和性が高いためよく用いられる。

このとき受信信号は (2-70) 式に帯域系の送信信号を代入することで次式となる。

$$y(t) = \mathrm{Re}\left[\int_{-\infty}^{\infty} h(\tau)s_B(t-\tau)e^{j2\pi f_0(t-\tau)}d\tau\right] \quad \cdots\cdots (2\text{-}73)$$

受信信号に関しても帯域系と低域系の概念を取り入れよう。受信機の構成に関しては後に詳細を述べるとして、受信信号 $y(t)$ に対して以下の操作を行うことで送信機と対称に低域系の受信信号 $y_B(t)$ を作り出す。

$$y_R(t) = y(t) + j\mathrm{hilb}(y(t)) \quad \cdots\cdots (2\text{-}74)$$

$$y_B(t) = y_R(t)e^{-j2\pi f_0 t} \quad \cdots\cdots (2\text{-}75)$$

ここで $y_R(t)$ は帯域系の解析信号であり、受信信号 $y(t)$ とそのヒルベルト変換 hilb($y(t)$) により計算される。ここでヒルベルト変換とは複素信号の実部から虚部を計算する変換フィルタである [1]。たとえば周波数 f_0 の信号 $\cos 2\pi f_0 t$ の位相を 90 度遅らせることにより虚部の信号 $\sin 2\pi f_0 t$ を計算することに相当している。

最後に (2-73) 式～(2-75) 式をまとめると、低域系の送信信号と低域系の受信信号に関して以下の関係が得られる。

$$y_B(t) = \int_{-\infty}^{\infty} h(\tau)e^{-j2\pi f_0 t}s_B(t-\tau)\,d\tau = \int_{-\infty}^{\infty} h_B(\tau)s_B(t-\tau)d\tau \quad (2\text{-}76)$$

ここで $h_B(\tau)=h(\tau)e^{-j2\pi f_0 \tau}$ は低域系に変換されたインパルス応答である。すなわち帯域系の線形時不変システムはインパルス応答を変換することで低域系として記述可能なことを示している。一般に (2-76) 式を通信システムの等価低域表現または複素包絡線という。(2-14) 式における複素ベースバンド信号 $z(t)$ は同式 $s(t)$ の等価低域表現である。

2－1－3　自己相関と電力スペクトル

では次に信号の中身に踏み込もう。送信信号 $s_B(t)$ はランダム過程であるため、その設計および評価には統計解析が用いられる。たとえば、送信信号 $s_B(t)$ の自己相関 $R_s(\tau)$ および電力スペクトル $P_s(f)$ は次式で計算できる。

$$R_s(\tau) = E[s_B^*(t)s_B(t+\tau)] \quad \cdots\cdots (2\text{-}77)$$

$$P_s(f) = \int_{-\infty}^{\infty} R_s(\tau)e^{-j2\pi f t}d\tau \quad \cdots\cdots (2\text{-}78)$$

また送信信号のパラメタとして最も重要な送信電力 P_s はこれらの統計関数を用いると次式に計算される。

$$P_s = R_s(0) = \int_{-\infty}^{\infty} P_s(f)\,df \quad \cdots\cdots (2\text{-}79)$$

同様に受信信号 $y_B(t)$ もランダム過程となるため、その自己相関 $R_y(\tau)$ および電力スペクトル $P_y(f)$ を計算すると次式を得る。

$$\begin{aligned} R_y(\tau) &= E[y_B^*(t)y_B(t+\tau)] \\ &= \int_{-\infty}^{\infty}\int_{-\infty}^{\infty} h_B^*(\tau_1)h_B(\tau_2)R_s(\tau-\tau_1+\tau_2)\,d\tau_1\,d\tau_2 \end{aligned} \quad \cdots\cdots (2\text{-}80)$$

$$P_y(f) = \int_{-\infty}^{\infty} R_y(\tau)e^{-j2\pi f t}d\tau = |H_B(f)|^2 P_s(f) \quad \cdots\cdots (2\text{-}81)$$

ただし電力スペクトルの計算には畳み込み積分に対するフーリエ変換の性質を適用した。また $H_B(f)$ は通信路の周波数応答であり次式により計算される。

$$H_B(f) = \int_{-\infty}^{\infty} h_B(\tau)e^{-j2\pi f t}\,d\tau \quad \cdots\cdots (2\text{-}82)$$

これらの式より受信信号の電力スペクトル $P_y(f)$ は送信信号の電力スペクトル $P_s(f)$ に $|H_B(f)|^2$ を乗算することで計算されることがわかる。図2-12は送受信信号の電力スペクトルと通信路の周波数応答の関係を示している。$h_B(\tau)$ がデルタ関数のように遅延拡がりを持たない場合は、$H_B(f)$ は送信信号の帯域幅 B_s の中で一定となり、受信信号スペクトルは

送信信号スペクトルと相似な関係となる。一方で $h_B(\tau)$ に遅延拡がりがある場合は、$H_B(f)$ が送信信号の帯域幅 B_s の中で一定ではないため、受信電力スペクトルに歪みが生じる。よって受信信号の自己相関は送信信号の自己相関とは異なる形状となる。一般に送信信号の自己相関は、送信パルス関数で決定され、隣接する送信シンボル間で干渉を起こさないように $\tau = \pm nT_s$ $(n=1,2,\cdots)$ においてゼロとなるように設計されている。ただし T_s はシンボル周期である。通信路の周波数応答が歪むと、パルス関数の形状が変形しシンボル周期の整数倍でゼロとならないため受信シンボル間に干渉が生じる。この現象は符号間干渉と呼ばれ通信品質劣化の大きな要因となる。

最後に帯域系の送信信号 $s(t)$ の電力スペクトルを調べてみよう。そのためにまず解析信号 $s_R(t)$ の自己相関 $R_R(\tau)$ と電力スペクトル $P_R(f)$ を次のように求める。

$$\begin{aligned} R_R(\tau) &= E[s_R^*(t)s_R(t+\tau)] \\ &= E[s_B^*(t)s_B(t+\tau)]e^{j2\pi f_0 t} = R_s(\tau)e^{j2\pi f_0 t} \end{aligned} \quad \cdots\cdots\cdots (2\text{-}83)$$

$$P_R(f) = \int_{-\infty}^{\infty} R_R(\tau)e^{-j2\pi f t}\, d\tau = P_s(f - f_0) \quad \cdots\cdots\cdots\cdots\cdots\cdots (2\text{-}84)$$

解析信号の電力スペクトル $P_R(f)$ は低域系送信信号の電力スペクトル $P_s(f)$ を中心周波数 f_0 にシフトしたものとなっており確かに周波数変換が行われていることがわかる。ところで解析信号と送信信号の関係は次

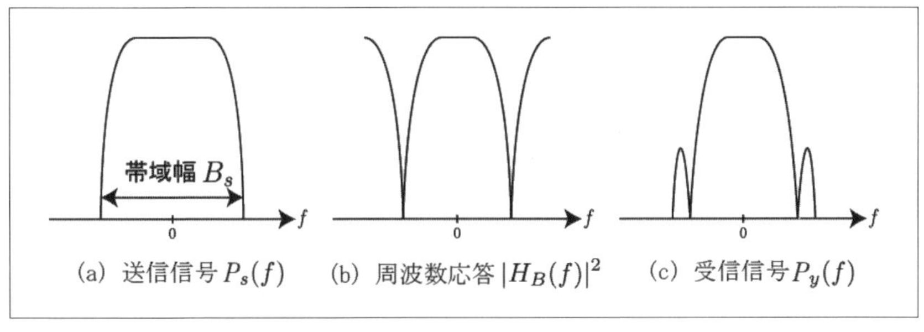
帯域幅 B_s
f
0
f
0
f
0
(a) 送信信号 $P_s(f)$
(b) 周波数応答 $|H_B(f)|^2$
(c) 受信信号 $P_y(f)$

〔図 2-12〕送受信信号の電力スペクトル

式のように表現可能である。

$$s(t) = \frac{1}{2}(s_R(t) + s_R^*(t)) \quad \cdots\cdots (2\text{-}85)$$

この特徴を利用して帯域系の送信信号の自己相関 $R(\tau)$ および電力スペクトル $P(f)$ は次式のように計算できる。

$$R(\tau) = E[s^*(t)s(t+\tau)] = \frac{1}{4}\left(R_s(\tau)e^{j2\pi f_0\tau} + R_s^*(\tau)e^{-j2\pi f_0\tau}\right) \quad (2\text{-}86)$$

$$P(f) = \int_{-\infty}^{\infty} R(\tau)e^{-j2\pi ft}\,d\tau = \frac{1}{4}(P_s(f-f_0) + P_s(-f-f_0)) \quad (2\text{-}87)$$

これより帯域系の送信信号の電力スペクトル $P(f)$ は周波数 $\pm f_0$ に低域系の送信信号の電力スペクトル $P_s(f)$ をシフトしたものとなっており、また周波数の正負で対称な構造となっている。ただし解析信号 $s_R(t)$ は複素ランダム信号なので、$s_R(t)$ と $s_R^*(t)$ の相関はゼロとなる。

2－1－4　加法性雑音

本節の最後に雑音をモデル化しよう。受信機の電力増幅器などで発生する加法性雑音を含めた通信システムのモデルを図 2-13 に示す。ここでは受信機全体で発生する雑音を受信機に入力される等価な雑音信号 $n(t)$ と定義し、受信信号と同様に受信機で低域系の雑音 $n_B(t)$ に変換する。

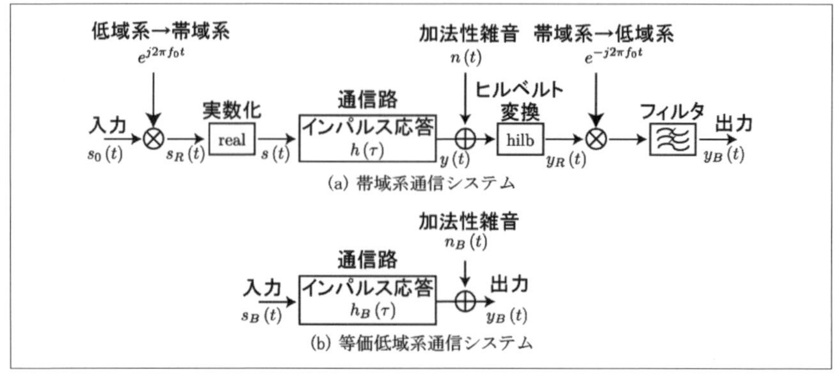
低域系→帯域系
e^{j2πf0t}
入力
s0(t)
sR(t)
実数化
real
s(t)
通信路
インパルス応答
h(τ)
加法性雑音
n(t)
y(t)
ヒルベルト
変換
hilb
帯域系→低域系
e^{-j2πf0t}
yR(t)
フィルタ
出力
yB(t)
(a) 帯域系通信システム
加法性雑音
nB(t)
通信路
入力
インパルス応答
hB(τ)
sB(t)
出力
yB(t)
(b) 等価低域系通信システム

〔図 2-13〕加法性雑音を含めた通信システムのモデル

$$n_R(t) = n(t) + j\mathrm{hilb}(n(t)) \quad \cdots\cdots (2\text{-}88)$$

$$n_B(t) = n_R(t)e^{-j2\pi f_0 t} \quad \cdots\cdots (2\text{-}89)$$

ここで $n_R(t)$ は雑音の解析信号である。これらの表記を用いると、加法性雑音を含んだ受信信号は以下に記述できる。

$$y_B(t) = \int_{-\infty}^{\infty} h_B(\tau)s_B(t-\tau)\,d\tau + n_B(t) \quad \cdots\cdots (2\text{-}90)$$

この式は一般に等価低域系のシステムモデルと呼ばれ、無線通信システムの設計・解析に最も頻繁に用いられる。

ところで受信機に入力される雑音 $n(t)$ は、ランダムな信号であるためその自己相関 $R_n(\tau)$ はデルタ関数となり、またそのフーリエ変換である電力スペクトル $P_n(f)$ は周波数軸上で一様となる。

$$P_n(f) = \frac{N_0}{2} = \frac{kT}{2} \quad \cdots\cdots (2\text{-}91)$$

$$R_n(\tau) = \frac{N_0}{2}\delta(0) \quad \cdots\cdots (2\text{-}92)$$

ただし $N_0/2$ は雑音の電力スペクトル密度であり、ボルツマン定数 k[$\mathrm{m^2kg/s^2K}$] および絶対温度 T[K] によって決定される。一方、帯域系から低域系へ変換する段階で、受信機はシステムの帯域幅 B_s の信号のみをフィルタリングにより切り出すため、低域系雑音の電力スペクトル $P_{nB}(f)$ は次式となる。帯域系と低域系雑音の電力スペクトルの関係を図 2-14 に示す。

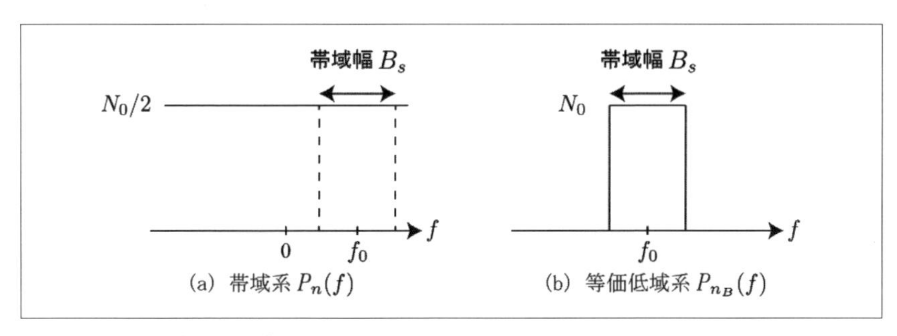

帯域幅 B_s
$N_0/2$
f
0
f_0
(a) 帯域系 $P_n(f)$
帯域幅 B_s
N_0
f
f_0
(b) 等価低域系 $P_{n_B}(f)$

〔図 2-14〕帯域系と低域系の雑音の電力スペクトル

$$P_{n_B}(f) = \begin{cases} N_0 & -\frac{B_s}{2} \le f \le \frac{B_s}{2} \\ 0 & \text{otherwise} \end{cases} \quad \cdots\cdots (2\text{-}93)$$

すなわち低域系の雑音電力は $P_s = \int_{-\infty}^{\infty} P_{nB}(f)df = N_0 B_S$ となる。ただしここでは受信機にヒルベルト変換を用いることを仮定しているため、解析信号の雑音電力は実際の雑音電力の 2 倍になっていることに注意されたい。

2－2　情報の理論的表現

前節で導入した低域系の送信信号 $s_B(t)$ に、ある時刻においてメッセージ $X=\{x_1,x_2,\cdots,x_K\}$ を割当て、そのときの受信信号 $y_B(t)$ からメッセージ $Y=\{y_1,y_2,\cdots,y_K\}$ を取り出す通信システムを考える。ただしメッセージは K 個の離散的な情報からなっており、ある時刻ではそのうちの一つをある確率で送信するものとする。ここで通信路に誤りがない場合は $x_k=y_k$ となるが、実際には雑音などの影響により誤りが発生する。このとき情報がどのように送信機から受信機に伝達されるかを本節では数式を用いて理論的に表現しよう。ここでは通信路に X が入力され Y が出力される離散システムを想定し、またその入出力特性は他の時刻に依存しないものとする。このようなシステムを離散無記憶通信システムと呼び図 2-15 のように表現される。

2－2－1　情報量とエントロピー

まずは入力 X の情報を数値化することから始めよう。入力シンボル x_i が送信される確率（発生確率）を $P(X=x_i)=P(x_i)$ とする。ただし確率なので

$$\sum_{i=1}^{k} P(x_i) = 1 \quad \cdots\cdots (2\text{-}94)$$

を満足する。このときシンボル x_i が持つ情報の量を情報量 $I(x_i)$[bits] と呼び次式のように定義される [2]。

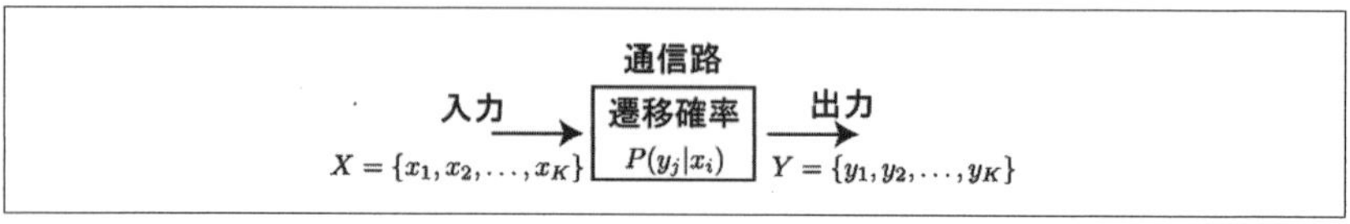

通信路

入力 $X=\{x_1,x_2,\ldots,x_K\}$ → 遷移確率 $P(y_j|x_i)$ → 出力 $Y=\{y_1,y_2,\ldots,y_K\}$

〔図 2-15〕離散無記憶通信システム

$$I(x_i) = \log_2 \frac{1}{P(x_i)} = -\log_2 P(x_i) \quad \cdots\cdots\cdots\cdots\cdots\cdots\cdots\cdots\cdots \quad (2\text{-}95)$$

すなわちそのシンボルが持つ情報量は発生確率が低いほど高く、一方で発生確率が1のときはそのシンボルが発生することをあらかじめ知っているため得られる情報量は0bitとなる。

ここではK個のシンボルからなるメッセージを想定している。このメッセージ全体の情報量をエントロピー$H(X)$[bits]と呼び、各シンボルの情報量の期待値で表現される。

$$H(X) = \sum_{i=1}^{k} P(x_i)\, I(x_i) = -\sum_{i=1}^{k} P(x_i) \log_2 P(x_i) \quad \cdots\cdot \quad (2\text{-}96)$$

たとえばシンボル0とシンボル1からなるバイナリメッセージを考えよう。シンボル0の発生確率をpとした場合、シンボル1の発生確率は$1-p$となる。このときのエントロピーは次のように計算される。

$$H(X) = -p \log_2 p - (1-p) \log_2 (1-p) \quad \cdots\cdots\cdots\cdots\cdots\cdots \quad (2\text{-}97)$$

これを一般にエントロピー関数と呼び、横軸をpとしてエントロピー$H(X)$を描くと図2-16となる。エントロピーはp=0.5すなわち等確率のとき最大で1bitとなり、一方でp=0またはp=1で最小の0bitとなる。これを一般化するとエントロピーに関して次の性質が導かれる。すなわ

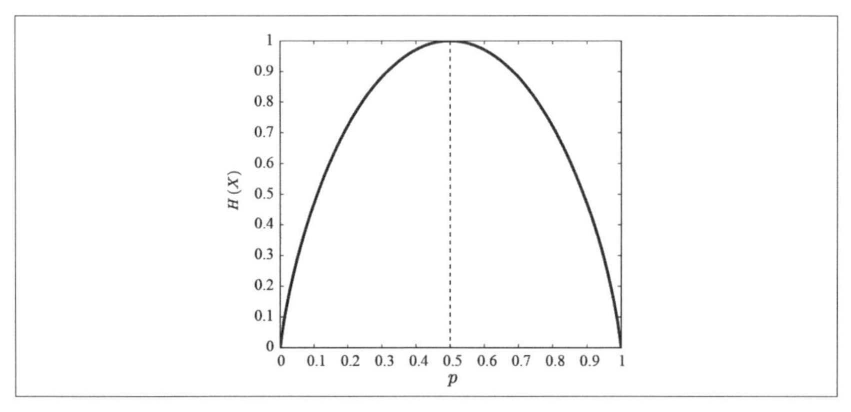
H(X)
p
0
0.1
0.2
0.3
0.4
0.5
0.6
0.7
0.8
0.9
1

〔図2-16〕エントロピー関数

ちK個のシンボルからなるメッセージの場合、そのエントロピーは各シンボルの発生が等確率の場合に最大となる。

$$0 \leq H(X) \leq \log_2 K \quad \cdots\cdots (2\text{-}98)$$

次に二つのメッセージからなる拡張された情報X^2を考えてみよう。これは二つの連続する入力シンボルで一つの情報を構成していると考えることもできる。今無記憶なシステムを想定しているため、二つのシンボルx_i,x_jの結合確率は次式となる。

$$P(x_i, x_j) = P(x_i)P(x_j) \quad \cdots\cdots (2\text{-}99)$$

この特徴を用いると拡張メッセージの情報量は次式となり、

$$\begin{aligned} I(x_i, x_j) &= -\log_2 P(x_i, x_j) \\ &= -\log_2 P(x_i) - \log_2 P(x_j) = I(x_i) + I(x_j) \end{aligned} \quad (2\text{-}100)$$

また拡張メッセージのエントロピーは次式となる。

$$H(X^2) = -\sum_{j=1}^{k}\sum_{i=1}^{k} P(x_i, x_j)\log_2 P(x_i, x_j) = 2H(X) \quad (2\text{-}101)$$

すなわち拡張メッセージは複数のシンボルを組合せることで情報量を線形に増加させており、これは我々が日常的に用いている言語の構造と一致している。

2－2－2　通信路と条件付エントロピー

次に通信路を介した情報の伝送に進むが、まずはベイズの定理の復習から始めよう。通信路に$X=x_i$が入力されかつ$Y=y_j$が出力される結合確率$P(x_i,y_j)$は、ベイズの定理を適用すると条件付き確率$P(y_j|x_i)$または$P(x_i|y_j)$を用いて次のように展開することができる。

$$\begin{aligned} P(X=x_i, Y=y_j) &= P(x_i,y_j) = P(y_j|x_i)P(x_i) \\ &= P(x_i|y_j)P(y_j) \end{aligned} \quad \cdots\cdots (2\text{-}102)$$

ここで$P(y_j|x_i)$は通信路に$X=x_i$を入力する条件下で$Y=y_j$が出力される確率でこれを通信路の遷移確率という。また$P(y_{j\neq i}|x_i)$は$y_j \neq x_i$となる確

率であり誤り率と呼ばれる。一方で $P(x_i|y_j)$ は出力 $Y=y_j$ を観測したときに入力が $X=x_i$ である確率でありこれを事後確率と言う。この事後確率または遷移確率のエントロピーのことを条件付エントロピーと言い、通信路の曖昧さ（不確定性）を表している。条件付きエントロピーが小さいほど通信路の曖昧さが小さく入力の情報が出力に正しく伝わることとなる。また $P(x_i|y_j)$ を事後確率と呼ぶことに対して $P(x_i)$ を事前確率と呼ぶ。事前確率のエントロピーが大きいほど情報量の期待値が大きく、一方で事後確率のエントロピーが小さいほど通信路の曖昧さの期待値が小さい。

ベイズの定理を用いると通信路の事後確率に対する条件付きエントロピー $H(X|Y)$ は次のようになる。

$$\begin{aligned} H(X|Y) &= \textstyle\sum_{j=1}^{K} P(y_j)\, H(X|Y=y_j) \\ &= -\textstyle\sum_{j=1}^{K} P(y_j) \sum_{i=1}^{K} P(x_i|y_j) \log_2 P(x_i|y_j) \\ &= -\textstyle\sum_{j=1}^{K} \sum_{i=1}^{K} P(x_i,y_j) \log_2 P(x_i|y_j) \qquad (2\text{-}103) \end{aligned}$$

ただし事後確率はベイズの定理から事前確率と遷移確率を用いて次式で計算される。

$$P(x_i|y_j) = \frac{P(y_j|x_i)\,P(x_i)}{P(y_j)} = \frac{P(y_j|x_i)\,P(x_i)}{\sum_{i=1}^{K} P(y_j|x_i)\,P(x_i)} \quad \cdots\cdots \quad (2\text{-}104)$$

また同様に遷移確率に対する条件付きエントロピー $H(Y|X)$ は次式に求まる。

$$\begin{aligned} H(Y|X) &= \textstyle\sum_{i=1}^{K} P(x_j)\, H(Y|X=x_i) \\ &= -\textstyle\sum_{i=1}^{K} \sum_{j=1}^{K} P(x_i,y_j) \log_2 P(y_j|x_i) \end{aligned} \quad \cdots\cdots\cdots \quad (2\text{-}105)$$

最後に入力と出力の結合エントロピー $H(X,Y)$ を計算しよう。ここでもまたベイズの定理を用いると、$H(X,Y)$ と条件付きエントロピーの間に以下の興味深い関係式を得る。

$$H(X,Y) = -\sum_{i=1}^{K}\sum_{j=1}^{K} P(x_i,y_j)\log_2 P(x_i,y_j) \\ = H(X) + H(Y|X) = H(Y) + H(X|Y) \quad \cdots\cdots\cdots \quad (2\text{-}106)$$

ただし $H(Y)$ は出力 Y のエントロピーである。ここで入出力が独立の場合すなわち $P(x_i,y_j)=P(x_i)P(y_j)$ のときを考えると、拡張メッセージのエントロピーの議論と同様に、結合エントロピーは $H(X,Y)=H(X)+H(Y)$ となる。一方で入出力が同一すなわち $P(y_j|x_i)=0(i\neq j)$ のとき、結合エントロピーは $H(X,Y)=H(X)=H(Y)$ となる。これらを考慮すると、入力と出力のエントロピー $H(X), H(Y)$、通信路の条件付きエントロピー $H(X|Y), H(Y|X)$ および入出力の結合エントロピー $H(X,Y)$ に関してその相互の関係を表すベン図（図 2-17）を描くことができる。

2－2－3　相互情報量

ベン図において、$H(X)$ と $H(Y)$ の交わりの部分は、入力から出力へ伝わる情報を表すため相互情報量 $I(X,Y)$[bits] と呼ばれる [1]。$I(X,Y)$ は入力のエントロピー $H(X)$ と通信路の事後確率のエントロピー $H(X|Y)$ の差として、または出力のエントロピー $H(Y)$ と通信路の遷移確率のエントロピー $H(Y|X)$ の差として以下に求まる。

$$I(X,Y) = H(X) + H(Y) - H(X,Y) \\ = H(X) - H(X|Y) = H(Y) - H(Y|X) \quad \cdots\cdots\cdots \quad (2\text{-}107)$$

$I(X,Y)$ は入力と出力が同一のとき、すなわち通信路に誤りがないときに最大で $H(X)$ となり、また入力と出力が独立のときに最小でゼロとな

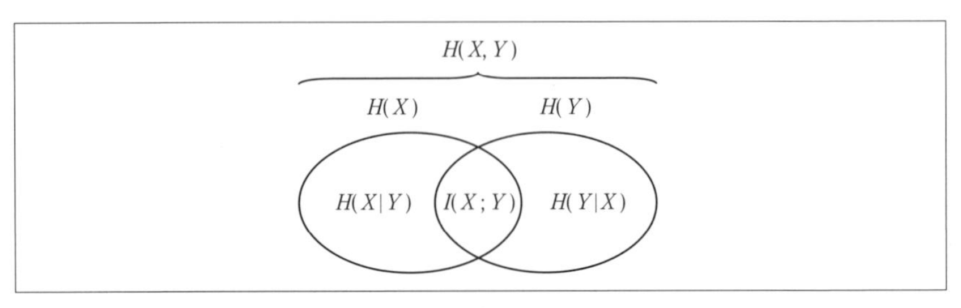
H(X, Y)
H(X)
H(Y)
H(X|Y)
I(X; Y)
H(Y|X)

〔図 2-17〕ベン図

る。この $I(X,Y)$ が送信機から通信路を介して受信機に伝えられる情報量の理論値である。

実際に図 2-18 に示す二元対称通信路を想定して相互情報量を計算してみよう。ここでは入力 x_0 の発生確率を $P(x_0)=p, x_1$ の発生確率を $P(x_1)=1-p$ とし、入力 x_0 が出力 y_1 に遷移する確率 $P(y_1|x_0)$ と入力 x_1 が出力 y_0 に遷移する確率 $P(y_0|x_1)$、すなわち通信路の誤り率は等しく $P(y_1|x_0)=P(y_0|x_1)=e$、よって正答率は $P(y_0|x_0)=P(y_1|x_1)=1-e$ であるとする。相互情報量を求めるためにここでは $I(X,Y)=H(Y)-H(Y|X)$ の関係式を用いる。はじめに通信路の条件付きエントロピー $H(Y|X)$ は、エントロピー関数 $H(e)$ を用いて以下に計算される。

$$H(Y|X) = H(e)p + H(e)(1-p) = H(e) \quad \cdots\cdots\cdots\cdots\cdots \quad (2\text{-}108)$$

次に出力のエントロピーを求めるために、ベイズの定理と周辺化を用いて $P(y_0)$ および $P(y_1)$ を次式に求める。

$$P(y_0) = \textstyle\sum_{i=1}^{K} P(y_0|x_i)P(x_i) = (1-e)p + e(1-p) \qquad (2\text{-}109)$$

$$P(y_1) = \textstyle\sum_{i=1}^{K} P(y_1|x_i)P(x_i) = (1-e)(1-p) + ep \qquad (2\text{-}110)$$

ここで $\rho=P(y_0)=(1-e)p+e(1-p)$ とおくと $1-\rho=P(y_1)=(1-e)(1-p)+ep$ となる。この記号を用いると二元対称通信路の相互情報量は次式に求まる。

$$I(X,Y) = H(Y) - H(Y|X) = H(\rho) - H(e) \quad \cdots\cdots\cdots\cdots \quad (2\text{-}111)$$

ここで出力のエントロピー $H(\rho)$ はエントロピー関数の特徴から、

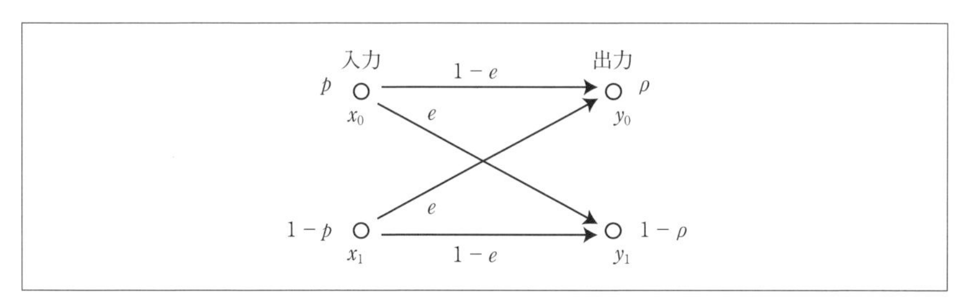
入力
出力
p
1 − e
ρ
x0
e
y0
e
1 − p
1 − ρ
x1
1 − e
y1

〔図 2-18〕二元対称通信路

ρ=1−ρ=1/2 のとき、すなわち ρ=1−ρ=1/2 のとき $H(\rho)$=1[bit] で最大となる。このとき相互情報量は $I(X,Y)=1-H(e)$ となり、入力の情報量から通信路の曖昧さ $H(e)$ を減算した残りが出力に伝えられることになる。図 2-19 は ρ=1−ρ=1/2 の二元対称通信路の相互情報量を通信路の誤り率 e を変数に描いている。相互情報量は e=0 または e=1 のときに最大 $I(X,Y)$=1 となることがわかる。

2－2－4　通信路容量

通信路に X を入力するとき、一つのシンボルの送信に要する時間すなわちシンボル周期を T_s[s] とする。このとき送信機から受信機に誤りなく伝送可能なデータレートの最大値を通信路容量 C[bits/s] と呼び [1]、相互情報量 $I(X,Y)$ を用いて次式に計算される。通信路の特性すなわち条件付き確率が与えられた場合、送信側で制御可能な変数は送信シンボルの事前確率 $P(x_i)$ のみである。よって通信路容量は相互情報量 $I(X,Y)$ の事前確率 $P(x_i)$ に対する最大値から計算される。たとえば二元対称通信路の場合、その通信路容量は $C=(1-H(e))/T_s$ となる。

$$C=\frac{1}{T_s}\max_{P(x_i)} I(X,Y) \qquad \text{(2-112)}$$

2－2－5　連続信号の通信路容量

本節の最後に、これまでの離散システムの議論を連続システムの議論

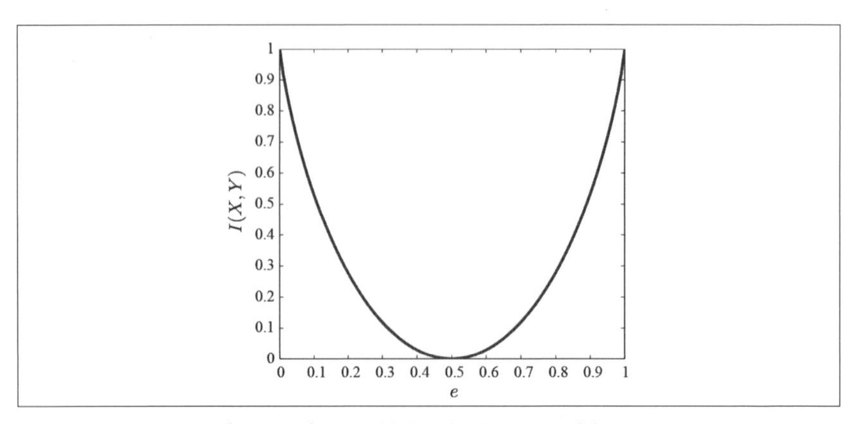

I(X, Y)
e
0
0.1
0.2
0.3
0.4
0.5
0.6
0.7
0.8
0.9
1

〔図 2-19〕二元対称通信路の相互情報量

に発展させよう。ここでは図2-20に表される通信システムのモデル、すなわち通信路にアナログの送信シンボル x を入力し、通信路からアナログの受信シンボル y が出力される場合を考える。

通信路は遅延拡がりがなく、通信路の利得 h と確率分布がガウス分布で表される加法性雑音からなるとする。このときシステムの入出力特性は (2-90) 式を簡略化して次式で記述できる。

$$y = hx + n \quad \cdots\cdots \quad (2\text{-}113)$$

ただし雑音 n はその確率分布が次式の $p(n)$ で表される平均0分散 $E[n^2]=\sigma^2$ のガウス分布で表現される。同じく入力 x、出力 y もある確率分布 $p(x)$ および $p(y)$ で表現される。入力 x に関してはさらに平均0分散 $E[x^2]=P_x$ の特徴を持つものとする。ただし P_x は送信電力である。

$$p(n) = \frac{1}{\sqrt{2\pi\sigma^2}}\exp\left(-\frac{n^2}{2\sigma^2}\right) \quad \cdots\cdots \quad (2\text{-}114)$$

入力 x、出力 y、雑音 n に対しても、これまでの離散系の議論と同様に情報量やエントロピーを計算することができる。たとえば、雑音 n のエントロピーは確率分布 $p(n)$ を用いて次式に計算することができる。

$$H(N) = -\int_{-\infty}^{\infty} p(n)\log_2 p(n)\,dn = \frac{1}{2}\log_2 2\pi e\sigma^2 \quad \cdots\cdots \quad (2\text{-}115)$$

ただし e は自然対数の低（ネイピアの数）である。

受信機側では2-3で詳細を説明する同期検波により送信シンボルを次式により推定するものとする。ここでは受信シンボル y を通信路の利得

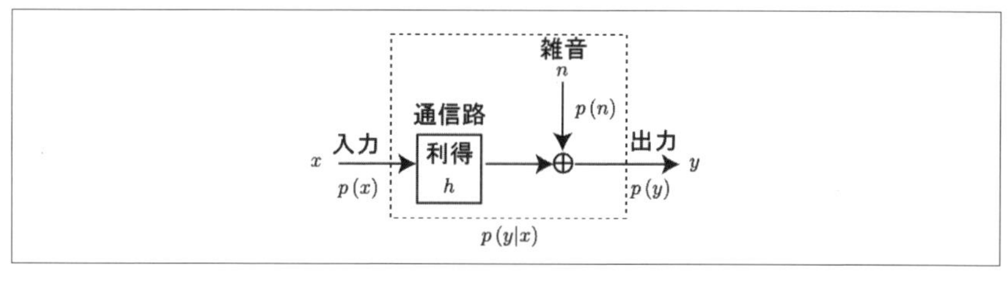
雑音
n
p(n)
通信路
入力
x
p(x)
利得
h
出力
y
p(y)
p(y|x)

〔図2-20〕連続無記憶通信システム

hで割ることで送信シンボルの推定値y'を得ている。

$$y' = \frac{y}{h} = x + \frac{n}{h} = x + n' \quad \cdots\cdots \quad (2\text{-}116)$$

これらの前提の下に、送信シンボルxを表す確率変数Xと送信シンボルの推定値y'を表す確率変数Y'間の相互情報量$I(X,Y')$を求めてみよう。離散システムの場合と同様に、出力のエントロピー$H(Y')$と条件付きエントロピー$H(Y'|X)$を用いて、相互情報量$I(X,Y')$を次のように求める。

$$\begin{aligned} I(X,Y') &= H(Y') - H(Y'|X) \\ &= H(Y') - H(X+N'|X) = H(Y') - H(N') \end{aligned} \quad \cdots \quad (2\text{-}117)$$

ただし入力Xと雑音N'は独立であるため、$H(X+N'|X)=H(N')$の式変形を行った。ここで$H(N')$はn'が平均0分散σ^2/h^2のガウス分布にしたがうため次式で計算される。

$$H(N') = \frac{1}{2}\log_2 2\pi e\frac{\sigma^2}{h^2} \quad \cdots\cdots \quad (2\text{-}118)$$

次に$H(Y')$であるが、これは入力Xの確率分布$p(x)$に依存する。ただしその分散は$E[y'^2]=P_x+\sigma^2/h^2$である。ここで証明は省略するが「ガウス分布はその分散が一定という条件下でその確率変数のエントロピーを最大化する」という定理がある[1]。よって出力のエントロピー$H(Y')$に対しては次の不等式が成り立つ。

$$H(Y') \leq \frac{1}{2}\log_2 2\pi e\left(P_x + \frac{\sigma^2}{h^2}\right) \quad \cdots\cdots \quad (2\text{-}119)$$

これらの議論をまとめると、連続システムの通信路容量C_R[bits/s]は次式に求まることとなる。

$$\begin{aligned} C_R &= \frac{1}{T_s}\max_{p(x)} I(X,Y') \\ &= \frac{1}{2T_s}\log_2\left(1+\frac{P_x h^2}{\sigma^2}\right) = \frac{B_s}{2}\log_2(1+\gamma) \end{aligned} \quad \cdots\cdots \quad (2\text{-}120)$$

ここで$\gamma=P_x h^2/\sigma^2$は受信機における信号対雑音電力比（SNR）と呼ばれ、無線通信における信号品質を表す最も重要なパラメタである。また

$B_s=1/T_s$[Hz] は帯域幅と呼ばれ、2-3 で詳細は説明するが、隣接するシンボル間の干渉を発生させないためには最小で $B_s=1/T_s$ の帯域幅を必要とする。

またこれまでは実数系の通信システムを考えたが、2-3 で説明する QPSK などの複素系の通信システムの場合は通信路容量 C[bits/s] は次式となる。

$$C=2C_R=\frac{1}{T_s}\log_2\left(1+\frac{P_x/2\,|h|^2}{\sigma^2/2}\right)=B_s\log_2(1+\gamma)\quad\cdots\quad(2\text{-}121)$$

この C はシャノンの通信路容量と呼ばれ、SNR γ と帯域幅 B_s が与えられたときに誤りなく伝送可能なデータレートの上界を表している。また $C/B_s=\log_2(1+\gamma)$[bits/s/Hz] をスペクトル効率と呼び、$\gamma\gg 1$ のときは $\log_2(\gamma)$ に比例することがわかる。すなわち 1[bits/s/Hz] 多くデータを伝送するためには、2 倍（+3dB）の電力を必要とする。

２－３　送受信機の構成

本章ではこれまでに帯域系と低域系の通信システムの数学的表現および送信メッセージの情報量と通信路の通信路容量の関係について学んだ。ここでは実際に送信メッセージから帯域系の送信信号を生成する送信機と受信信号から送信メッセージを推定する受信機の構成を説明する。

図 2-21 に示す送信機では、バイナリのメッセージ信号 m_n からパルス変調信号 $s_p(t)$ を生成するデジタル変調器と、送信信号の帯域幅 B_s を調整する波形整形フィルタと、低域系の信号を帯域系の信号に変換するアップコンバータから構成されている。

送信機の構成という意味では、DA（デジタルアナログ）変換器がどこに入るかによって図 2-22 に示すように多種多様な構成が考えられる。

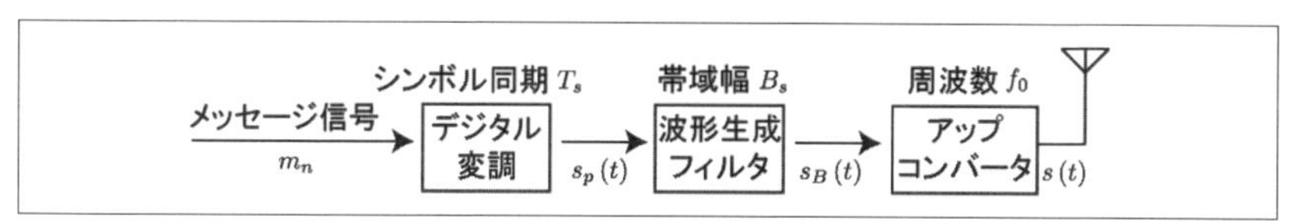
シンボル同期 T_s
帯域幅 B_s
周波数 f_0
メッセージ信号
m_n
デジタル変調
$s_p(t)$
波形生成フィルタ
$s_B(t)$
アップコンバータ
$s(t)$

〔図 2-21〕送信機の構成

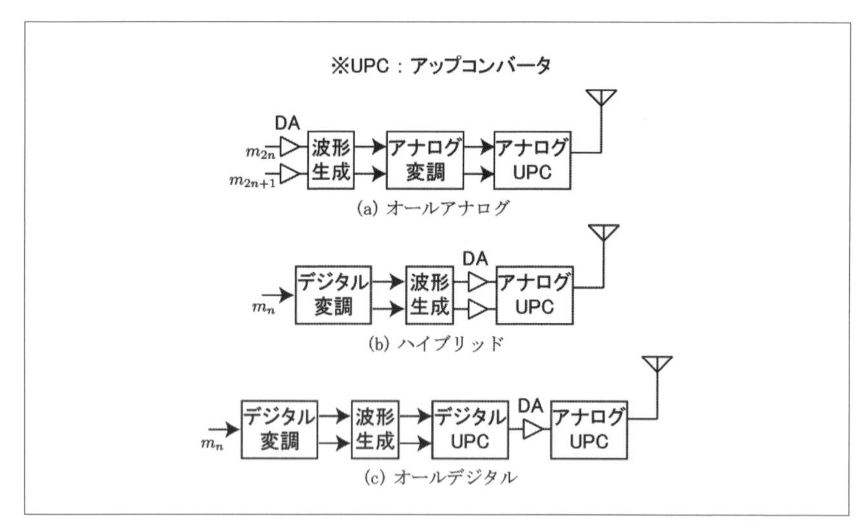
※UPC：アップコンバータ
DA
m_{2n}
m_{2n+1}
波形
生成
アナログ
変調
アナログ
UPC
(a) オールアナログ
デジタル
変調
m_n
波形
生成
DA
アナログ
UPC
(b) ハイブリッド
デジタル
変調
m_n
波形
生成
デジタル
UPC
DA
アナログ
UPC
(c) オールデジタル

〔図 2-22〕ソフトウェア送信機の構成

図 2-22 (a) はアナログ変調器を用いすべてをアナログで構成した場合を示しており、図 2-22 (b) は波形整形フィルタ後に DA 変換を行いアナログアップコンバータにより周波数変換を行う場合、図 2-22 (c) はデジタルアップコンバータを用いたとえば中間周波数に変換後に DA 変換を行う場合を示している。ここではこれらすべての構成に共通する送信機の数式表現を学ぶ。個別の構成に関してはここでの議論にさらにサンプリング定理を適用する必要がある。

2－3－1　デジタル変調

ではデジタル変調器から始めよう。バイナリのメッセージ信号 m_n を任意のパルス信号にマッピングすることをデジタル変調と呼ぶ。ここではパルス波形として理想的なデルタ関数 $\delta(t)$ を考え、その振幅にシンボル a_n で表される情報を乗せる。この場合デジタル変調された信号 $s_p(t)$ は次のように表現される。

$$s_p(t) = \Sigma_n a_n \delta(t - nT_s) \quad \cdots\cdots (2\text{-}122)$$

$$a_n = \begin{cases} +1 & \text{if } m_n = 1 \\ -1 & \text{if } m_n = 0 \end{cases} \quad \cdots\cdots (2\text{-}123)$$

はじめにメッセージ m_n をシンボル a_n にマッピングし、a_n をパルス波形の振幅に乗算する。ここで n はメッセージ信号のインデックスを表している。このパルス変調された波形を時刻 T_s 毎に送信することで、バイナリのメッセージ信号からデジタル変調信号 $s_p(t)$ を生成する。

一方でメッセージを2ビットずつのグループ (m_{2n}, m_{2n-1}) に分け、シンボル a_{2n} に次のようにマッピングする方法もある。ここでは1ビット毎の場合とは異なり a_{2n} が複素数で表現されていることに注目して欲しい。つまりこの方法は複素数の位相に情報をマッピングしている。

$$a_{2n} = \begin{cases} \Omega(+1+j) & \text{if}\,(m_{2n}, m_{2n-1}) = (1,1) \\ \Omega(-1+j) & \text{if}\,(m_{2n}, m_{2n-1}) = (0,1) \\ \Omega(+1-j) & \text{if}\,(m_{2n}, m_{2n-1}) = (1,0) \\ \Omega(-1-j) & \text{if}\,(m_{2n}, m_{2n-1}) = (0,0) \end{cases} \quad \cdots\cdots\cdots \quad (2\text{-}124)$$

詳細はⅢ章で述べるが、この方法は2ビットの情報を四つの複素シンボルの位相にマッピングしているため、一般にQPSK変調（Quadrature Phase Shift Keying）と呼ばれる。これに対して先に述べた1ビット毎の場合を（Binary Phase Shift Keying）と呼ぶ。ここで Ω は送信電力を正規化する係数であり、QPSKの場合は $\Omega=1/\sqrt{2}$ となる。

QPSKの場合はパルス波形を乗算したデジタル変調信号は次式となる。ここでQPSKは2ビットずつビットをシンボルにマッピングしているため、シンボルの間隔は $2T_s$ となる。つまりBPSKに比べると2倍ゆっくり送信できる。

$$s_p(t) = \Sigma_n a_{2n} \delta(t - 2nT_s) \quad \cdots\cdots\cdots\cdots\cdots\cdots\cdots\cdots\cdots\cdots\cdots \quad (2\text{-}125)$$

一方、BPSKとQPSKでシンボル周期を等しくすると、QPSKはBPSKの2倍のデータレートを達成することがわかる。このように2ビット以上の情報をシンボルにマッピングし送信する方法を多値変調といい、与えられた帯域幅で高いデータレートを達成するために一般に用いられている。以後は複素変調を前提に議論を進める。

2－3－2　波形整形

ところでパルス波形にデルタ関数 $\delta(t)$ を用いると、その周波数応答は周波数軸上で無限に拡がることとなる。仮に無限の周波数を用いたとすると、その瞬間は一つの送信機がすべての周波数を専有することとなるため周波数を有効に利用することはできない。そこで送信機では送信信号を帯域幅 B_s に制限する波形整形（帯域制限）が一般に用いられる。ここでは波形整形を行うためにパルス波形 $g_t(t)$ を用意する。波形整形による帯域制限はデジタル変調信号 $s_p(t)$ に送信パルス波形 $g_t(t)$ を畳み込むことで次式のように行われる。

$$s_B(t) = \int_{-\infty}^{\infty} g_t(\tau) s_p(t-\tau)\, d\tau = \Sigma_n a_n g_t(t - nT_s) \quad \cdots \quad (2\text{-}126)$$

このとき波形整形後の信号 $s_B(t)$ の電力スペクトル $S_B(f)$ と入力信号 $s_p(t)$ の電力スペクトル $S_p(f)$ は次式の関係にある。

$$s_B(f) = |G_t(f)|^2 S_p(f) \quad \cdots\cdots \quad (2\text{-}127)$$

ただし $G_t(f)$ は $g_t(t)$ の周波数応答（フーリエ変換）である。つまり $G_t(f)$ がたとえば次式のような周波数特性を持つならば波形整形により帯域幅を B_s に制限できる。

$$G_t(f) = \begin{cases} \sqrt{\dfrac{E_s}{B_s}} & -\dfrac{B_s}{2} \le f \le \dfrac{B_s}{2} \\ 0 & \text{otherwise} \end{cases} \quad \cdots\cdots \quad (2\text{-}128)$$

次に周波数応答 $G_t(f)$ を逆フーリエ変換することで、波形整形フィルタのパルス波形 $g_t(t)$ を求めると次式となる。

$$g_t(t) = \sqrt{B_s E_s}\,\mathrm{sinc}(tB_s) = \sqrt{B_s E_s}\,\frac{\sin \pi t B_s}{\pi t B_s} \quad \cdots\cdots \quad (2\text{-}129)$$

このパルス波形はこれまでのデルタ関数とは異なり、時間方向に拡がりを持っている。このパルス波形はシンク関数と呼ばれ、時刻 $t=\pm n/B_s$ (n=1,2,…) 毎にゼロの値をとる。よって $1/B_s=T_s$ と設計すればデジタル変調信号の隣接するシンボルに干渉を与えずに帯域制限ができる。ナイキストフィルタはこれらの議論を一般化したものであり [1]、シンボル間の干渉を起こさずに帯域制限を行うフィルタとして一般に用いられている。

ナイキストフィルタでは、ロールオフ率 α を導入することでパルス波形の時間拡がりの調整を可能とし、かつ帯域幅を $B_s=(1+\alpha)/T_s$ $(0\leq\alpha\leq1)$ に制限する。その詳細はⅢ章で述べよう。

2－3－3　アップコンバータ

送信機では最後に帯域制限された信号を周波数 f_0 に周波数変換し電力増幅の後送信する。アップコンバータの目的は、低域系の送信信号を帯域系に変換し、複素信号を実数化することにある。アップコンバータの構成を図 2-23 に示す。

またその数式モデルは次式で表される。

$$
\begin{aligned}
s(t) &= \mathrm{Re}[s_B(t)e^{j2\pi f_0 t}] \\
&= \mathrm{Re}[s_B(t)]\cos(2\pi f_0 t) - \mathrm{Im}[s_B(t)]\sin(2\pi f_0 t) \qquad (2\text{-}130)
\end{aligned}
$$

ここでは周波数 f_0 のローカル信号を発振器により生成し、帯域制限された信号の実部に $\cos(2\pi f_0 t)$ を虚部に $\sin(2\pi f_0 t)$ を乗算し、それらを合成することにより実数で表現される帯域系の送信信号を生成している。

2－3－4　受信機

一般に受信側では、アンテナで受信された受信信号を低雑音増幅器によって増幅し、受信機へ入力する。受信機の一般的な構成を図 2-24 に示す。受信機は､帯域系の信号を低域系へ変換するダウンコンバータと、信号対雑音電力比を最大化する整合フィルタと、伝搬路変動を補償する同期検波と、受信シンボルから送信メッセージを推定するデジタル復調の機能ブロックから構成される。

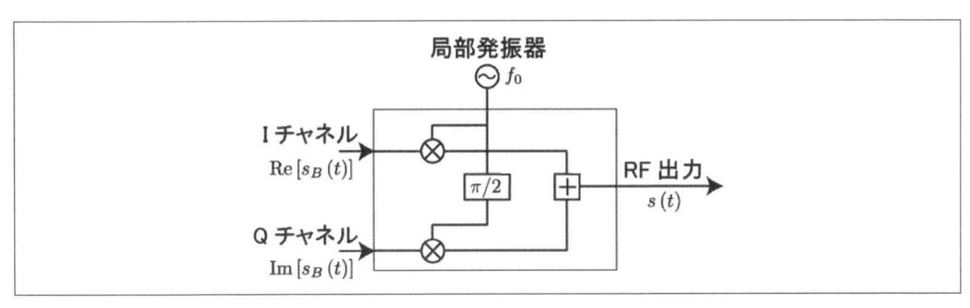

局部発振器
f_0
I チャネル
Re [$s_B(t)$]
Q チャネル
Im [$s_B(t)$]
$\pi/2$
RF 出力
$s(t)$

〔図 2-23〕アップコンバータの構成

受信機の構成という意味では，AD（アナログデジタル）変換器がどこに入るかによって図 2-25 に示すように多種多様な構成が考えられる。図 2-25 (a) はアナログ復調器を用いすべてをアナログで構成した場合を示しており、図 2-25 (b) はダウンコンバート後に AD 変換を行いデジタル信号処理により整合フィルタを構成する場合、図 2-25 (c) はたとえば中間周波数において AD 変換を行いデジタルダウンコンバータによって周波数変換を行う場合を示している。ここではこれらすべての構成に共通する受信機の数式表現を学ぶ。個別の構成に関しては送信機と同様にここでの議論にさらにサンプリング定理を適用する必要がある。

2－3－5　ダウンコンバータ

ではダウンコンバータから始めよう。帯域系の送信信号 $s(t)$ をインパルス応答が $h(\tau)=\delta(\tau-\Delta\tau)$ で表される理想的な伝搬路を介して受信機

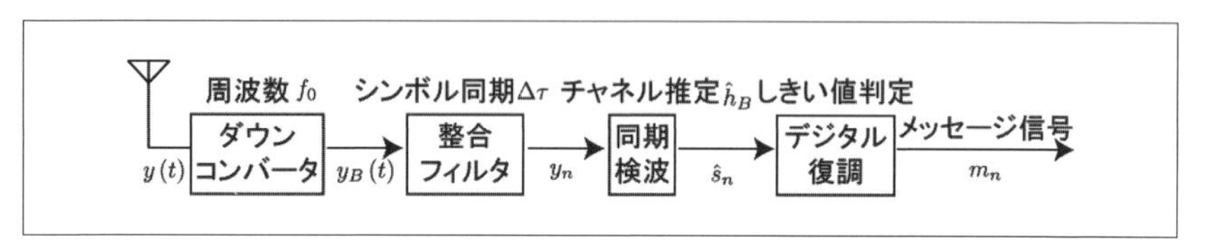

周波数 f_0
シンボル同期 $\Delta\tau$
チャネル推定 $\hat{h}_B$
しきい値判定
ダウン コンバータ
$y(t)$
$y_B(t)$
整合 フィルタ
y_n
同期 検波
$\hat{s}_n$
デジタル 復調
メッセージ信号
m_n

〔図 2-24〕受信機の構成

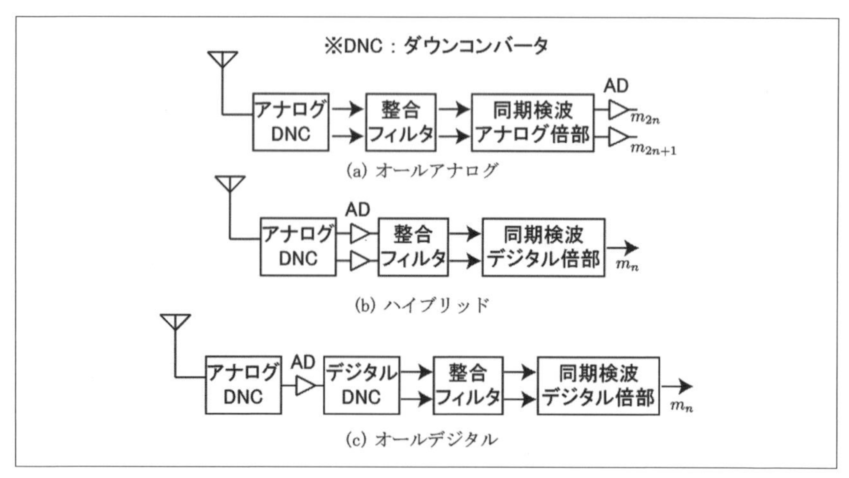

※DNC：ダウンコンバータ
アナログ DNC
整合 フィルタ
同期検波 アナログ倍部
AD
m_{2n}
m_{2n+1}
(a) オールアナログ
アナログ DNC
AD
整合 フィルタ
同期検波 デジタル倍部
m_n
(b) ハイブリッド
アナログ DNC
AD
デジタル DNC
整合 フィルタ
同期検波 デジタル倍部
m_n
(c) オールデジタル

〔図 2-25〕ソフトウェア受信機の構成

に入力したとき、帯域系の受信信号は次式のように表される。

$$y(t) = \int_{-\infty}^{\infty} h(\tau) s(t-\tau)\, d\tau + n(t) = s(t-\Delta\tau) + n(t) \quad (2\text{-}131)$$

ダウンコンバータはこの帯域系の受信信号を低域系の信号に変換する。ダウンコンバータの構成を図 2-26 に示す。受信機に入力された信号は二分配され、発振器によって生成した周波数 f_0 のローカル信号を乗算することで低域系に周波数変換する。

ダウンコンバータの数式モデルは受信信号 $y(t)$ の解析信号 $y_R(t)$ を用いると簡便に表現できる。帯域系のインパルス応答が $h(\tau)=\delta(\tau-\Delta\tau)$ で与えられるため低域系のインパルス応答は $h_B(\tau)=\delta(\tau-\Delta\tau)e^{-j2\pi f_0\tau}$ となり、これを考慮すると $y_R(t)$ は次式となる。

$$\begin{aligned} y_R(t) &= y_B(t) e^{j2\pi f_0 t} \\ &= \left(s_B(t-\Delta\tau) e^{-j2\pi f_0 \Delta\tau} + n_B(t) \right) e^{j2\pi f_0 t} \end{aligned} \quad \cdots\cdots\cdots \quad (2\text{-}132)$$

ダウンコンバータは受信信号 $y(t)$ にローカル信号 $e^{-j2\pi f_0 t}=\cos(2\pi f_0 t)-j\sin(2\pi f_0 t)$ を乗算し低域通過フィルタを施すためダウンコンバート後の受信信号 $\tilde{y}_B(t)$ は以下のように表現できる。

$$\begin{aligned} \tilde{y}_B(t) &= \mathrm{lpf}[y(t) e^{-j2\pi f_0 t}] = \mathrm{lpf}\left[\frac{1}{2}(y_R(t) + y_R^*(t)) e^{-j2\pi f_0 t}\right] \\ &= \frac{1}{2}\left(s_B(t-\Delta\tau) e^{-j2\pi f_0 \Delta\tau} + n_B(t) \right) = \frac{1}{2} y_B(t) \end{aligned} \quad (2\text{-}133)$$

ここで lpf[·] はシステムの帯域幅 $-\frac{B_s}{2} \le f \le \frac{B_s}{2}$ の信号のみを通す低域

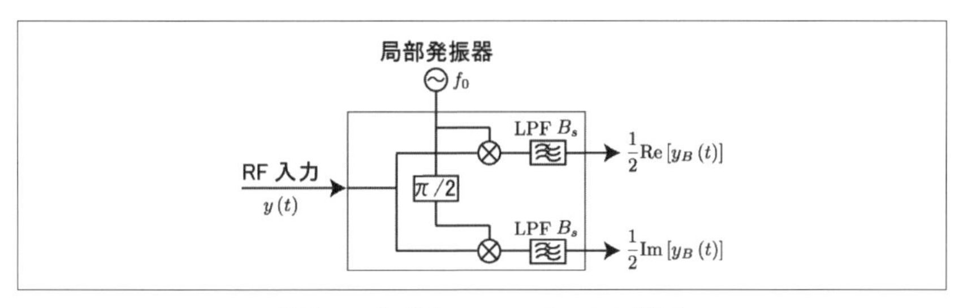
局部発振器
f_0
LPF B_s
$\frac{1}{2}\mathrm{Re}[y_B(t)]$
RF 入力
$y(t)$
$\pi/2$
LPF B_s
$\frac{1}{2}\mathrm{Im}[y_B(t)]$

〔図 2-26〕ダウンコンバータの構成

通過フィルタを表しており、ここではローカル信号乗算後の高周波成分 $y_R^*(t)e^{-j2\pi f_0 t}$ が除去され低域系の受信信号が出力される。ただしヒルベルト変換の代わりに低域通過フィルタを使用しているため、ダウンコンバータを用いた $\tilde{y}_B(t)$ はヒルベルト変換を用いた理想的な受信信号 $y_B(t)$ に 1/2 の係数がかかっている。以後は簡単のために係数を無視し $y_B(t)$ を低域系の受信信号と考えよう。

2－3－6　整合フィルタとシンボル同期

送信機ではデジタル変調器とアップコンバータの間に帯域制限フィルタを用いたのに対して、受信機ではダウンコンバータとデジタル復調器の間に整合フィルタを用いる。整合フィルタの役割は帯域制限フィルタにより時間軸上で拡散されたパルス波形のエネルギーを時間軸上の一点に集約することであり、またその点で標本化を行うことで連続時間信号を離散的なシンボルに変換する。ここでシンボル周期 T_s 毎の最適なサンプル点を探索する処理をシンボル同期と呼び、整合フィルタはシンボル同期が確立されていることを前提にエネルギーの集約と標本化を行う。

簡単のためにデジタルダウンコンバートされた低域系の受信信号を次式のように表現する。ただし $\theta=2\pi f_0 \Delta\tau$ は伝搬遅延による位相回転を表している。

$$y_B(t) = s_B(t-\Delta\tau)e^{j\theta} + n_B(t) \quad \cdots\cdots\cdots\cdots \quad (2\text{-}134)$$

$$s_B(t) = \Sigma_n a_n g_t(t-nT_s) \quad \cdots\cdots\cdots\cdots \quad (2\text{-}135)$$

整合フィルタは $y_B(t)$ にインパルス応答が $g_r(t)$ で与えられる受信パルス波形を畳み込むことにより、サンプル点 $t=\pm nT_s$（n=0,1,…）における信号電力と雑音電力の比（SNR）を最大化する。このとき整合フィルタ出力 $y_f(t)$ は次式となる。

$$\begin{aligned} y_f(t) &= \int_{-\infty}^{\infty} g_r(\tau) y_B(t-\tau)\, d\tau \\ &= e^{j\theta} \Sigma_n a_n g(t-\Delta\tau-nT_s) + n_f(t) \end{aligned} \quad \cdots\cdots\cdots \quad (2\text{-}136)$$

ここで $g(t)$ は波形整形フィルタのパルス波形 $g_t(t)$ と整合フィルタのパルス波形 $g_r(t)$ を畳み込んだ送受信機の合成フィルタのパルス波形であ

り、その周波数応答 $G(f)$ を介して次式に計算される。

$$G(f) = G_r(f)\,G_t(f) \quad \cdots\cdots \quad (2\text{-}137)$$

$$g(t) = \int_{-\infty}^{\infty} G(f)\,e^{j2\pi ft}\,df \quad \cdots\cdots \quad (2\text{-}138)$$

次に整合フィルタ出力 $y_f(t)$ を時刻 $t=\pm nT_s$ (n=0,1,…) で標本化するとサンプル点での受信電力 P_r は合成フィルタのパルス波形 $g(t)$ を用いて次のように表現できる。

$$\begin{aligned} P_r &= E\left[|y_f(nT_s)|^2\right] = |g(-\Delta\tau)|^2 \\ &= \left|\int_{-\infty}^{\infty} G_r(f)\,G_t(f)\,e^{-j2\pi f\Delta\tau}\,df\right|^2 \end{aligned} \quad \cdots\cdots \quad (2\text{-}139)$$

ただし電力の計算には $E[|a_n|^2]=1$ を仮定した。一方で雑音電力 P_n は雑音の電力スペクトルから次式に計算される。

$$P_n = E\left[|n_f(nT_s)|^2\right] = N_0\int_{-\infty}^{\infty} |G_r(f)|^2\,df \quad \cdots\cdots \quad (2\text{-}140)$$

ただしここではダウンコンバータで用いる低域通過フィルタの帯域幅は整合フィルタの帯域幅よりも大きいことを仮定した。これらの表現を用いるとサンプル点での SNR γ を最大化する整合フィルタは次の最大化問題を解くことに帰着される。

$$\hat{G}_r(f) = \arg\max_{G_r(f)} \gamma \quad \cdots\cdots \quad (2\text{-}141)$$

$$\gamma = \frac{\left|\int_{-\infty}^{\infty} G_r(f)\,G_t(f)\,e^{-j2\pi f\Delta\tau}\,df\right|^2}{N_0\int_{-\infty}^{\infty}|G_r(f)|^2\,df} \quad \cdots\cdots \quad (2\text{-}142)$$

ここで γ の分子は周波数軸上における内積の問題であるため整合定理より最適な周波数応答 $\hat{G}_r(f)$ は次式に求まる。

$$\hat{G}_r(f) = \alpha G_t^*(f)\,e^{j2\pi f\Delta\tau} \quad \cdots\cdots \quad (2\text{-}143)$$

ただし α は任意のスカラー定数である。よって $\hat{G}_r(f)$ を逆フーリエ変換すると整合フィルタのパルス波形が求まる。

$$\hat{g}_r(t) = \int_{-\infty}^{\infty} \hat{G}_r(f)\, e^{j2\pi ft}\, df = \alpha\, g_r(-t - \Delta\tau) \quad \cdots\cdots\cdots\cdots \quad (2\text{-}144)$$

すなわち最適な受信パルス波形とは送信パルス波形を時間軸上で反転させ負の方向に $\Delta\tau$ シフトしたものとなっている。送信と受信のパルス波形が整合していることより最適受信フィルタを整合フィルタと呼ぶ。また $g_t(-t)$ を時間軸上でシフトし γ が最大となる時刻 $-\Delta\tau$ を探索することをシンボル同期と言う。最後に得られた $\hat{G}_r(f)$ を γ に代入すると受信 SNR の最大値 $\hat{\gamma}$ が以下に求まる。

$$\hat{\gamma} = \frac{1}{N_0} \int_{-\infty}^{\infty} |G_r(f)|^2\, df = \frac{E_s}{N_0} \quad \cdots\cdots\cdots\cdots \quad (2\text{-}145)$$

ここで、α は任意であるが、以後雑音に関する議論を簡単にするために $\alpha=1/\sqrt{E_s}$ としよう。こうすることによって整合フィルタ後の雑音電力は $P_n=N_0$ となり、一方信号電力は $P_r=E_s$ となる。

2－3－7　同期検波

これまでは理想的な伝搬路を想定し低域系の伝搬路応答を $h_B=e^{j\theta}$ で表現したが、実際には伝搬路の距離減衰やフェージング変動などの影響により振幅も変化する。そこでここではより一般的に $h_B=|h|e^{j\theta}$ と表す。このとき時刻 $t=\pm nT_s$ ($n=0,1,\cdots$) で離散化された整合フィルタ出力 $y_n=y_f(nT_s)$ を次式のように表現する。

$$y_n = h_B s_n + n_n \quad \cdots\cdots\cdots\cdots \quad (2\text{-}146)$$

ここで $s_n=\sqrt{E_s}a_n$ は波形整形と整合フィルタを考慮した送信シンボルを表しており、また $\sqrt{E_s}$ は合成パルス $g(t)$ のサンプル点での振幅であり整合フィルタを用いる場合は次式となる。

$$\begin{aligned} E_s &= |g(-\Delta\tau)|^2 \\ &= \left(\int_{-\infty}^{\infty} \alpha |G_t(f)|^2\, df\right)^2 = \left(\int_{-\infty}^{\infty} \alpha |g_t(t)|^2\, dt\right)^2 \quad \cdots\cdots \quad (2\text{-}147) \\ &= \int_{-\infty}^{\infty} |g_t(t)|^2\, dt \end{aligned}$$

ただし、ここではパーシバルの公式と呼ばれる時間と周波数のエネルギーの等価性を用いて表現している。つまり $\alpha=1/\sqrt{E_s}$ の整合フィルタ

を用いた場合 E_s は送信パルス波形のエネルギーに等しくなる。また $n_n=n_f(nT_s)$ は離散化された雑音信号であり、整合フィルタを用いた場合その電力は $P_r=E[|n_n|^2]=N_0$ となる。

同期検波とは受信機において伝搬路の応答 h_B を推定し、受信信号を推定値で除算することにより送信シンボルを推定することを言う。伝搬路応答 h_B の学習はチャネル推定とも呼ばれ、既知のトレーニングシンボル s_n を用いて次式により推定される

$$\hat{h}_B = E\left[\frac{y_n}{\tilde{s}_n}\right] = h_B + E\left[\frac{n_n}{\tilde{s}_n}\right] \quad \cdots\cdots \quad (2\text{-}148)$$

実際にはトレーニングシンボルの系列長は有限であるため、チャネル推定誤差が発生するがここではその影響は無視できるほど小さいとする。最後に推定した伝搬路応答 $\hat{h}_B$ を用いて同期検波は以下に行われる。

$$\hat{s}_n = \frac{y_n}{\hat{h}_B} = s_n + \frac{n_n}{\hat{h}_B} \quad \cdots\cdots \quad (2\text{-}149)$$

同期検波出力は送信シンボルに伝搬路応答で除算された雑音が加算された式となっている。伝搬路応答の振幅が充分大きい場合は、第二項は小さくなり正しく送信シンボルが受信される。一方で伝搬路応答の振幅が小さいときは、送信シンボルが雑音に埋もれシンボルの判定誤りが発生する。受信信号の確からしさを表す指標の一つとしてSNRがある。同期検波を用いたときのSNRは次式となる。

$$\gamma = \frac{E[|s_n|^2]}{E\left[|n_n/\hat{h}_B|^2\right]} = \frac{|\hat{h}_B|^2 E_s}{N_0} \quad \cdots\cdots \quad (2\text{-}150)$$

2－3－8　デジタル復調

最後にデジタル復調を行おう。デジタル復調とはデジタル変調と逆の操作を行う非線形処理を指す。たとえば送信機でQPSK変調を用いた場合、単純なしきい値判定を行うデジタル復調では送信メッセージを次式により推定する。すなわち同期検波出力 $\hat{s}_n$ をその実部と虚部から構成される直交座標系で表現し、推定値が含まれる象限で２ビットずつのメッセージ信号を推定する。

$$(m_{2n}, m_{2n-1}) = \begin{cases} (1,1) & \text{if } \mathrm{Re}[\hat{s}_{2n}] \geq 0 \;\&\&\mathrm{Im}[\hat{s}_{2n}] \geq 0 \\ (0,1) & \text{if } \mathrm{Re}[\hat{s}_{2n}] \leq 0 \;\&\&\mathrm{Im}[\hat{s}_{2n}] \leq 0 \\ (1,0) & \text{if } \mathrm{Re}[\hat{s}_{2n}] \geq 0 \;\&\&\mathrm{Im}[\hat{s}_{2n}] \leq 0 \\ (0,0) & \text{if } \mathrm{Re}[\hat{s}_{2n}] \leq 0 \;\&\&\mathrm{Im}[\hat{s}_{2n}] \leq 0 \end{cases} \quad (2\text{-}151)$$

2－4　検出理論

無線通信システムの特性を評価する指標としては、誤り率やスループット特性が最も重要である。ここではこれらの指標の確率的な計算手法を紹介しよう。2-3で説明したように、受信機における同期検波出力は送信シンボルと複素雑音の和でモデル化できる。送信機では送信シンボルをその情報量にしたがった確率で生成し、受信機では複素ガウス分布にしたがう雑音が重畳された受信信号から送信シンボルを推定する。よって送信シンボルの推定誤りも確率的に表現される。

2－4－1　確率分布

ここでは同期検波後の受信シンボルとして次式を想定する。

$$y_n = s_n + \tilde{n} \quad \cdots\cdots \quad (2\text{-}152)$$

ここでs_nは送信シンボルであり、BPSK変調の場合は次式に表現される。

$$s_n = \begin{cases} \sqrt{E_s} & \text{if } m_n = 1 \\ -\sqrt{E_s} & \text{if } m_n = 0 \end{cases} \quad \cdots\cdots \quad (2\text{-}153)$$

また$\tilde{n}=n_n/h_B$は加法性雑音であり、その実部を$n_x=\mathrm{Re}[\tilde{n}]$、虚部を$n_y=\mathrm{Im}[\tilde{n}]$とすると、その発生確率はそれぞれ次のガウス分布にしたがう。

$$p(n_x) = \frac{1}{\sqrt{2\pi\sigma_x^2}} \exp\left(-\frac{n_x^2}{2\sigma_x^2}\right) \quad \cdots\cdots \quad (2\text{-}154)$$

$$p(n_y) = \frac{1}{\sqrt{2\pi\sigma_y^2}} \exp\left(-\frac{n_y^2}{2\sigma_y^2}\right) \quad \cdots\cdots \quad (2\text{-}155)$$

ただし $\sigma_x^2 = E[n_x^2] = \frac{N_0}{2|h_B|^2}$，$\sigma_y^2 = E[n_y^2] = \frac{N_0}{2|h_B|^2}$ はそれぞれn_x, n_yの電力である。またn_xとn_yが独立で同一の確率分布にしたがうため$\tilde{n}$の発生確立は次式に示す複素ガウス分布となる。

$$p(\tilde{n}) = p(n_x)p(n_y) = \frac{1}{2\pi\sigma^2}\exp\left(-\frac{|\tilde{n}|^2}{2\sigma^2}\right) \quad \cdots\cdots\cdots\cdots \quad (2\text{-}156)$$

ここで $\sigma^2 = E[|\tilde{n}|^2] = \frac{N_0}{|h_B|^2} = 2\sigma_x^2 = 2\sigma_y^2$ は雑音電力である。よって送信機が送信シンボル s_n を送信したときに受信シンボルが y_n である確率は条件付き確率 $p(y_n|s_n)$ で表現されることとなる。

$$P(y_n|s_n) = \frac{1}{2\pi\sigma^2}\exp\left(-\frac{|y_n - s_n|^2}{2\sigma^2}\right) \quad \cdots\cdots\cdots\cdots \quad (2\text{-}157)$$

2－4－2　最尤推定

送信機がシンボル s_n を送信し受信機がシンボル y_n を受信する結合確率 $p(s_n,y_n)$ が与えられたとする。検出理論の世界では、観測された受信シンボル y_n から一番尤もらしい送信シンボルを推定することを最尤推定といい [3]、尤度関数 $L(s_n)=p(s_n,y_n)$ を最大にする s_n を探索する問題として記述できる。

$$\hat{s}_n = \max_{s_n} L(s_n) = \max_{s_n} p(s_n,y_n) \quad \cdots\cdots\cdots\cdots \quad (2\text{-}158)$$

ここで結合確率 $p(s_n,y_n)$ は、送信シンボルの事前確率 $P(s_n)$ と条件付確率 $P(y_n|s_n)$ を用いて次のように変形できる。

$$p(s_n,y_n) = P(y_n|s_n)P(s_n) \quad \cdots\cdots\cdots\cdots \quad (2\text{-}159)$$

よって、事前確率 $P(s_n)$ がすべてのシンボルに対して等確率の場合は、最尤推定は条件付確率 $P(y_n|s_n)$ を最大にする送信シンボルを推定する問題となる。

$$\hat{s}_n = \max_{s_n} p(s_n,y_n) = \max_{s_n} P(y_n|s_n) \quad \cdots\cdots\cdots\cdots \quad (2\text{-}160)$$

一方、受信機が受信シンボル y_n を受信したときに、送信シンボルが s_n である確率 $P(s_n|y_n)$ は事後確率と呼ばれ、ベイズの定理を用いると結合確率 $p(s_n,y_n)$ との間に次の関係がある。

$$P(s_n|y_n) = \frac{P(y_n|s_n)P(s_n)}{P(y_n)} = \frac{p(s_n,y_n)}{P(y_n)} \quad \cdots\cdots\cdots\cdots\cdots\cdots \quad (2\text{-}161)$$

ただし $P(y_n)$ は受信シンボルの確率分布である。この事後確率を最大にする s_n を求める問題を最大事後確率（MAP）推定といい、次式により最尤推定と等価であることがわかる。

$$\begin{aligned}\hat{s}_n &= \max_{s_n} P(s_n|y_n) = \max_{s_n} \frac{p(s_n,y_n)}{P(y_n)} \\ &= \max_{s_n} p(s_n,y_n)\end{aligned} \quad \cdots\cdots\cdots\cdots\cdots\cdots \quad (2\text{-}162)$$

一般に $P(s_n)$ を受信機で事前に知ることは難しいが、MAP 推定では繰り返し演算により $\hat{P}(s_n)$ を求め推定精度を高める方法が用いられる [3]。

2－4－3　しきい値判定

これから最尤推定を用いて送信シンボルの判定を行うが、まずは簡単のために BPSK 変調信号を想定しよう。送信シンボルの発生確率を次のように定義する。

$$P(s_n = \sqrt{E_s}) = p_1 = \rho \quad \cdots\cdots\cdots\cdots\cdots\cdots \quad (2\text{-}163)$$

$$P(s_n = -\sqrt{E_s}) = p_0 = 1 - \rho \quad \cdots\cdots\cdots\cdots\cdots\cdots \quad (2\text{-}164)$$

ただし p_1 はメッセージ 1 の発生確率、p_0 はメッセージ 0 の発生確率である。仮に $p_1=p_0=0.5$ の場合は、$P(s_n)$ が等確率となるため、最尤推定は条件付確率 $P(y_n|s_n)$ の最大化問題となる。

$$\hat{s}_n = \max_{s_n} p(y_n|s_n) \quad \cdots\cdots\cdots\cdots\cdots\cdots \quad (2\text{-}165)$$

ここで BPSK 変調信号を想定しているため、受信シンボルの実部を $y_{nx}=\mathrm{Re}[y_n]$ と定義する。図 2-27 に尤度関数の実部 $p(y_{nx}|s_n)$ を示す。BPSK 変調の場合は受信シンボルの虚部は s_n と独立であるため最尤推定には寄与しない。図より最尤推定では $p(y_{nx}|s_n=\sqrt{E_s})$ が $p(y_{nx}|s_n=-\sqrt{E_s})$ より大きいときは $\hat{s}_n=E_s$ と判定し、その逆のときは $\hat{s}_n=-E_s$ と判定する。つまり判定は以下の論理により行われる。

$$\hat{s}_n = \begin{cases} E_s & \text{if } p(y_{nx}|s_n = \sqrt{E_s}) > p(y_{nx}|s_n = -\sqrt{E_s}) \\ -E_s & \text{if } p(y_{nx}|s_n = \sqrt{E_s}) < p(y_{nx}|s_n = -\sqrt{E_s}) \end{cases} \quad (2\text{-}166)$$

ここで二つの条件付確率が等しくなる $y_{nx}=\lambda$ は受信シンボルから送信シンボルを推定する判定しきい値と考えることができる。

$$p(\lambda|s_n = E_s) = p(\lambda|s_n = -E_s) \quad \cdots\cdots (2\text{-}167)$$

ここで $p(y_{nx}|s_n)$ が次式で表されることを考慮すると判定しきい値は $\lambda=0$ となる。

$$p(y_{nx}|s_n) = \frac{1}{\sqrt{2\pi\sigma_x^2}} \exp\left(-\frac{(y_{nx} - s_n)^2}{2\sigma_x^2}\right) \quad \cdots\cdots (2\text{-}168)$$

つまり受信シンボルの実部が 0 より大きいときは $\hat{s}_n=\sqrt{E_s}$、0 より小さいときは $\hat{s}_n=-\sqrt{E_s}$ と判定すればよいこととなる。

一方、$p_1 \neq p_0 \neq 0.5$ の場合は尤度関数は次式となる。

$$\hat{s}_n = \max_{s_n} p(y_{nx}|s_n)p(s_n) \quad \cdots\cdots (2\text{-}169)$$

このとき判定しきい値は次式を λ について解くことにより得られる。

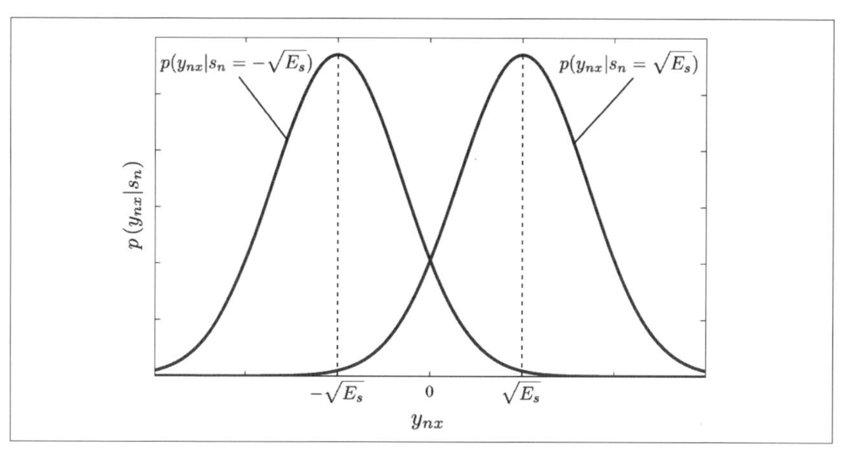
$p(y_{nx}|s_n = -\sqrt{E_s})$
$p(y_{nx}|s_n = \sqrt{E_s})$
$p(y_{nx}|s_n)$
$-\sqrt{E_s}$
0
$\sqrt{E_s}$
y_{nx}

〔図 2-27〕受信シンボルの条件付確率（尤度関数）

$$p(\lambda|s_n=\sqrt{E_s})p(s_n=\sqrt{E_s})=p(\lambda|s_n=-\sqrt{E_s})p(s_n=-\sqrt{E_s}) \quad (2\text{-}170)$$

条件付確率と事前確率を代入し λ について解くと次の判定しきい値を得る。

$$\lambda=\frac{\sigma_x^2}{2\sqrt{E_s}}\log\frac{p_0}{p_1} \quad \cdots\cdots (2\text{-}171)$$

つまり最尤推定における判定しきい値は事前確率の関数となり、p_1 が p_0 より大きい場合は判定しきい値は負の方向へ、その逆は正の方向へ変化することとなる。

2－4－4　判定誤り

以上の数学的準備を用いて最尤推定の判定誤り率を計算しよう。送信機がメッセージ0を送信したときに受信機が誤って1と判定する確率 p_{10} は、受信シンボル y_{nx} が判定しきい値 λ よりも大きくなる確率として以下に計算される。

$$\begin{aligned} p_{10} &= P(y_{nx}>\lambda|s_n=-\sqrt{E_s}) \\ &=\int_\lambda^\infty \frac{1}{\sqrt{2\pi\sigma_x^2}}\exp\left(-\frac{(y_{nx}+\sqrt{E_s})^2}{2\sigma_x^2}\right)dy_{nx} \end{aligned} \quad \cdots\cdots (2\text{-}172)$$

同様に送信メッセージ1を受信機が誤って0と判定する確率 p_{01} は次式に計算される。

$$\begin{aligned} p_{01} &= P(y_{nx}<\lambda|s_n=\sqrt{E_s}) \\ &=\int_{-\infty}^\lambda \frac{1}{\sqrt{2\pi\sigma_x^2}}\exp\left(-\frac{(y_{nx}-\sqrt{E_s})^2}{2\sigma_x^2}\right)dy_{nx} \end{aligned} \quad \cdots\cdots (2\text{-}173)$$

これら誤り率の積分は特殊関数であるため、次に示す誤り補関数を用いて一般的に表現される。

$$\mathrm{erfc}(u)=\frac{2}{\sqrt{\pi}}\int_u^\infty \exp(-z^2)\,dz \quad \cdots\cdots (2\text{-}174)$$

この誤り補関数を用いると p_{10} および p_{01} は次式となる。

$$p_{10}=\frac{1}{2}\mathrm{erfc}\left(\frac{\sqrt{E_s}+\lambda}{\sqrt{2\sigma_x^2}}\right),\ p_{01}=\frac{1}{2}\mathrm{erfc}\left(\frac{\sqrt{E_s}-\lambda}{\sqrt{2\sigma_x^2}}\right)\ \cdots\cdots \quad (2\text{-}175)$$

これらの確率をまとめると、送信メッセージ０と１に対する平均誤り率、すなわちBPSK変調の誤り率は以下のように求まる。

$$p=p_{10}p_{01}+p_{01}p_1\ \cdots\cdots \quad (2\text{-}176)$$

たとえば$p_1=p_0=0.5$の場合は$\lambda=0$となり、平均誤り率は次式に整理される。

$$p=\frac{1}{2}\mathrm{erfc}\left(\frac{\sqrt{E_s}}{\sqrt{2\sigma_x^2}}\right)=\frac{1}{2}\mathrm{erfc}\left(\sqrt{\frac{|h_B|^2E_s}{N_0}}\right)=\frac{1}{2}\mathrm{erfc}(\sqrt{\gamma}) \qquad (2\text{-}177)$$

ここで $\gamma=\frac{|h_B|^2E_s}{N_0}$ は受信SNRである。

２－４－５　QPSK変調の誤り率

BPSK変調の誤り率の議論を発展させてQPSK変調の誤り率を求めよう。QPSK変調の場合の送信シンボルは次式に表現される。ただし、ここではBPSK変調に比べてデータレートを倍増するためにシンボル周期T_sはBPSKと等しくしている。また情報量を最大化するために四つのシンボルは等確率で送信する。

$$s_{2n}=\begin{cases}\frac{1}{\sqrt{2}}(\sqrt{E_s}+j\sqrt{E_s}) & \mathrm{if}\,(m_{2n},m_{2n-1})=(1,1)\\ \frac{1}{\sqrt{2}}(-\sqrt{E_s}+j\sqrt{E_s}) & \mathrm{if}\,(m_{2n},m_{2n-1})=(0,1)\\ \frac{1}{\sqrt{2}}(\sqrt{E_s}-j\sqrt{E_s}) & \mathrm{if}\,(m_{2n},m_{2n-1})=(1,0)\\ \frac{1}{\sqrt{2}}(-\sqrt{E_s}-j\sqrt{E_s}) & \mathrm{if}\,(m_{2n},m_{2n-1})=(0,0)\end{cases} \qquad (2\text{-}178)$$

QPSK変調は、複素信号の実部と虚部それぞれにおいてBPSK変調された信号であると考え直すことができるため、受信機においてはまず実部と虚部それぞれに対して最尤推定を行う。たとえば実部では送信シンボルの電力が$\frac{1}{2}$に削減されたBPSK変調と考えることができ、また二つのシンボルの発生確率は等しいため、その誤り率はBPSK変調の場合の議論を適用すると次式となる。

$$p_b=\frac{1}{2}\mathrm{erfc}\left(\sqrt{\frac{|h_B|^2E_s}{2N_0}}\right)=\frac{1}{2}\mathrm{erfc}\left(\sqrt{\frac{\gamma}{2}}\right) \quad \cdots\cdots\cdots\cdots\cdots\cdots \quad (2\text{-}179)$$

また虚部の誤り率も同様となり、これらをビット誤り率と呼ぶ。一方、シンボル誤り率は、実部と虚部いずれか一方でも誤った場合に発生するため、ビット誤り率を用いると以下に計算される。

$$p_s = 1-(1-p_b)^2 \cong \mathrm{erfc}\left(\sqrt{\frac{\gamma}{2}}\right) \quad \cdots\cdots\cdots\cdots\cdots\cdots\cdots\cdots \quad (2\text{-}180)$$

これらの式よりQPSK変調においてBPSK変調と同じビット誤り率を達成するには2倍（+3dB）の受信SNRが必要であることがわかる。すなわち1ビット多くデータを伝送するには3dB多いエネルギーが必要であることを示しており、2-2の通信路容量の議論と一致した解釈となっている。

2－5　無線伝搬路

無線通信と有線通信の最大の違いは伝搬路にある。有線通信では光ファイバなどの導波路構造を持つケーブルの中を理想的には損失なく信号が伝達されるのに対して、無線通信では送信アンテナより全立体角または半球状に電波が発射されるため、単位面積あたりの信号電力は送受信機間の距離に反比例して必ず減衰する。また携帯電話などの移動体通信では、受信アンテナの周辺には建物などの散乱体が存在するため、散乱体で反射・回折した電波が干渉することで受信電力のフェージング変動が発生する。また、情報伝送という観点では、広い周波数帯域を容易に確保できる高周波帯が望ましいが、高い周波数は距離に対する伝搬損失が大きく、またマルチパス遅延波による信号歪みも生じる。一方、極超短波（UHF）帯などの低い周波数帯では距離減衰が緩和され広いカバレッジを実現できるものの、広い帯域幅を確保することは難しく、また帯域幅が狭いため信号歪みは少ないもののフェージング変動の影響を大きく受ける。本節では、このように無線システムおよび無線機の設計に必要となる無線伝搬路の知識をまとめる。

2－5－1　システムモデル

無線伝搬路の複素インパルス応答を $h(t, \tau)$ と表すと、無線通信システムは次式の畳込み積分でモデル化できる。

$$y(t) = \int h(t,\tau)s(t-\tau)\,d\tau + n(t) \quad \cdots\cdots (2\text{-}181)$$

ここで $s(t)$ は送信信号、$y(t)$ は受信信号、$n(t)$ は加法性雑音を表しており、等価低域系で表現されている。ここで $h(t, \tau)$ は送信アンテナから発射された電波が経路長の異なる複数のパスを通って受信アンテナに到達するため遅延時間 τ の拡がりを持っている。たとえば直接波と反射波に 300m の経路差がある場合、遅延時間差は光の速度を $c=3\times10^8$m/s とすると、$\tau=300/c=1\,\mu$s となる。また $h(t, \tau)$ はたとえば受信アンテナが移動することにより変動するため時間 t の関数となっている。$h(t, \tau)$ の時間変動に関しては、送受信機間の距離が変化することによる伝搬損失の変動と、受信アンテナが建物などの影に入ることによって発生するシャドーイングと、マルチパス波の干渉に起因するフェージング変動を含んでいる。

インパルス応答 $h(t, \tau)$ を τ に関してフーリエ変換すると周波数応答 $H(t,f)$ が得られる。

$$H(t,f) = \int_{-\infty}^{\infty} h(t,\tau)e^{-j2\pi f\tau}\,d\tau \quad \cdots\cdots (2\text{-}182)$$

また $H(t,f)$ が周波数に対して定常であったとすると、次式に示す周波数の相関関数を定義できる。

$$R(\Delta f) = \frac{E[H(t,f)H^*(t,f+\Delta f)]}{\sqrt{E[|H(t,f)|^2]}\sqrt{E[|H(t,f+\Delta f)|^2]}} \quad \cdots\cdots (2\text{-}183)$$

この周波数相関が $|R(\Delta f)|=1/e$ となる帯域幅 $\Delta f=B_c$ を相関帯域幅と呼び､その帯域幅の中では伝搬路の周波数応答は穏やかに変化する。また、マルチパスによる遅延拡がりを $\Delta\tau$ と定義すると、$\Delta\tau$ と B_c の間には $B_c \approx 1/\Delta\tau$ の関係がある。すなわち遅延拡がりが小さいと相関帯域幅は広

くなり、遅延拡がりが大きいと相関帯域幅は狭くなる。一方で送信信号 $s(t)$ の帯域幅 B_s は送信信号のシンボル周期を T_s とすると $B_s \approx 1/T_s$ の関係がある。

ここで $B_s \ll B_c$ が成り立つとき、すなわち $T_s \gg \Delta\tau$ のとき、このシステムは狭帯域近似が成り立つ（周波数フラットフェージング）と言い、受信信号と送信信号の関係は伝搬路応答 $h(t)=H(t,f_0)$ を用いて線形に記述できる。すなわち伝搬路応答はシステムの中心周波数 f_0 の周波数応答で近似される。

$$y(t) = h(t)s(t) + n(t) \quad \cdots\cdots \quad (2\text{-}184)$$

一方で、B_s と B_c が同程度または $B_s>B_c$ のとき、信号帯域幅の中で周波数応答が変化する（周波数選択性フェージング）ため、信号波形に歪みが生じる。この歪みに対してはCDMAにおけるRAKE受信機やOFDM変復調などの対策技術が必要となるがその詳細はⅢ章で述べよう。

ところで $h(t,\tau)$ を t に関してフーリエ変換すると $H(\delta,\tau)$ が得られる。ここで δ はドップラ周波数と呼ばれ、伝搬路の時間変動の周期を表している。ここで周波数相関関数 $R(\Delta f)$ と同様に時間相関関数 $R(\Delta t)$ を定義すると、その相関時間幅 B_t はドップラ周波数の拡がりを $\Delta\delta$ とすると、周波数と遅延の関係と同様に、$B_t \approx 1/\Delta\delta$ の関係にある。すなわちドップラ拡がりが小さいほど時間変動は穏やかとなり、ドップラ拡がりが大きいほど時間変動が激しくなる。

2－5－2　伝搬路の利得

狭帯域近似の成り立つ伝搬路の利得 $g_p(t)=|h(t)|^2$ をモデル化しよう。指向性利得 $g_{ta}(\phi_t)$ を持つ送信アンテナと指向性利得 $g_{ra}(\phi_r)$ を持つ受信アンテナ間の伝搬路利得 $g_p(t)$ は以下のようにモデル化できる。

$$g_p(t) = g_{ra}(\phi_r) g_{ra}(t) g_{sh}(t) g_{pl}(d) g_{ta}(\phi_t) \quad \cdots\cdots \quad (2\text{-}185)$$

ここで $g_{pl}(d)$ は送受信機間の距離 d に依存する距離損失、$g_{sh}(t)$ は建物などの遮蔽によるシャドーイング変動、$g_{fa}(t)$ はマルチパスの重ね合わせによるフェージング変動を表している。送信アンテナの指向性利得

$g_{ta}(\phi_t)$ は電波の発射角 ϕ_t の関数であり、同様に受信アンテナの指向性利得 $g_{ra}(\phi_r)$ は電波の入射角 ϕ_r の関数である。仮に受信機が送信機の同経方向に直線的に移動する場合、送受信機間距離に対する伝搬路利得の変化を描くと図2-28のようになる。距離に対して最も激しく変化する成分はフェージングに起因するものであり波長のオーダで変動する。一方シャドーイングは遮蔽物つまり建物のオーダで変動する。最後に距離損失は距離に依存するエネルギー密度の変化を表しており、距離に対してそのべき乗に反比例して減少する。

次に各伝搬利得を数式で表そう。まずはフィールドに遮蔽物のない自由空間を考える。送信アンテナから送信電力 P_t が発射されたとすると、受信アンテナにおける受信電力 P_r はフリスの伝達公式[4]より次のように求められる。

$$P_r = A_r(\phi_r)\frac{g_{ta}(\phi_t)P_t}{4\pi d^2} \quad \cdots\cdots \quad (2\text{-}186)$$

ここで $\frac{g_{ta}(\phi_t)p_t}{4\pi d^2}$ は送信アンテナから距離 d、角度方向 ϕ_t における単位面積あたりの電力密度を表しており、また $A_r(\phi_r)$ は次式で与えられる受信アンテナの実効面積である。

$$A_r(\phi_r) = g_{ra}(\phi_r)\frac{\lambda_0^2}{4\pi} \quad \cdots\cdots \quad (2\text{-}187)$$

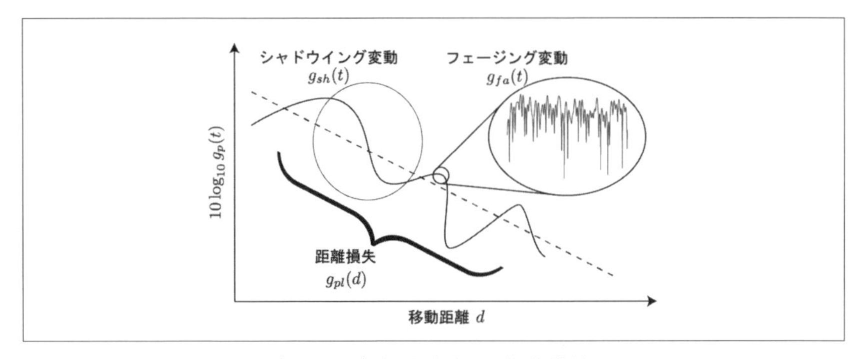
シャドウイング変動
$g_{sh}(t)$
フェージング変動
$g_{fa}(t)$
$10\log_{10} g_p(t)$
距離損失
$g_{pl}(d)$
移動距離 d

〔図2-28〕伝搬利得の変動特性

ここで λ_0 は使用する周波数の波長を表している。(2-187) 式を (2-186) 式に代入すると自由空間における距離損失は次式となる。ただし距離損失はダイナミックレンジが非常に大きいので通常デシベル表記とする。

$$
\begin{aligned}
g_{pl}^{db}(d) &= 10\log_{10}\left(\frac{\lambda_0}{4\pi d}\right)^2 \\
&= -20\log_{10} d[m] - 20\log_{10} f_0[MHz] + 28
\end{aligned}
\quad \cdots \quad (2\text{-}188)
$$

すなわち自由空間伝搬損失は距離の二乗に反比例し、また周波数の二乗にも反比例する。

自由空間伝搬路を現実に近づけた最も簡単な伝搬モデルとして大地反射を考慮した2波モデルがある。図2-29に2波モデルの概念図を示す。ここでは送信アンテナから受信アンテナに直接到達する経路長 d_1 のパスと地面反射する経路長 d_2 のパスが干渉を起こす。簡単のために地面が完全導体であったとすると送受信機間距離 d が経路長差 d_2-d_1 に比べて充分大きい場合は地面の反射係数は−1となり距離損失は各パスの位相を考慮して次式のように計算される。

$$
\begin{aligned}
g_{pl}(d) &= \left|\frac{\lambda_0}{4\pi d_1} e^{-j\frac{2\pi}{\lambda_0}d_1} - \frac{\lambda_0}{4\pi d_2} e^{-j\frac{2\pi}{\lambda_0}d_2}\right|^2 \cong \left(\frac{\lambda_0}{4\pi d}\right)^2 \left|1 - e^{-j\frac{2\pi}{\lambda_0}(d_2 - d_1)}\right|^2 \\
&= \left(\frac{\lambda_0}{4\pi d}\right)^2 \left|2\sin\left(\frac{\pi}{\lambda_0}(d_2 - d_1)\right)\right|^2
\end{aligned}
\quad \cdots \quad (2\text{-}189)
$$

さらに経路長 d_1 および d_2 を送信アンテナのアンテナ高 h_t および受信

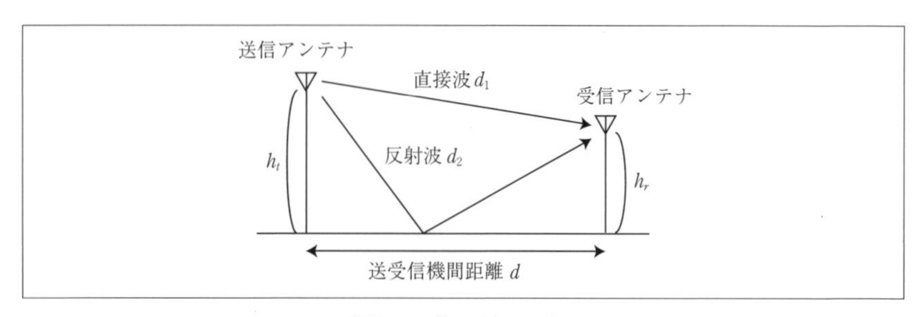
送信アンテナ
直接波 d_1
受信アンテナ
反射波 d_2
h_t
h_r
送受信機間距離 d

〔図2-29〕2波モデル

アンテナのアンテナ高 h_r を用いて表現すると次式が得られ、

$$d_1 = \sqrt{(h_t - h_r)^2 + d^2} \cong d + \frac{(h_t - h_r)^2}{2d} \quad \cdots\cdots\cdots\cdots\cdots \quad (2\text{-}190)$$

$$d_2 = \sqrt{(h_t + h_r)^2 + d^2} \cong d + \frac{(h_t + h_r)^2}{2d} \quad \cdots\cdots\cdots\cdots\cdots \quad (2\text{-}191)$$

二つのパスの経路長差は次のように近似的に表現できる。

$$d_2 - d_1 \cong \frac{2h_t h_r}{d} \quad \cdots\cdots\cdots\cdots\cdots\cdots\cdots\cdots\cdots\cdots \quad (2\text{-}192)$$

これを (2-189) 式に代入し、また $\frac{d_2-d_1}{\lambda_0} \ll \frac{1}{2}$ すなわち $d \gg \frac{4h_t h_r}{\lambda_0}$ を仮定すると、2 波モデルの距離損失は次式に近似される。

$$g_{pl}(d) \cong \left(\frac{\lambda_0}{4\pi d}\right)^2 \left(\frac{4\pi h_t h_r}{\lambda_0 d}\right)^2 \cdots\cdots\cdots\cdots\cdots\cdots\cdots\cdots \quad (2\text{-}193)$$

ここで $d = \frac{4h_t h_r}{\lambda_0}$ をブレークポイントと呼び、送受信機間距離 d がブレークポイントを超えると伝搬損失が急激に増加し距離の四乗に反比例することを示している。放送や携帯電話などの無線システムではさらに複雑な伝搬モデルが用いられており、市街地や郊外地などの環境に応じて送受信機間距離に対する減衰定数を 2 から 4 の間で選択している。

2－5－3　フェージング

市街地における無線伝搬路の特徴として、端末に到来する複数の反射波・回折波が互いに干渉するマルチパスフェージングが挙げられる。(端末が送信し基地局が受信する場合も伝搬路には相反性が成り立つため議論は同様。) これは図 2-30 に示すように基地局から発射された電波 (パス) が端末周辺の建物などで散乱され異なる経路長を持って端末に到来するために発生する。受信点における各パスの位相は端末の位置に依存して異なり、それらが重なり合うために端末の周辺に定在波が発生し、その中を端末が移動するため波長のオーダで受信電力が変動する。この現象を電波伝搬の世界ではフェージング変動と言う。特に狭帯域無線システムでは複数のパスが逆相で合成された場合は振幅がゼロとなり通信不能とさえなりうる。以後、この狭帯域システムにおけるフェージング変動を数学的に表現する。

携帯電話などの移動通信では、端末が移動する範囲はフェージング変動の周期（波長のオーダ）に比べて非常に大きいため、フェージング変動を決定論的（たとえば電磁界解析など）ではなく統計的に取り扱う。統計的なフェージング変動のモデルとして最も一般的なのがレイリーフェージングモデル[4]である。レイリーフェージングモデルでは伝搬路応答 h の確率密度関数が複素ガウス分布にしたがうものと仮定し議論を展開する。これは伝搬路応答に対する中心極限定理[5]から導出されたものである。

狭帯域近似が成り立つ環境では、伝搬路応答 h は各パスの合成として次式のように表現される。

$$h = x + jy = \Sigma_i h_i = \Sigma_i \beta_i e^{j\theta_i} \quad \cdots\cdots (2\text{-}194)$$

ここで x と y は複素伝搬路応答 h の実部および虚部、h_i は各パスの複素振幅、β_i と θ_i は各パスの振幅および位相を表している。レイリーフェージングモデルでは、各マルチパスの振幅は等しいものとし、その位相がランダムに変化すると仮定する。一般に独立な複素確率変数の和の分布は中心極限定理より複素ガウス分布に収束する。よって x と y の確率分布はそれぞれ以下のガウス分布で表現できる。ただし $E[x^2]=E[y^2]=\sigma^2$ と定義した。

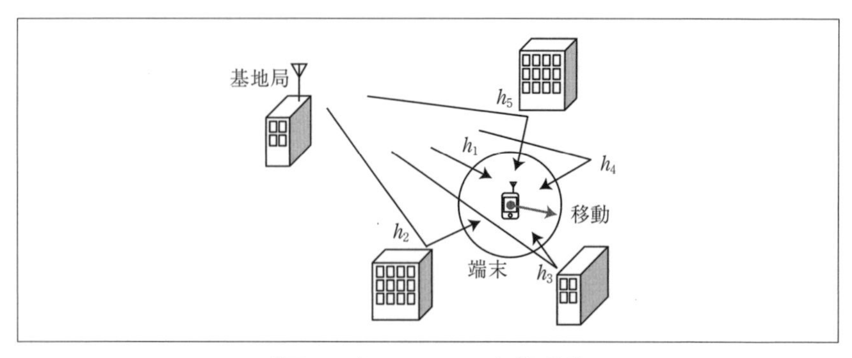
基地局
h_5
h_1
h_4
移動
h_2
端末
h_3

〔図 2-30〕マルチパス伝搬環境

$$p(x) = \frac{1}{\sqrt{2\pi\sigma^2}} \exp\left(-\frac{x^2}{2\sigma^2}\right), \ p(y) = \frac{1}{\sqrt{2\pi\sigma^2}} \exp\left(-\frac{y^2}{2\sigma^2}\right) \cdots \quad (2\text{-}195)$$

また x と y が独立であると仮定すると、その結合確率分布すなわち複素ガウス分布は以下の式で表される。

$$p(h) = p(x,y) = \frac{1}{2\pi\sigma^2} \exp\left(-\frac{x^2+y^2}{2\sigma^2}\right) = \frac{1}{2\pi\sigma^2} \exp\left(-\frac{|h|^2}{2\sigma^2}\right) \quad (2\text{-}196)$$

無線通信システムの設計および解析では、伝搬路応答の利得（振幅または電力）がシステムの誤り率やスループット特性に直接影響を与えるため、実部と虚部で表現された確率変数を振幅と位相、または電力に変数変換する。直交座標と極座標の関係から確率変数を $x=r\cos\phi$, $y=r\sin\phi$ と定義すると、極座標系の結合確率分布は次のように導出される。

$$p(r,\phi) = \det(J)p(x,y) = \frac{r}{2\pi\sigma^2} \exp\left(-\frac{r^2}{2\sigma^2}\right) \cdots\cdots \quad (2\text{-}197)$$

$$J = \begin{bmatrix} \frac{\partial x}{\partial r} & \frac{\partial x}{\partial \phi} \\ \frac{\partial y}{\partial r} & \frac{\partial y}{\partial \phi} \end{bmatrix} \cdots\cdots \quad (2\text{-}198)$$

ここで $\det(J)$ はヤコビ行列 J の行列式（ヤコビアン）であり、変数変換による面積の変化を表している。さらに $p(r,\phi)$ を ϕ に関して周辺化すると振幅 r の確率密度関数 $p(r)$ を得る。

$$p(r) = \int_0^{2\pi} p(r,\phi)\, d\phi = \frac{r}{\sigma^2} \exp\left(-\frac{r^2}{2\sigma^2}\right) \cdots\cdots \quad (2\text{-}199)$$

これを一般にレイリー分布と呼ぶ。さらに振幅と電力に関する変数変換を行うと伝搬路利得 $g=r^2$ に関する確率分布 $p(g)$ が次のように求まる。

$$p(g) = \frac{dr}{dg} p(r) = \frac{1}{\tilde{\sigma}^2} \exp\left(-\frac{g}{\tilde{\sigma}^2}\right) \cdots\cdots \quad (2\text{-}200)$$

ここで複素伝搬路応答の平均利得を $\tilde{\sigma}^2=E[|h|^2]=2\sigma^2$ と定義した。こ

れよりレイリーフェージング環境下では伝搬路利得は平均が $\tilde{\sigma}^2$ の指数分布にしたがうことがわかる。図 2-31 はレイリーフェージング伝搬路の伝搬路利得の累積確率分布を示している。ただし伝搬路利得の平均値は $\tilde{\sigma}^2=1$ とした。ここで累積確率分布とは確率変数すなわち伝搬路応答の利得がある値 $\tilde{g}$ 以下となる確率を表しており、確率分布 $p(g)$ より次式によって計算される。

$$p_c(\tilde{g}) = \int_0^{\tilde{g}} p(g)dg = 1 - \exp\left(\frac{\tilde{g}}{\tilde{\sigma}^2}\right) \quad \cdots\cdots\cdots\cdots\cdots\cdots\cdots\cdots \quad (2\text{-}201)$$

図よりレイリーフェージング伝搬路では、マルチパスフェージングにより 1000 回に 1 回の確率で伝搬路の利得が平均に比べて 30dB 以下に減衰し、100 回に 1 回の確率で 20dB 以下に減衰することがわかる。昨今の無線機ではこのフェージング変動に対する対策技術として、時間（再送）・周波数（OFDM のリソーススケジューリング）・空間（ダイバーシチアンテナ）の各種ダイバーシチ送受信技術が導入されている。その詳細はⅢ章以降で述べよう。

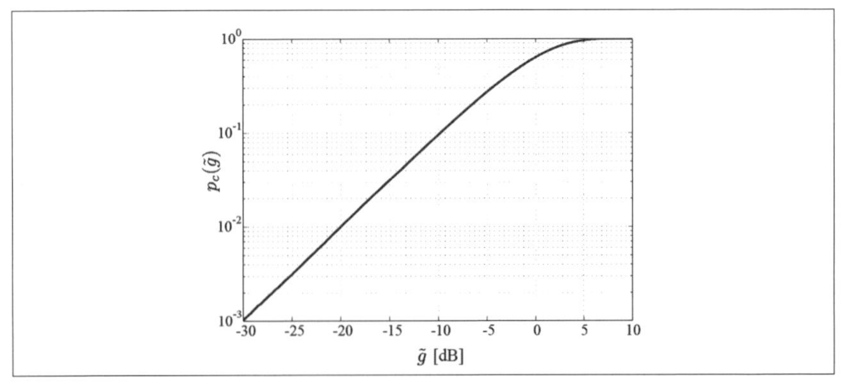
10^0
10^{-1}
10^{-2}
10^{-3}
$p_c(\tilde{g})$
-30
-25
-20
-15
-10
-5
0
5
10
$\tilde{g}$ [dB]

〔図 2-31〕レイリーフェージングにしたがう伝搬路利得の累積確率分布

参考文献

[1] S. Haykin, Communication Systems, 4th Ed., John Wiley & Sons, 2001.

[2] T. M. Cover and J. A. Thomas, Elements of information theory, John Wiley & Sons, 2006.

[3] C. M. Bishop, Pattern recognition and machine learning, Springer Science + Business Media, 2006.

[4] R. Vaughan and J. B. Andersen, Channels, propagation and antennas for mobile communications, The Institution of Engineering and Technology, 2003.

[5] A. Papoulis and S. U. Pillai, Probability, Random Variables and Stochastic Processes, McGraw Hill, 2002.

III

送受信機の信号処理と要素技術

1. 福岡大学　太郎丸 眞
2. 福岡大学　太郎丸 眞
3. 慶應義塾大学　眞田 幸俊
4. 慶應義塾大学　眞田 幸俊
5. 慶應義塾大学　眞田 幸俊
6. 慶應義塾大学　眞田 幸俊
7. 慶應義塾大学　眞田 幸俊

1．送受信機の構成と要素技術

Ⅱ章では信号の数式表現と、フィルタや検波・復調などの信号処理、それらを組み合わせた送受信機構成の基礎を学んだ。本章では変復調を中心に具体的な信号処理を実装する際の基礎を学ぶ。

図 3-1、図 3-2 に送信機、受信機の構成と、本書で扱う要素技術・キーワードの関係をそれぞれ示す。送受信機の変復調および高周波回路の基本構成はⅡ章 2-3 でも示したが、ここでは音声などのアナログ情報をディジタル化し、ディジタル変調で伝送するものを例に、音声処理など無線以外のブロックも含めている。

1－1　符号化と復号

送信機の符号化 (1) は音声コーデックなどの情報源符号化であり、受信機では復号 (1) が対応する。符号化 (2) は誤り訂正符号 (FEC) や巡回符号 (CRC) による誤り検出などの通信路符号化であり、受信機では復号 (2) が対応する。符号化 (1) については、音声や画像 CODEC あるいはデータ圧縮技術の専門書に譲ることとし、本書では変復調を中心に解説している。通信路符号化 (source coding、channel coding) の符号化・復号アルゴリズムや符号設計は無線通信システム設計における重要な要素技術の一つである。通信路容量のシャノン限界に近い良好な特性が得られるターボ符号や低密度パリティ検査符号 (LDPC) も実用化されてい

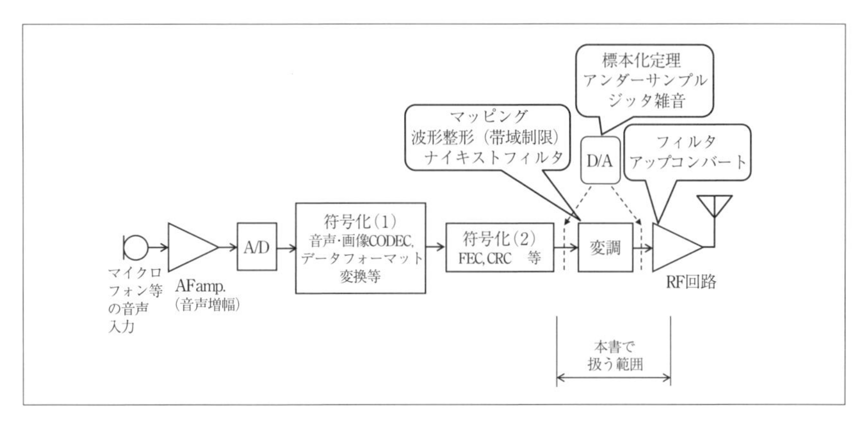
標本化定理
アンダーサンプル
ジッタ雑音
マッピング
波形整形（帯域制限）
ナイキストフィルタ
D/A
フィルタ
アップコンバート
符号化（1）
音声･画像CODEC,
データフォーマット
変換等
符号化（2）
FEC,CRC　等
変調
A/D
マイクロ
フォン等
の音声
入力
AFamp.
（音声増幅）
RF回路
本書で
扱う範囲

〔図 3-1〕送信機の構成と本書で扱う要素技術

る。詳細については本書の範囲を超えるので、文献[1]-[4]などを参照されたい。これら符号の復号原理は、Ⅱ章2-4で示した最尤推定などの理論が基礎となっている。

1－2　信号処理の実装とアナログ・ディジタル信号処理の関係

無線機の設計とは、Ⅱ章2-3に示した各ブロックの信号処理をアナログおよびディジタルで実装することである。ディジタル信号処理は、加減算回路やレジスタ（フリップフロップ）などの論理回路で構成されたハードウエアによる処理と、汎用または信号処理プロセッサ（DSP：digital signal processor）によるソフトウェア処理に分けられる。プロセッサによるソフトウェア処理を用いれば、処理時間はかかるものの回路規模を減らせ、ソフトウェアの入れ替えにより処理の変更が容易な利点がある。ソフトとハードの処理配分についてはⅣ章3でも述べる。

ところで無線機に必要な信号処理はいくつかの機能ブロックに分けられるが、Ⅱ章で示した信号処理の数式表現は、時間連続でかつ式の値も連続なのでアナログ表現である。したがって、それらの演算処理を行うアナログ回路かディジタル信号処理系を構成すればよい。増幅とA/D（アナログ／ディジタル変換）、D/A（ディジタル／アナログ変換）はア

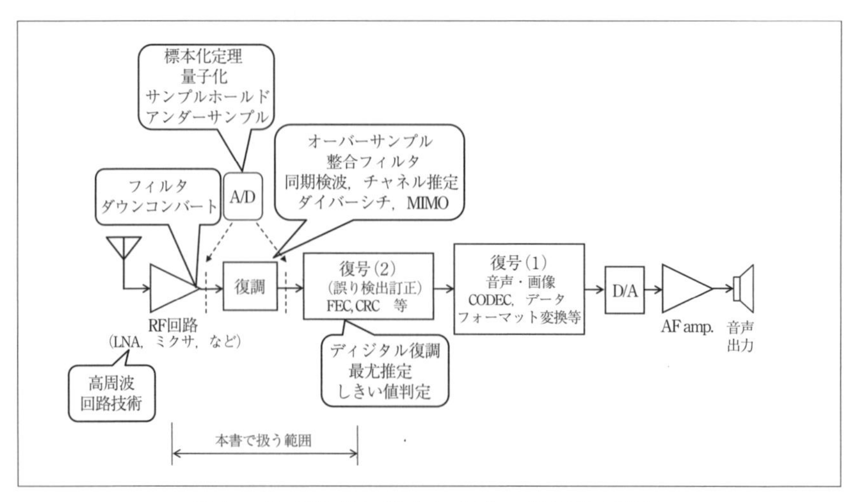
標本化定理
量子化
サンプルホールド
アンダーサンプル
オーバーサンプル
整合フィルタ
同期検波，チャネル推定
ダイバーシチ，MIMO
フィルタ
ダウンコンバート
A/D
復調
復号(2)
(誤り検出訂正)
FEC,CRC　等
復号(1)
音声・画像
CODEC，データ
フォーマット変換等
D/A
RF回路
(LNA，ミクサ，など)
AF amp.
音声
出力
高周波
回路技術
ディジタル復調
最尤推定
しきい値判定
本書で扱う範囲

〔図3-2〕受信機の構成と本書で扱う要素技術

ナログ回路だが、フィルタや変復調はアナログ回路でもディジタル信号処理でも実現できる。

ディジタル信号は、II章1-3で述べたサンプリング定理を満たして標本化（サンプリング）された離散時間系列である。そこでアナログ表現の信号の数式$f(t)$を次のように読み替え、論理回路やソフトウェアで実装する。まず、信号$f(t)$の標本化周波数を$f_s=1/\Delta t$とおくと、第k番目のサンプル値は$t=k\Delta t$を代入して$f(k\Delta t)$となる。実際には有限のビット数で量子化されているので量子化誤差を含むが、それは無視するか量子化雑音の存在を念頭に設計する。これは熱雑音を伴うアナログ信号処理の設計と同様である。たとえば積分やデルタ関数は次の右辺のようにそれぞれ読み替えてディジタル信号処理を実装することができる。

$$\int_{t_1}^{t_2} f(t)\,dt \approx \sum_{k=k_1}^{k_2} f(k\Delta t)\Delta t,\ \delta(t) \approx \delta_k = \begin{cases} \dfrac{1}{\Delta t} & (k=0) \\ 0 & (k \neq 0) \end{cases}$$

ここでk_1、k_2は$t_1 \approx k_1\Delta t$、$t_2 \approx k_2\Delta t$なる整数である。ディジタル信号処理の実装は、このような置き換えた式の演算を実行する論理回路またはソフトウェアを構築することである。ただし以上は簡単な置き換えであり、上記近似による誤差が生じる。特にディジタルフィルタに関しては双一次変換などの周波数特性（伝達関数）の誤差を低減する方法も知られている。詳細はディジタル信号処理の専門書を参照されたい。

以上のような置き換えでディジタル信号処理を設計することとなるが、本章ではII章と同様にアナログ表現の数式で説明する。

１－３　アナログ処理とディジタル処理

送受信機を設計するにあたり、どこまでの信号処理をディジタル化するかは重要な問題である。図3-1、図3-2の送信機と受信機のブロック図で、A/DとD/Aの間がディジタル処理となる。図のように変復調のアナログ／ディジタル処理の切り分けが、無線機のシステム設計の一つのポイントである。SDRとしては変復調のすべてをディジタル化すべきだが、ADC、DAC（analog-to-digital, digital-to-analog converter、A/D、D/A変換器）の実現性および消費電力と、無線機の要求仕様の兼ね合いから、変復調処理の一部をアナログ回路で行う選択もあり得る。この問題はⅣ章でも取り上げる。

1－4　高周波回路技術

送受信波そのものの信号を扱う回路が高周波（RF）回路である。広義にはこれを周波数変換した中間周波回路や、ADCのサンプリングも含めたアナログ回路も含まれる。高周波回路は浮遊容量や配線のインダクタンスといった、回路図に現れない回路素子を意識した設計が必要である。本書ではⅤ章でSDRのための高周波回路技術を扱っている。RFで直接A/D変換する構成であっても高周波回路は不可欠で、従来の無線機よりもさらに高い技術が必要になることも多い。詳細はⅣ章、Ⅴ章で解説する。

2．変調と復調

2－1　変調の目的と種類

2－1－1　変調とは

「変調」とは、正弦波やパルス列などの周期信号に、伝送または記録すべき情報に応じて何らかの変化を付与する信号処理である。その目的は、①伝送／記録媒体に適した信号にすること、②信号を多重すること、などである。変調前の上記周期信号を「搬送波」（carrier wave）と呼ぶ。変調波から元の情報信号を取り出すことを「復調」という。無線の場合、搬送波は一般に高周波の正弦波である。変復調理論の詳細はたとえば[5],[6]などに詳述されている。

2－1－2　無線通信における変調の目的

無線伝送の変調の目的は主として以下のようになる。

①情報を電波に乗せる。

②情報信号のスペクトルを、指定（所望）の周波数帯に設定する。

一般にアナログ音声やディジタル信号をそのままアンテナに接続しても、電磁波としてほとんど放射しない。放射させるには、ある程度高い周波数のスペクトルを持っている必要がある[1]。たとえば数メートルサイズのアンテナを用いる場合、数十MHz以上の周波数にスペクトルがなければならない。周波数 f_c 付近にスペクトルを持たせるには、周波数 f_c の正弦波の搬送波を変調すればよい。ラジオ放送の「周波数」は、この搬送波周波数で表示されている。高周波の搬送波に情報を載せることが、無線通信における変調の第一の目的である。

第二の目的は干渉回避と多重化である。電波は空間的に拡がり意図しない場所にまで届く。したがって受信機には所望波以外も到来する。ラジオを聴いているとき、アンテナには別の局の電波はもちろん、携帯電話や無線LANの電波も一緒に受かる。それらを分離するための必要十分条件は、それらの信号が互いに（ほぼ）直交していることだが、その代表的十分条件が「互いにスペクトルが重なっていないこと」である。この場合、バンドパスフィルタ（BPF）で所望波信号のみを取り出せる。したがって互いに電波が届く範囲では異なる周波数を用いるのが普通である。

2－1－3　変調方式の大分類

変調方式は搬送波（正弦波）の「どこ」に「変化」をつけるのかで分類できる。図3-4のように振幅、周波数、位相を変調するものをそれぞれ、

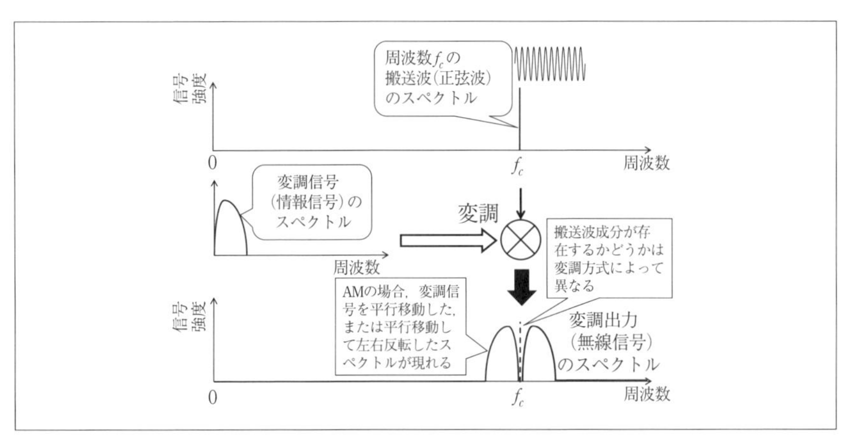

信号強度
周波数 f_c の搬送波（正弦波）のスペクトル
0
f_c
周波数
変調信号（情報信号）のスペクトル
周波数
変調
搬送波成分が存在するかどうかは変調方式によって異なる
AMの場合，変調信号を平行移動した，または平行移動して左右反転したスペクトルが現れる
信号強度
変調出力（無線信号）のスペクトル
0
f_c
周波数

〔図3-3〕変調により所望の周波数に配置されるスペクトル

[1] 一般に、効率よく電波を放射するためには、アンテナは波長オーダーのサイズが必要である。詳細は本書の範囲を超えるので、アンテナや電気磁気学の専門書を参照されたい。

振幅変調（AM：amplitude modulation）、周波数変調（FM：frequency modulation）、位相変調（PM：phase modulation）と呼ぶ。AM、FMはそれぞれAMラジオ放送、FMラジオ放送の変調方式である。FMとPMはまとめて「角変調」または「角度変調」と呼ぶことがある。これらは瞬時位相（cosの中身）に変化を付けるので、親戚関係にある（詳細は後述）。

なお、狭義のAM、FM、PMはアナログ変調を指す。ディジタル変調では後述のように、それぞれASK、FSK、PSKと呼ぶ。またASKとPSKを組み合わせたQAMもある。

2－2　アナログ変調

2－2－1　アナログ変調とは

情報信号である音声などのアナログ信号を、そのまま変調信号として搬送波を変調するものをいう。AM、FM、PMの3種類のうち、AMは搬送波の有無や片側波帯（後述）の有無でさらに細分化される。また、アナログの角変調は通常FMである。ただし2-2-3で述べるプリエンファシス処理により、PMに極めて近いFMとなっている。

2－2－2　振幅変調（AM）

搬送波の「包絡線」（振幅）$A(t)$を変調信号に比例し変化させる。包絡線とは変調出力信号の振幅の変動波形のことであり（図3-5の破線）、

$$A(t) = 1 + km(t)$$

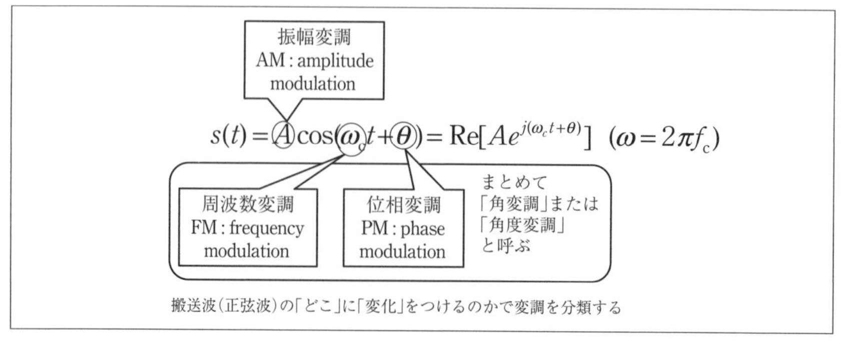
振幅変調
AM : amplitude modulation
$s(t) = A\cos(\omega_c t + \theta) = \mathrm{Re}[Ae^{j(\omega_c t+\theta)}]$ $(\omega = 2\pi f_c)$
周波数変調
FM : frequency modulation
位相変調
PM : phase modulation
まとめて「角変調」または「角度変調」と呼ぶ
搬送波（正弦波）の「どこ」に「変化」をつけるのかで変調を分類する

〔図3-4〕変調方式の分類

と表せる。ここでkは定数で、$|km(t)|<1$となるよう設定する[2]。$|km(t)|$の値を「変調度」(modulation factor)といい、通常百分率(%)で表している。

AMには他にも種類があるが、上記が最も基本的なAMでありDSB全搬送波のAMという。単にAMといえばこの変調方式を指す。AMラジオをはじめ、航空無線などで用いられている。

変調出力のスペクトルは図3-6のようになり、搬送波(周波数f_c)を中心に、その上下に変調信号のスペクトルを平行移動した側波帯(sideband)が生じる。上側波帯(USB:upper sideband)と下側波帯(LSB:lower sideband)の両方があるので、DSB(double sideband)と呼ぶ。変調信号の上限周波数をf_mとおくと、占有帯域幅(OBW:occupation bandwidth)は$2f_m$となる。

なお、搬送波を抑圧して側波帯のみを伝送するAMもあり、DSB-SC(suppressed carrier)と呼ばれる。搬送波成分には情報が載っていないため、これを抑圧することで送信電力が節約できるが、受信機側では復調

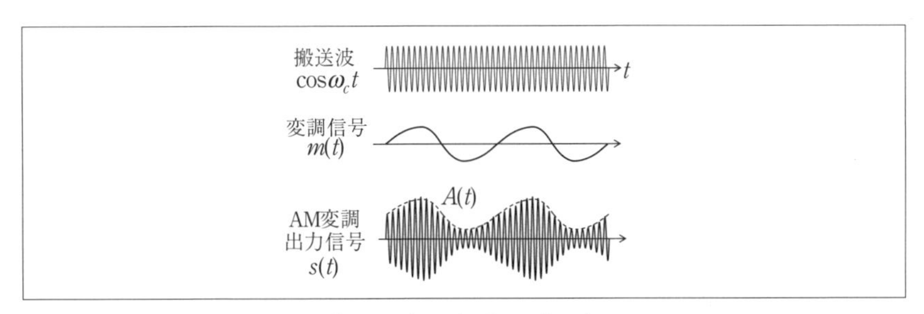
搬送波
$\cos\omega_c t$
t
変調信号
$m(t)$
$A(t)$
AM変調
出力信号
$s(t)$

〔図3-5〕振幅変調(AM)

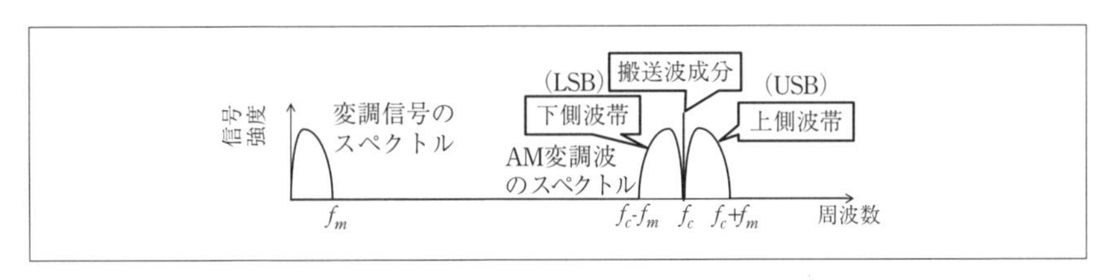
信号強度
変調信号の
スペクトル
(LSB)
搬送波成分
(USB)
下側波帯
上側波帯
AM変調波
のスペクトル
f_m
f_c-f_m
f_c
f_c+f_m
周波数

〔図3-6〕AM(DSB)のスペクトル

[2] 変調出力波形がくびれないよう$0<A(t)<2$としている。

時に搬送波を再生する必要がある。またLSB（またはUSB）をカットして伝送する変調方式をSSB：single sidebandと呼び、短波通信やアマチュア無線などで用いられている。SSBでは通常、搬送波を抑圧するSSB-SCとするのが一般的である。この方法はDSB-SCの半分の送信電力となるので、さらに電力が節約できる。一般にアナログのDSB-SC、SSB-SCによる無線電話では、全搬送波のAM（DSB）に比べて音質が劣る。これは、復調に用いる搬送波を送信側で用いた搬送波に位相同期するのが困難なためである。このため同期用に搬送波を弱めたDSBやSSBも考えられ、低減搬送波のAMと呼ばれる。

2－2－3　各種AMの数式表現

以下、変調信 $m(t)$ 号として周波数 f_m の正弦波を仮定する。すなわち、$m(t)=\cos\omega_m t$、$\omega_m=2\pi f_m$ とおき搬送波周波数を f_c、$\omega_c=2\pi f_c$ とおくと、変調出力 $s(t)$ は以下のように表される。

(1) DSBの場合

$$\begin{aligned} s(t) &= \{1 + k\cos\omega_m t\}\cos\omega_c t \\ &= \cos\omega_c t + \frac{k}{2}\{\cos(\omega_c - \omega_m)t + \cos(\omega_c + \omega_m)t\} \end{aligned} \qquad (3\text{-}1)$$

二つめの等号の右辺第1項は搬送波成分、同第2項は下側波帯、同第3項は上側波帯である。なお図3-6の上下側波帯は、変調信号としてスペクトルの広がりを持った一般の信号を仮定しているため山形で図示したが、正弦波の場合は線スペクトルとなる。

(2) DSB-SCの場合

$$\begin{aligned} s(t) &= \cos\omega_m t\cos\omega_c t \\ &= \frac{1}{2}\{\cos(\omega_c - \omega_m)t + \cos(\omega_c + \omega_m)t\} \end{aligned} \qquad \cdots\cdots\cdots\cdots\cdots \quad (3\text{-}2)$$

右側等号の右辺第1項は下側波帯、同第2項は上側波帯である。搬送波成分は消失する。従来はアナログ乗算回路であるギルバートセル（Gilbert cell）などの平衡変調回路を用いて実現してきたが、出力に搬送波成分がわずかに漏れることがある。

(3) SSB-SCの場合

$$s(t) = \cos\omega_m t \cos\omega_c t - \sin\omega_m t \sin\omega_c t = \cos(\omega_c + \omega_m)t \quad (3\text{-}3)$$

正弦波以外の一般の変調信号 $m(t)$ に対しては、$\cos\omega_c t$ に $m(t)$ を、$\sin\omega_c t$ に $m(t)$ のヒルベルト変換 $\hat{m}(t)$ を乗算して減算するとSSB-SC波が得られる。これらの演算はディジタル信号処理で実現できる[3]。

2－2－4　周波数変調（FM）

FM波は、搬送波の周波数（瞬時周波数）を変調信号に比例してシフト（偏移）して得られる変調で、図3-7のように変調出力は定包絡線となる。FMはかつて地上アナログテレビ放送の音声信号、アナログ衛星放送（映像、音声とも）、アナログ携帯・コードレス電話などに用いられた。現在ではFMラジオの他、VHF船舶無線やアマチュア無線で用いられている。また、各種業務無線や公共無線（警察・消防）など、V・UHF帯の大半の無線電話システムで用いられてきたが、多くはディジタル変調への移行が進んでいる。

周波数シフト量の最大値を「最大周波数偏移」（maximum frequency deviation）と呼ぶ。変調出力信号の帯域幅は理論上無限大だが、電力スペクトルの99%が収まるOBWは $2(f_{dev}+f_m)$ で近似的に与えられる。ここで最大周波数偏移を f_{dev}、変調信号のスペクトルの上限を f_m とした。これは「Carsonの式」、「Carson帯域幅」などと呼ばれる。スペクトルは

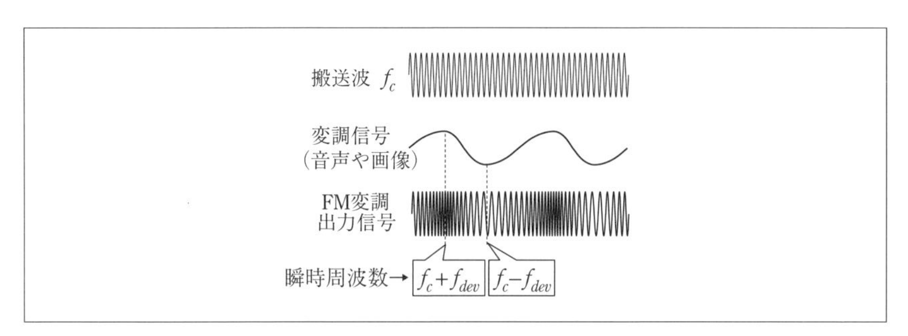

搬送波 f_c
変調信号
（音声や画像）
FM変調
出力信号
瞬時周波数→
f_c+f_{dev}
f_c-f_{dev}

〔図3-7〕周波数変調（FM）

---

[3] かつてはDSB-SCの変調出力（(3-3) 式）を得て、フィルタにより下側波帯を除去してSSB波を得るアナログ回路による信号処理が一般的であった。

図 3-8 のようになる。

FM 波の復調信号処理（復調回路）は、周波数弁別器、frequency discriminator）と呼ばれる。本章では以下、「周波数検波」と呼ぶ。

2－2－5　FMとPM

位相変調（PM）は、搬送波の位相を変調信号に比例してシフトして得られる変調だが、一般に PM 信号は FM 信号ともみなせる。たとえば図 3-4 中に示した変調出力の一般式

$$s(t) = A\cos(\omega_c t + \theta)$$

の位相を $\Delta\omega$ を定数として $\theta = \Delta\omega t$ として位相変調すると、

$$s(t) = A\cos(\omega_c t + \Delta\omega t) = A\cos(\omega_c + \Delta\omega)t$$

となるから、周波数を $\Delta\omega/(2\pi)$ シフトしたことになる。回転円運動の位相（角度）と角周波数（角速度）の関係を考えるとわかるように、位相は角周波数の積分値である。したがって瞬時位相を $\Theta(t)=(\omega_c t+\theta(t))$ とおけば、瞬時角周波数に関して以下の関係が成り立つ。

$$\frac{d\Theta}{dt} = \omega_c + \frac{d\theta}{dt} \quad \cdots\cdots (3\text{-}4)$$

このことから FM と PM に関し以下のことが言える。

「PM を意図した変調信号 $m_p(t)$ を微分し、FM 送信機の変調信号として入力すれば PM が得られる。同様に FM を意図した変調信号 $m_f(t)$ を積分し、PM 送信機の変調信号として入力すれば FM になる。」

なお通常アナログ FM では、変調信号に微分に近い処理（変調信号帯

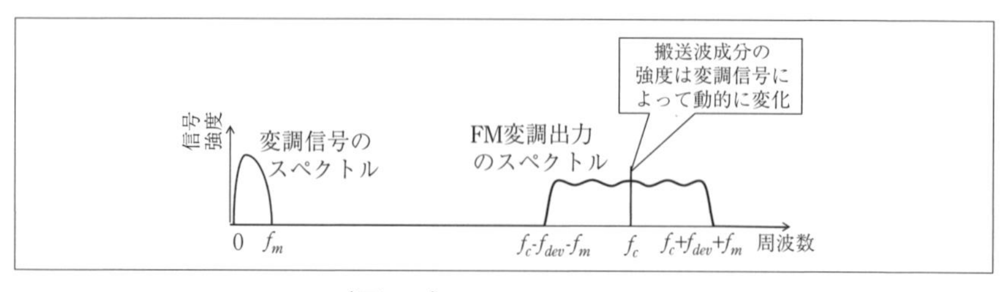
搬送波成分の
強度は変調信号に
よって動的に変化
信号強度
変調信号の
スペクトル
FM変調出力
のスペクトル
0
f_m
f_c-f_{dev}-f_m
f_c
f_c+f_{dev}+f_m
周波数

〔図 3-8〕FM のスペクトル

域内で、周波数に比例して高域を持ち上げる）を行ってFM変調を施すので、等価的にPMに近い変調がなされる。受信では復調信号に対し逆の周波数特性、つまり変調信号帯域内で周波数に反比例して高域を絞る処理を行う。これにより、復調出力のSNR（signal-to-noise ratio、信号対雑音電力比）を向上させることができる。前者を「プリエンファシス（pre-emphasis）」、後者を「ディエンファシス（de-emphasis）」と呼ぶ。

2－2－6　AMとFM

FMは定包絡線信号となるため、増幅器（アンプ）に非線形歪を生じるものを用いても瞬時周波数は何ら影響を受けない。したがって非線形増幅を経たFM信号であっても復調信号には歪を生じない。このため高効率なB、C級や、さらに高効率なスイッチングアンプ（D、E、F級）を送信電力増幅器に用いることができる。AMなど包絡線が変動する変調は、アンプに奇数次の歪成分があると相互変調により隣接帯域にスプリアスが生じ、隣接帯域を使用する無線システムや隣接チャネルの通信に干渉を与えるが、定包絡線変調の場合はこの問題は生じない。

一方、AMはOBWがFMより狭く、DSBの場合は受信機の復調回路が簡単になる利点がある。またSSBはさらに狭帯域であり、少ない信号電力でも復調出力に高いSNRが得られる。なおAMは非線形増幅が行えないと述べたが、DSB-AMは最終段の電力増幅回路で振幅変調を施す「終段変調」ができる。この場合は高効率な増幅器が使用可能であり、中波AMラジオ放送ではD級アンプの送信機が実用化されている[7]。

2－3　ディジタル変調

ディジタル変調とは、二値または有限多値のディジタルデータに応じて搬送波を変調するものをいう。アナログ変調同様、搬送波の振幅、瞬時周波数、位相を変化させる。基本的なディジタル変調波形を図3-9に示す。図3-9の（a）、（b）、（c）は伝送ディジタルデータ1bit毎にそれぞれ振幅、周波数または位相を二値に変調しており、（d）は2bit毎に位相を四値に変調している。

2－3－1　ASK：amplitude shift keying

振幅変調によるディジタル変調をASKと呼ぶ。図3-9（a）に示すような1bit毎に搬送波の断続で二値に変調するものを、特にOOK：on-off keyingと呼ぶ。高周波信号の断続という簡単な処理で実現できるため、変復調回路が簡単になる利点がある。このため非接触ICカードやRF-ID（無線タグ）とリーダー間の通信などに今日では用いられている。2bit毎に4値の振幅を割り当てる4値ASKなど多値のASKも考えられ、データレートを向上できる。しかしビット誤り率（BER：bit error rate）が増加するのであまり用いられない。

マルコーニの無線通信実用化以来、船舶無線はじめ各種通信システムで使われていた変調はモールス符号による電信であり、その大半はOOKによるASKであった[4]。ASKは最も歴史のあるディジタル変調で、最初のアナログ変調のAM（DSB）よりも古い。ただしモールス電信は通信士の手と耳により文字データの符号化と復号を行うため通信速度に限界があり、今日ではアマチュア無線など一部でのみ使われている。

2－3－2　FSK：frequency shift keying

周波数変調によるディジタル変調をFSKと言い、図3-9（b）のような波形となる。同図は2値のFSKだが、4値FSKもある。通常、単にFSKと言えば二値を指す。FSKの周波数偏移を$\pm f_{dev}$[Hz]、ビットレートをf_b[bit/s]とおくと、$h=2f_{dev}/f_b$を変調指数（modulation index）と呼ぶ。理論的には$h \cong 0.7$がBER特性に関し最適である[5]。変調指数を小さくすれば狭帯域化できるがBERが劣化する。逆に大きくすると、スペク

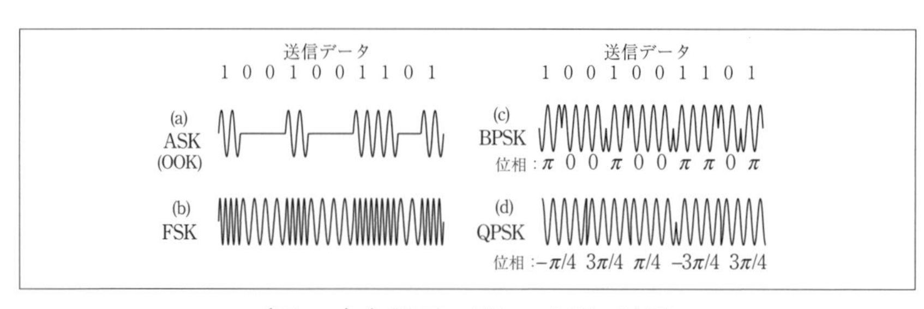
送信データ
1 0 0 1 0 0 1 1 0 1
送信データ
1 0 0 1 0 0 1 1 0 1
(a)
ASK
(OOK)
(c)
BPSK
位相：π 0 0 π 0 0 π π 0 π
(b)
FSK
(d)
QPSK
位相：−π/4 3π/4 π/4 −3π/4 3π/4

〔図3-9〕各種ディジタル変調の波形

[4] モールス符号は通信士が手でスイッチをON/OFFすることで符号化する。この符号生成用のスイッチを「電鍵（key）」と呼び、ON/OFF操作のことを“keying”と呼んだ。ASK、FSK、PSKのKはその頭文字である。

トルが拡がりOBWが大きくなるので、$0.5 \leq h \leq 1$ 程度とするのが実用的である。なおFMは非線形変調であり、変調指数の大小によりスペクトルの形は様々に変化する [5]。

特に h=0.5のFSKをMSK：minimum shift keyingという。minimumとは、上シフト（f_c+f_{dev}）と下シフト（f_c-f_{dev}）の正弦波波形（1bit区間）が直交するための最小の周波数偏移（$f_{dev}=\pm f_b/4$）を意味している。ただし、直交していなくてもデータ判定は十分可能である。FSKは定包絡線なので送信機では高効率アンプを、受信機ではリミタ（limiter、Ⅳ章1、Ⅴ章1参照）を用いた構成が可能で、小型低消費電力化に有利である。特にMSKはOBWも比較的狭いという特長を有しており、欧州最初のディジタル携帯電話であるGSM：Global System for Mobile Communication方式や、欧州ディジタルコードレス電話（DECT：Digital European Codeless Telecommunications）などに、GMSK、GFSKの形で採用されている。

2－3－3　PSK：phase shift keying

位相変調によるディジタル変調をPSKという。図3-9（c）、（d）および図3-10のような波形となる。図3-9（c）と図3-10（a）は2値のPSKで、BPSK：binary phase shift keyingと呼ぶ。図3-9（d）と図3-10（b）は4値PSKで、QPSK：quaternary phase shift keyingと呼ぶ。8PSK（または8-ary PSK、8値PSK）も用いられることがあるが、8を超える多値化は

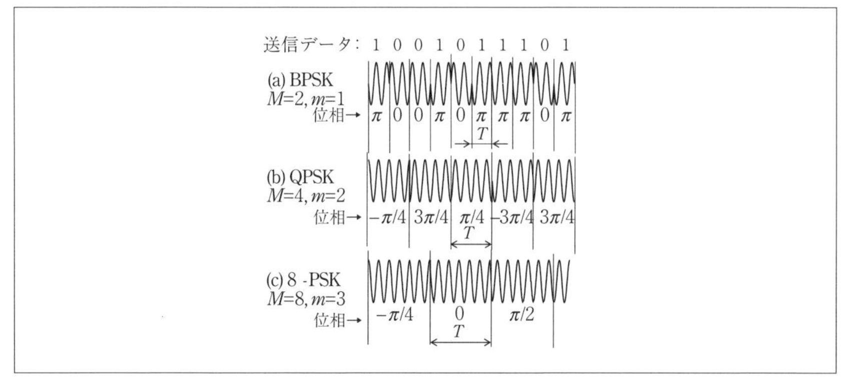
送信データ：1 0 0 1 0 1 1 1 0 1
(a) BPSK
M=2, m=1
位相→ π 0 0 π 0 π π π 0 π
T
(b) QPSK
M=4, m=2
位相→ −π/4 3π/4 π/4 −3π/4 3π/4
T
(c) 8 -PSK
M=8, m=3
位相→ −π/4 0 π/2
T

〔図3-10〕位相変調の出力波形と変調の多値化

あまり用いられない。

2－3－4　多値変調とシンボル

一般に図 3-9 (d) および図 3-11 (b)、(c) のように三値以上のディジタル変調を「多値変調」という。また、振幅、周波数または位相を変化させる時間単位および周期を「シンボル (symbol)」と呼ぶ[5]。シンボル長（シンボル周期）を T[s]、データレートを $f_b=1/T_b$[bit/s]、変調の多値数を $M=2^m$ (m は自然数) とおくと、$T=mT_b$ である。一般に変調波の OBW は一般にシンボルレート ($f_s=1/T$) に比例して増加し[6]、多値数には依存しない。

多値化によりシンボルあたりのビット数が増加するので高速伝送ができるが、受信時のデータ判定に誤り（シンボル誤り）が増加し BER が劣化する。したがって多値変調は SNR の高いときに有効である。通常、多値数 M は 2 のべき乗になるが、符号化と組み合わせた変調では 2 のべき乗以外の数値とすることもあり得る。

2－3－5　変調出力の一般表現と複素数表現

電気･電子工学では正弦波交流を複素数表示することがよく行われる。搬送波は正弦波なので、変調出力も同様に複素表示できる。図 3-4 に示した変調出力信号の式

$$s(t) = A\cos(\omega_c t + \theta) = \mathrm{Re}[Ae^{j(\theta + \omega_c t)}] \quad \cdots\cdots\cdots\cdots \quad (3\text{-}5)$$

において、$I=A\cos\theta$、$Q=A\sin\theta$ とおくと $Ae^{j\theta}=I+jQ$ だから、

$$s(t) = I\cos\omega_c t - Q\sin\omega_c t = \mathrm{Re}[(I + jQ)e^{j\omega_c t}] \quad \cdots\cdots\cdots \quad (3\text{-}6)$$

と書ける。$I+jQ$ は「複素包絡線」(complex envelope)、あるいは「複素ベースバンド（低域系）信号」「複素振幅」などと呼ばれ、変調出力の複素表示に他ならならない。また I、Q をそれぞれ、「同相成分 (in-phase component)」、「直交成分 (quadrature component)」という。式から明らかなように、AM も PM も (3-6) 式の直交座標－極座標変換を行うと、

---

[5] 情報理論における「(情報源) シンボル」とは少し意味合いが違うので注意。
[6] FSK では正比例せず、(3-5) 式の関係となる。

この複素包絡線で表すことができる。また2-2-5のFMとPMの関係から、FMもやはり複素包絡線で表せる。したがって任意の変調は複素包絡線で表すことができ、(3-6) 式を実現する図3-11の構成による回路またはディジタル信号処理により得られる。これを直交変調またはアップコンバート（II章2参照）という。

なお、(3-6) 式から変調出力のスペクトルは複素ベースバンド信号のスペクトルを平行移動したものになる。したがって、同図のようにフィルタを介して変調することで、変調出力信号を帯域制限することができる。これは変調出力をバンドパスフィルタで帯域制限するのと等価だが、前者のほうがディジタル信号処理や回路で実現しやすいため一般的である。これまで説明したASK、PSKなどのディジタル変調波形はI、Qのベースバンド信号がNRZ矩形パルスによるものだが、実際には帯域制限されたなだらかに変化する波形によって変調されているものが大半である。帯域制限フィルタについては2-3-8で述べる。

2－3－6　コンスタレーション

ディジタル変調1シンボルで伝送するmビット ($M=2^m$ 通り) の送信データに対応するベースバンド信号の値 (I、Q) を直交座標にプロットしたものを「コンスタレーション (constellation)」という[7]。図3-12に例を示す。同図は平均電力 (振幅の自乗平均) が1となるようにI、Qの値を決めた場合である。データの割り当ては一例であり、1、0を入れ替えたものなど他にもあり得る。PSK、ASK、QAMでは変調多値数のM個の点で描けるが、FSKは一般に位相が多くの値を取り得るので、コンスタ

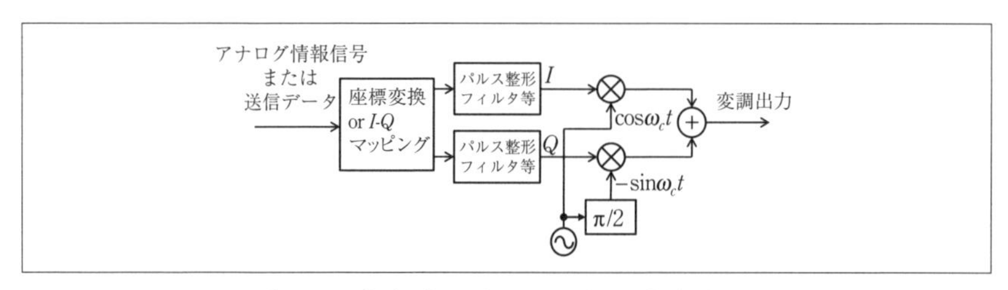
アナログ情報信号
または
送信データ
座標変換
or I-Q
マッピング
パルス整形
フィルタ等
I
パルス整形
フィルタ等
Q
cosω_c t
−sinω_c t
π/2
変調出力

〔図3-11〕任意の変調が可能な直交変調

[7]「信号空間ダイヤグラム」、「信号点図」、などと呼んでいる文献もある。

レーションを表示していない。強いて書けば単位円上の無数の点となる。

2－3－7　QAM

PSK と ASK を組み合わせた変調として QAM：quadrature amplitude modulation がある。図 3-12（d）、（e）、（f）は QAM[8] のコンスタレーションである。図示した M=16, 64 に加え、固定マイクロ波回線では 256、1024、4096 など多値化も実用化されている。これらは OBW を広げることなく高速伝送が可能になるが、十分に低い BER を確保するためには高い SNR と伝搬路の歪が少ないことが必要である。このため高利得の指向性アンテナの利用や、受信側での適応等化（遅延波による波形歪みの補償）または OFDM（Ⅲ章 3 参照）による低シンボルレートのマルチキャリア伝送、さらには誤り訂正符号を組み合わせて使用することで対処している。

2－3－8　変調パルスの狭帯域化

一般に変調出力の帯域幅（OBW）は、変調信号の帯域幅に対し単調増加の関係にある。これまで図示したディジタル変調は、いずれもシンボル間の振幅、周波数、または位相の変化が急峻である。急峻な部分を有

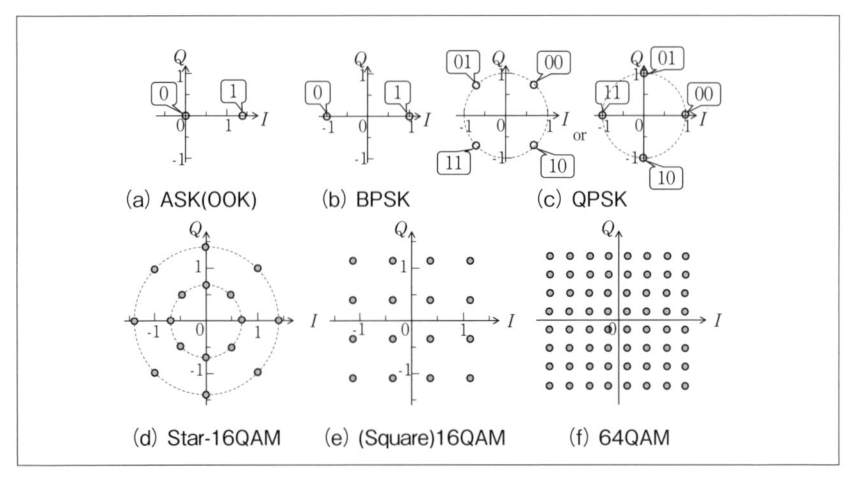

(a) ASK(OOK)
(b) BPSK
(c) QPSK
or
01
00
11
10
(d) Star-16QAM
(e) (Square)16QAM
(f) 64QAM

〔図 3-12〕ディジタル変調のコンスタレーション

[8]「直交振幅変調」、「振幅位相変調」などの和訳もある。

する信号波形のスペクトルは広帯域となる。したがってI、Q信号またはFM変調信号のパルス波形を帯域制限し、なだらかな波形に整形することで変調出力を狭帯域化できる。この波形整形は、受信機に入るフィルタも含めた総合特性が、Ⅱ章2-3-2で述べたシンボル間干渉（ISI：inter-symbol interference、符号間干渉ともいう）が生じない「ナイキストの第一基準」（Ⅰ章1-3-3参照）を満たすフィルタ系（ナイキストフィルタ）となるよう設計することが多い。ISIは誤り率特性を劣化させるからである。最も一般的なナイキストフィルタが、(3-7) 式の伝達関数（周波数応答）$G(f)$ を持つコサインロールオフフィルタで、(3-8) 式のインパルス応答となる。

$$G(f)=G_{RC}(f)\,e^{-j2\pi f t_0},$$

$$G_{RC}(f)=\begin{cases} T_S & \left(0\le |fT_S|\le \dfrac{1-\alpha}{2}\right) \\ \dfrac{T_S}{2}\left\{1-\sin\left[\dfrac{\pi}{\alpha}\left(|fT_S|-\dfrac{1}{2}\right)\right]\right\} & \left(\dfrac{1-\alpha}{2}\le |fT_S|\le \dfrac{1+\alpha}{2}\right) \\ 0 & \left(\dfrac{1+\alpha}{2}\le |fT_S|\right) \end{cases} \quad \cdots (3\text{-}7)$$

$$g(t)=g_{RC}(t-t_0),\quad g_{RC}(t)=\frac{\sin(\pi t/T_S)}{\pi t/T_S}\cdot\frac{\cos(\alpha\pi t/T_S)}{1-(\alpha t/T_S)^2} \qquad (3\text{-}8)$$

α はロールオフ率（$0\le\alpha\le 1$）で、$\alpha=0$ ならば $G(f)$ は矩形、インパルス応答 $g(t)$ はsinc関数となり、t_0 を無視すれば (2-128) 式および (2-129) 式と等価になる。t_0 は因果律（区間 $t<0$ で $g(t)=0$ となるフィルタしか実現できない）を満たすための群遅延で、通常は数シンボル程度とする。これは t_0 をある程度長くすると $t<0$ に対し $g(t)=0$ と近似できるので、現実には $t<0$ で0、$t>0$ で $g_{RC}(t-t_0)$ となるインパルス応答によりフィルタを設計する。

さて、上述のように受信側にはSNR向上や隣接チャネル干渉除去のためのフィルタが設けられ、送受のフィルタ系の総合特性でISIがゼロまたは許容値に収まる必要がある。SNRを最大にする受信側のフィルタはII章2-3-6で述べた整合フィルタなので、送信の波形整形フィルタの伝達関数をそれぞれ $G_T(f), G_R(f)$ とおくと、

$$G_T(f)=\sqrt{G_{RC}(f)}e^{-j2\pi ft_T},\ G_R(f)=\sqrt{G_{RC}(f)}e^{-j2\pi ft_R},\ \ t_T+t_R=t_0$$

に設計することで、ISIフリーのSNR最適な伝送系となる。$G_T(f), G_R(f)$ を「ルートロールオフ特性」または「ルートレイズドコサイン特性」などと呼ぶ。また、ナイキストフィルタの平方根（t_T、t_R などの時間遅延を与えたものも含む）特性のフィルタを一般に「ルートナイキストフィルタ」という。

2－3－9　FSKの狭帯域化：GMSK

送信データのNRZパルスをガウス特性のローパスフィルタ[9]で帯域制限し、FM変調器の変調信号としたものがGMSKまたはGFSK：Gaussian-filtered minimum/frequency shift keyingである。図3-13に送信機の構成を示す。特にMSKの場合はGMSKといい、それ以外はGFSKと呼ぶ。GSM携帯電話やDECTコードレスはGMSKまたはGFSKを採用している[10]。ガウスLPFの3dBカットオフ周波数を B_b、変調の周期を T（ここでは $1/f_b$）とおくと、Carsonの式からOBWは $B_bT\leq1$ の範囲で近似的に $2(f_{dev}+B_b)=(h+2B_bT)/T$ となる[11]。B_bT を小さくするほど狭帯域となるが、ガウスフィルタはナイキストの第一基準を満たさないためISI

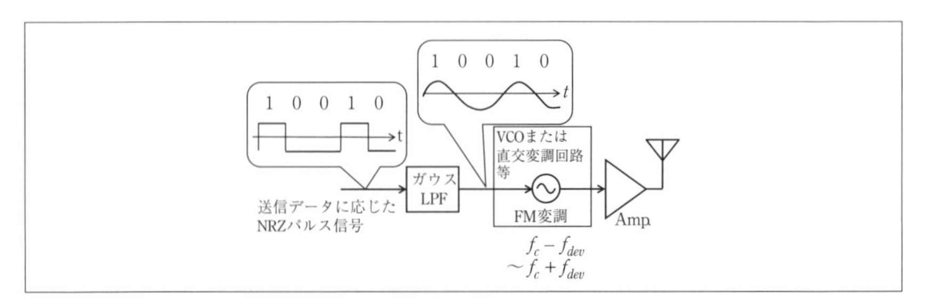
1 0 0 1 0
t
1 0 0 1 0
t
VCOまたは
直交変調回路
等
ガウス
LPF
送信データに応じた
NRZパルス信号
FM変調
Amp
f_c-f_{dev}
$\sim f_c+f_{dev}$

〔図3-13〕GFSK、GMSKの送信機構成

[9] 伝達関数がガウス関数 $\exp[-2\ln2\{f/(2B_b)\}^2]$ で表されるフィルタ。
[10] DECTでは、変調指数の公称値は0.5であるが、0.45～0.7の許容範囲がある。このためGMSKではなくGFSKと称している。
[11] あくまで目安。正確な値は[5]などの文献やシミュレーションによること。

が生じ、BER特性が劣化する。このため通常は、$0.2 \leq B_bT \leq 1$ で設計する。たとえばGSMは B_bT=0.3、DECTは0.5に規定されている。なお、周波数検波した場合、$B_bT \leq 0.5$ では誤り率特性が悪い。これを改善するためには後述の同期検波を用いる [6]。

2－3－10　ASK、PSK、QAMの帯域制限

FSKとOn-OffキーイングASK以外のディジタル変調は、図3-11の直交変調によりなされるのが普通である。2-3-5で述べたように変調出力のスペクトルは複素ベースバンド信号のスペクトルの平行移動になるので、同図のパルス整形フィルタにより変調出力を帯域制限できる。したがって変調出力のスペクトラムは、同フィルタの入力パルスのフーリエ変換と、フィルタの伝達関数の積で決まる。フィルタ入力をインパルスとすれば、フィルタの伝達関数が変調スペクトルとなる。フィルタにはISIを生じないナイキストフィルタ[12]が望ましいが、復調時のガウス雑音に対するSNRを最大化する最適受信とするためルートナイキストフィルタを用いる。このとき受信側も同じルートナイキスト特性が整合フィルタとなる（2-3-8参照）。

図3-14は、QPSKに対しナイキストフィルタを用いたときの複素包絡線の軌跡の一例である。このように帯域制限された場合はASKやQAMはもちろん、PSKももはや定包絡線ではなくなり振幅がダイナミックに変動する。ただしISIはないので、シンボルの時間中心（データ判定タ

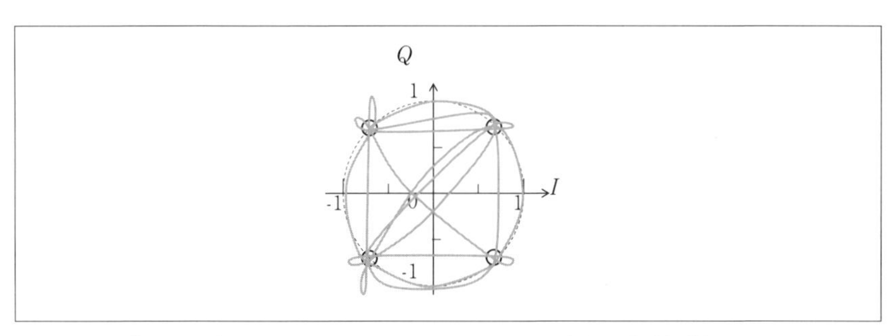
Q
1
I
-1
0
1
-1

〔図3-14〕帯域制限されたQPSKのI-Q（複素包絡線）軌跡

[12] ナイキストの第一基準を満たす伝達関数を有するフィルタ。

イミング）では矩形パルスによる変調時と同じコンスタレーション点に一致する。

直交変調により生成されたASK、PSK、QAMは、変調入力の複素ベースバンド信号と変調出力が（3-6）式の線形な関係にあるため、「線形変調」と呼ばれる（後述のOFDMも同様）。線形変調を非線形な回路で増幅すると歪みが生じ、誤り率特性が劣化するだけでなく、相互変調歪により送信スペクトルが隣接帯域に拡がるので、送受信回路には線形性が要求される。

2－4　復調

2－4－1　復調と検波

受信機において、変調波（受信信号）から変調信号を取り出す変調の逆操作のことを一般に「復調（demodulation）」という。同義語として「検波（detection）」も用いられる。アナログAMには包絡線検波回路が、同FMには周波数弁別器とも呼ばれる周波数検波回路が用いられる。前者はASKの、後者はFSKやPM、PSKの復調にも用いられる。アナログ回路による復調は他の専門書に譲ることとし、以下ディジタル信号処理に適した復調方式について述べる。

2－4－2　同期検波

図3-15に同期検波（coherent detection）のブロック図を示す。直交変調の逆操作で、何らかの方法で再生した搬送波、つまり受信波の搬送波に位相同期した正弦波により受信信号をダウンコンバートすることで受信波の複素包絡線（I､Q信号）を取り出す。任意の変調に適用できる。（3-7）式に再生搬送波 $\cos\omega_c t$ および $-\sin\omega_c t$ を乗じた出力はそれぞれ、

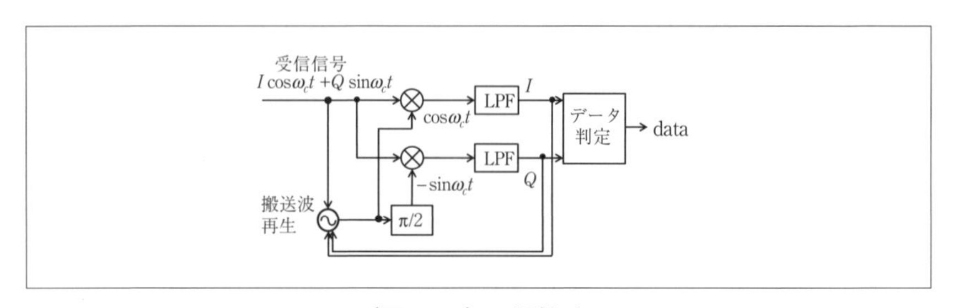

受信信号
$I\cos\omega_c t + Q\sin\omega_c t$
LPF
I
$\cos\omega_c t$
データ判定
data
LPF
$-\sin\omega_c t$
Q
搬送波再生
π/2

〔図3-15〕同期検波

$$s(t)\cos\omega_c t = I\cos^2\omega_c t - Q\sin\omega_c t\cos\omega_c t = \frac{1}{2}I + \frac{I\cos\,\omega_c t - Q\sin^2\omega_c t}{2}$$

$$-s(t)\sin\omega_c t = Q\sin^2\omega_c t - I\sin\omega_c t\cos\omega_c t = \frac{1}{2}Q - \frac{I\sin^2\omega_c t + \cos^2\omega_c t}{2}$$

$$\cdots (3\text{-}9)$$

となる。右辺：sin2 $\omega_c t$、cos2 $\omega_c t$ の項はLPFで除去され、I、Q のベースバンド出力が得られる。QAMやPSKではLPFを送信パルス波形に対する整合フィルタとし、シンボル中心のタイミングで I、Q をコンスタレーションと比較し、最も近い点に対応するディジタルデータを判定し受信データとする。(G) MSKも同期検波を用いることができる。その複素包絡線は単位円上を時計方向（シンボルの周波数シフトが正のとき）または反時計方向（同、負のとき）に $\pi/2$ 回転するので I または Q の符号で判定する。周波数検波よりもBER特性に優れ、GMSKにしばしば用いられる。

搬送波の再生については、かつては逓倍法やコスタスループと呼ばれる方式[8]がアナログ回路で実現されていた。これをディジタル化すると、高周波の受信信号を直接A/D変換して処理するのは消費電流や回路規模の点で現実的ではない（Ⅳ章参照）。このため2-4-5で説明する準同期検波後にA/D変換し、同期検波と等価な信号処理を行うのが現在では一般的である。

2－4－3　遅延検波（differential detection）

同期検波の搬送波再生の代わりに1シンボル前の変調波を用いたもので（図3-16）、主にPSKの復調に使われる。搬送波再生が不要で回路構成または信号処理が簡単である。$\omega_c T'=2n\pi$（n は任意の整数）を満たす

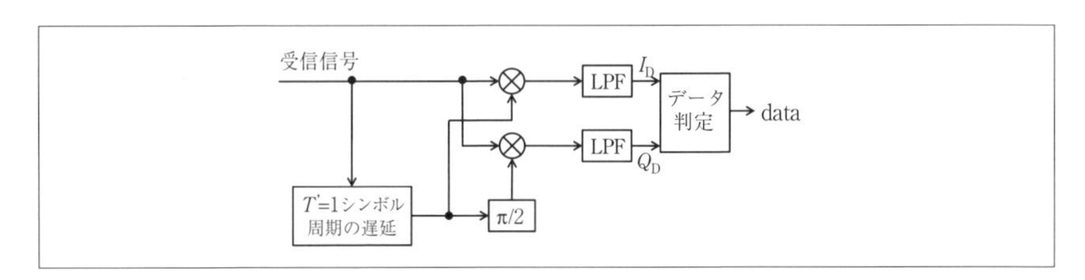

受信信号
LPF
I_D
データ判定
data
LPF
Q_D
T'=1シンボル周期の遅延
π/2

〔図3-16〕遅延検波

T に最も近い時間 T' だけ受信信号を遅延させたものを再生搬送波の代わりに用いると、1シンボル前に対する相対位相が得られる。ただしシンボル誤りが発生すると以後の判定位相がずれ、以下すべて誤ってしまう。この問題を解決するには差動符号化により変調する。つまり、送信データを変調の絶対位相に直接対応させるのではなく、シンボル間の位相遷移に対応させるのである。これを差動PSKという。第 n シンボルの位相遷移（通常のPSKと同様に送信データに対応）を ϕ_n、変調位相を θ_n とおくと、$\theta_n = \theta_{n-1} + \phi_n$ となり、検波出力から ϕ_n ϕ_n が得られる。θ_n の初期値 θ_0 は任意でよい。

同期検波の再生搬送波には雑音が含まれないが、遅延検波は受信信号を代用するため雑音が含まれる。このためガウス雑音に対する誤り率特性は同期検波に比べ約3dB劣化する[5],[6]。FSKにも適用でき、周波数検波よりもやや特性はよい[5]。

２－４－４　周波数検波

アナログ回路では「FM検波器」「周波数弁別器」などと呼び、搬送波周波数から最大周波数変移程度に上下にずらした中心周波数を持つ二つのBPFと包絡線検波器で構成される。振幅制限回路（リミタ：limiter）により定振幅にしてから検波することで、パルス性外来雑音に対するSNRを改善できる。以下ディジタル信号処理による構成について述べる。

瞬時周波数を検出するので、次節で述べる準同期検波により得られる瞬時位相 $\theta(t)$ を適当な間隔でサンプリングし微分、つまり差分をmod 2π 演算で取ればよい。サンプリング周期はアナログ変調の場合は変調周波数の数倍に、MSKや変調指数1未満のFSKの場合はシンボル周期でよく、後者は遅延検波と等価になる。

２－４－５　準同期検波による各種検波方式について

今日の受信機の多くで用いられるのが、ディジタル信号処理による同期検波または遅延検波を準同期検波と組み合わせる方式である。準同期検波とは図3-17のように搬送波と非同期のローカル信号（正弦波）を同期検波同様に受信信号に乗じて複素ベースバンド信号を得る（ダウンコンバートする）もので、このような構成は同期検波も含めて「直交検波」

と呼ばれる。

一般にローカル信号は受信信号の搬送波に対し位相や周波数がずれている。ここではローカルの位相ずれを θ_0、受信信号の搬送波振幅を A_{ch} とおいた。なお周波数ずれがあると θ_0 は t の一次式になる。同図の構成により、まず位相のずれた複素包絡線 $I'+jQ'=A_{ch}(I+jQ)\exp[-j\theta_0]$ が得られる。これをチャネル推定により得られた $H=A_{ch}\exp[-j\theta_0]$ の逆数と複素乗算すると、同期検波出力としての複素包絡線 $I+jQ$ が得られる[13]。チャネル推定は送信機の変調器から受信機の復調器に至る伝達関数（振幅と位相）を推定するもで、振幅・位相の基準は受信機のローカル信号である。通常、プリアンブルやパイロットシンボルなどの既知のシンボルを送信信号に周期的に挿入し、チャネル推定を行うのが普通だが（Ⅲ章5参照）、判定結果と $I'+jQ'$ の差によりトラッキングすることもできる。A/D 変換は I'、Q' で行うか、サンプリング周波数を搬送波周波数の 4 倍などに選び直接 A/D 変換することでも準同期検波ができる（Ⅳ章 1-3、2-1 参照）。整合フィルタは A/D 変換後のディジタルフィルタで実現できるので、A/D 前のアナログ LPF は高周波成分除去とアンチエイリア

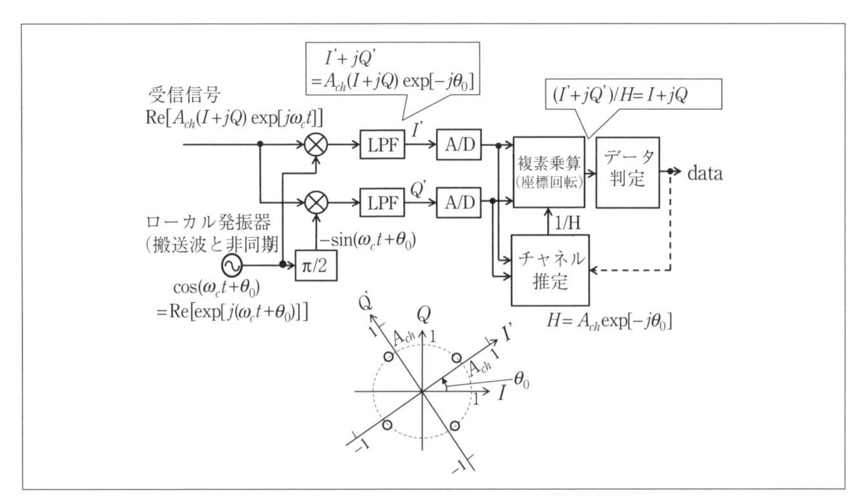
I'+ jQ'
=Ach(I+jQ) exp[−jθ0]
受信信号
Re[Ach(I+jQ) exp[jωct]]
LPF
I'
A/D
LPF
Q'
A/D
(I'+jQ')/H= I+jQ
複素乗算
(座標回転)
データ
判定
data
1/H
ローカル発振器
(搬送波と非同期
−sin(ωct+θ0)
π/2
チャネル
推定
cos(ωct+θ0)
=Re[exp[j(ωct+θ0)]]
H= Achexp[−jθ0]
Q'
Q
I'
Ach
1
θ0
1
I
−1
−1

〔図 3-17〕準同期検波による同期検波

[13] PSK であれば θ_0 のみを推定し、$H^*=\exp[j\theta_0]$ を乗じればよい。

スとなり、設計条件が緩和される。

ローカル信号の周波数は搬送波と多少ずれていても構わない。周波数誤差を Δf とおくと $\theta_0 = \theta_{00} + 2\pi\Delta ft$ と考えればよいので、チャネル推定の頻度（周期）の $2\pi\Delta f$ 倍が、コンスタレーションの最小位相間隔よりも十分小さければよい。もし無視できないときは θ_0 の時間変化率で $2\pi\Delta f$ を推定し、θ_0 を毎シンボル推定する。このような処理を AFC：automatic frequency control という。

遅延検波も準同期検波の A/D 以降の構成を変えることで可能である。つまり、図 3-17 のチャネル推定の代わりに 1 シンボル（T）遅延とし、

$$H = I'(t-T) + jQ'(t-T) = A_{ch}\{I(t-T) + jQ(t-T)\}\exp[j\theta_0]$$

とすれば、複素乗算の出力には

$$\frac{I(t) + jQ(t)}{I(t-T) + jQ(t-T)} \quad \cdots\cdots\cdots\cdots\cdots\cdots \quad (3\text{-}10)$$

により 1 シンボル前との複素包絡線の比、つまり相対振幅と位相差の遅延検波出力が得られる[14]。ただしローカル信号と受信信号搬送波に周波数誤差があると 1 シンボルの間に $2\pi\Delta fT$ の位相回転が加わるので、

$$\frac{\{I(t) + jQ(t)\}\exp[j2\pi\Delta fT]}{I(t-T) + jQ(t-T)} \quad \cdots\cdots\cdots\cdots\cdots\cdots \quad (3\text{-}11)$$

となる。式から明らかに、シンボルレートが遅いほど影響が大きい。周波数誤差による位相回転がコンスタレーションの最小位相間隔よりも十分小さければよいが、無視できない場合は AFC が必要である。この問題は図 3-16 の構成でも同様である。

3．スペクトル拡散と OFDM

3－1　スペクトル拡散通信

スペクトル拡散通信はその秘話性・秘匿性・耐妨害性から軍事通信用

[14] PSK であれば $1/H$ に代え $H^* = A_{ch}\{I(t-T) - jQ(t-T)\}\exp[j\theta_0]$ を乗じてもよい。

に研究されてきた[9]。その後公衆通信への応用が提案され、実用化が検討された[10]。スペクトル拡散通信システムには大きく分けて2通りの方式がある。直接拡散（Direct Sequence：DS）方式と周波数ホッピング（Frequency Hopping：FH）方式である。1940年代には周波数ホッピング方式が主に検討されたが、1950年代になると直接拡散方式が現れ、盛んに研究されるようになった[11]。

図3-18は直接拡散方式の送受信システムのモデル図である。情報信号は拡散符号とかけあわされることによってその帯域が拡散される。拡散された信号はキャリア信号と乗算され、高周波数帯信号に周波数変換される。受信側では受信信号が再生されたキャリア信号とミキサによって乗算されベースバンド信号に変換される。変換された信号は拡散符号と掛け合わせることによって逆拡散される。

図3-19に直接拡散前後の信号の周波数スペクトル図を示す。ただし1

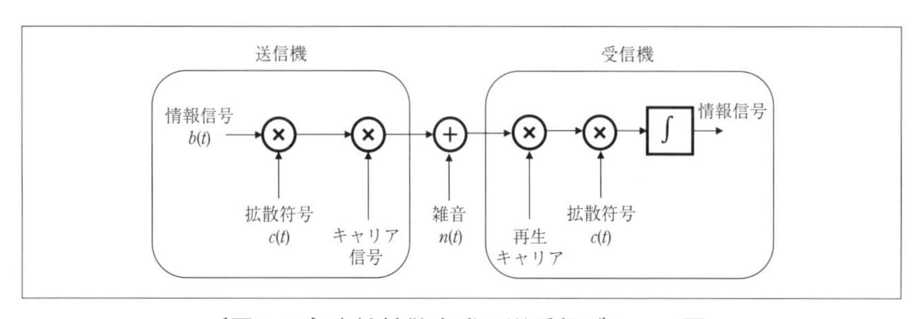
送信機
受信機
情報信号
$b(t)$
拡散符号
$c(t)$
キャリア
信号
雑音
$n(t)$
再生
キャリア
拡散符号
$c(t)$
情報信号

〔図3-18〕直接拡散方式の送受信ブロック図

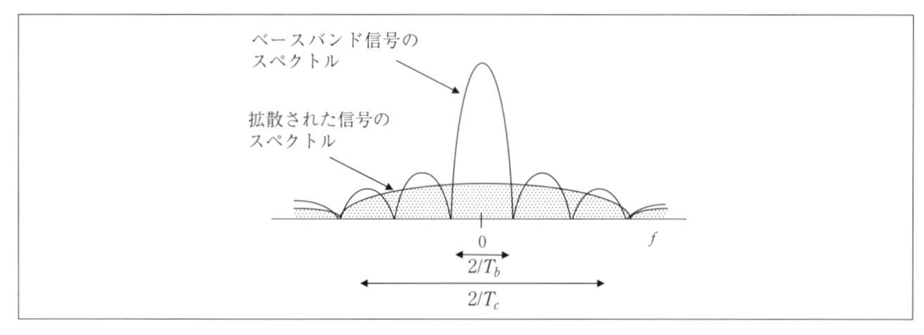
ベースバンド信号の
スペクトル
拡散された信号の
スペクトル
0
f
$2/T_b$
$2/T_c$

〔図3-19〕直接拡散前後の信号のスペクトル

情報ビットは長さ T_b の矩形波、拡散符号は各チップが長さ T_c の矩形波により表されているとする。周波数スペクトルはメインローブの帯域幅がそれぞれ $2/T_b$、$2/T_c$ の Sinc 関数で求められる。ここで $G_p=T_b/T_c$ は拡散率と呼ばれる。直接拡散では拡散符号波形を $T_b \ll T_c$ となるように生成するため、拡散符号波形を乗算後の帯域幅は元の情報信号のスペクトルに比べて拡大する。

図 3-20 は送受信信号の時間波形を示している。ここで 1 チップ長とキャリア信号の 1 サイクルは同じ長さとする（実際の無線システムではキャリア信号のサイクルのほうが数百から数千短い）。

情報信号波形を $b(t)$、拡散符号波形を $c(t)$ とすると送信ベースバンド信号は $s(t)=b(t)c(t)$ となる。ベースバンド信号をミキサによりキャリア信号と乗算し、送信信号を得る。

$$x(t) = s(t)\cos(2\pi f_c t) = b(t)c(t)\cos(2\pi f_c t)$$

ここで f_c はキャリア信号の中心周波数である。白色ガウス雑音路を通った信号には雑音が付加され

$$r(t) = x(t) + n(t) = b(t)c(t)\cos(2\pi f_c t) + v(t)$$

となる。ただし $v(t)$ はキャリア周波数帯で付加された白色ガウス雑音であり、

$$v(t) = v_I(t)\cos(2\pi f_c t) + v_Q(t)\sin(2\pi f_c t)$$

で表される。ここで $v_I(t)$ および $v_Q(t)$ はベースバンドにおけるガウス雑音の同相成分および直交成分である。

受信信号は受信側で再生されたキャリア信号および拡散符号と乗算され

$$\begin{aligned} y(t) &= r(t)c(t)\cos(2\pi f_c t) \\ &= \frac{1}{2}b(t)\{\cos(0) + \cos(4\pi f_c t)\} \\ &+ \frac{1}{2}v_I(t)c(t)\{\cos(0) + \cos(4\pi f_c t)\} \\ &+ \frac{1}{2}v_Q(t)c(t)\{\sin(0) + \sin(4\pi f_c t)\} \end{aligned}$$

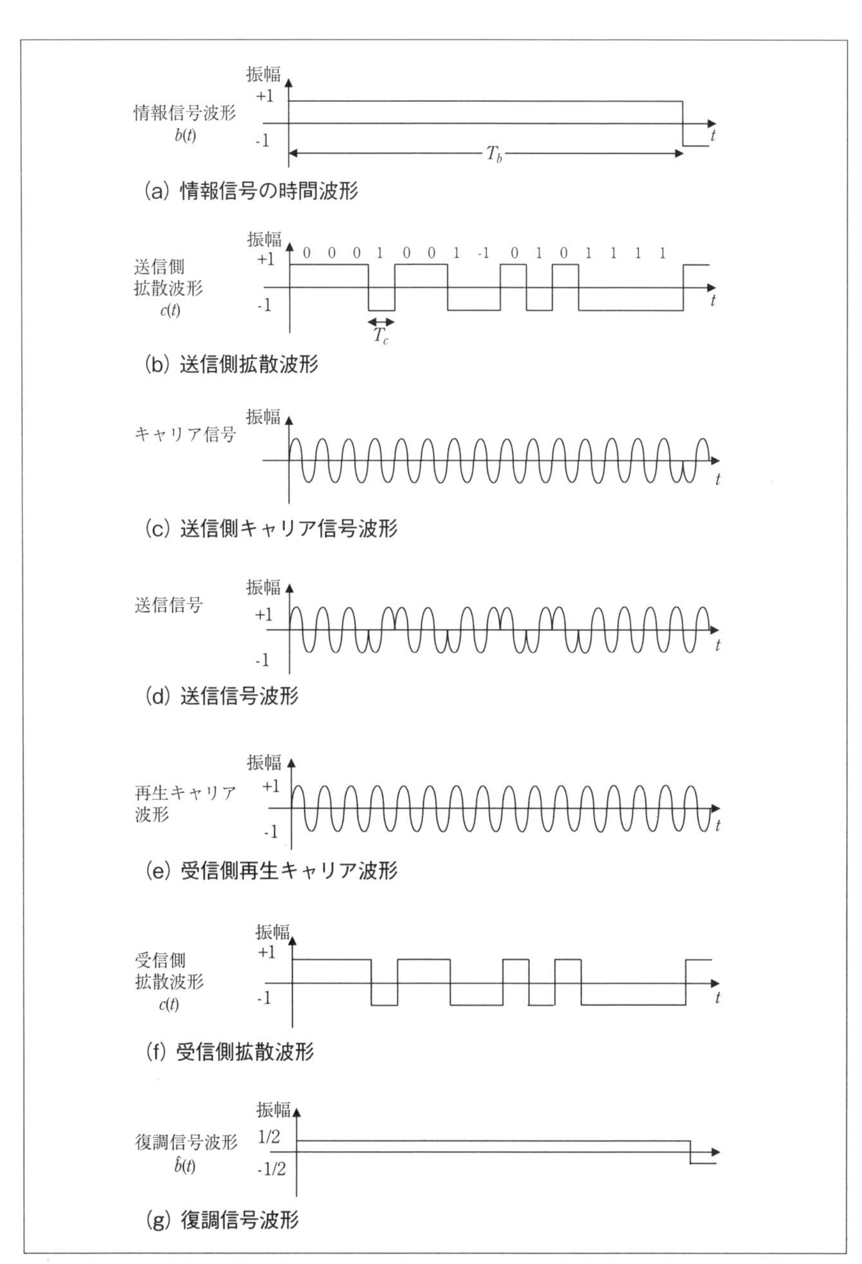
振幅
+1
情報信号波形
b(t)
-1
t
T_b
振幅
0 0 0 1 0 0 1 -1 0 1 0 1 1 1 1
+1
送信側
拡散波形
c(t)
-1
t
T_c
振幅
キャリア信号
t
振幅
送信信号
+1
-1
t
振幅
再生キャリア
波形
+1
-1
t
振幅
受信側
拡散波形
c(t)
+1
-1
t
振幅
復調信号波形
b̂(t)
1/2
-1/2

(a) 情報信号の時間波形

(b) 送信側拡散波形

(c) 送信側キャリア信号波形

(d) 送信信号波形

(e) 受信側再生キャリア波形

(f) 受信側拡散波形

(g) 復調信号波形

〔図 3-20〕直接拡散方式の送受信信号の時間波形

ここで高周波成分は積分器により除去されるので低周波成分

$$\hat{b}(t) = \frac{1}{2}b(t) + \frac{1}{2}v_I(t)c(t)$$

だけが積分される。

$$z = \int_0^{T_b} \hat{b}(t)\,dt = \frac{1}{2}\int_0^{T_b} b(t)\,dt + \frac{1}{2}\int_0^{T_b} v_I(t)c(t)\,dt$$

そして、z により以下のように情報ビットを判定する。

$$\begin{cases} +1 & z \geq 0 \\ -1 & z < 0 \end{cases}$$

図 3-21 は周波数ホッピング方式の送受信システムのモデル図である。拡散符号はキャリア信号を出力する周波数シンセサイザに入力される。拡散符号波形により周波数シンセサイザの出力周波数が一定周期で変化する。情報信号は周波数シンセサイザの出力波形と乗算される。受信側では送信側と同期した周波数シンセサイザ出力と受信信号がミキサによって乗算され、情報信号はベースバンド信号に変換される。変換された信号を積分することにより情報ビットを判定することができる。

図 3-22 は周波数ホッピングシステムの送信時間波形とその周波数スペクトルを表している。図 3-22 (a) のように送信信号の周波数は一定時間 T_h ごとに変化する。T_h が情報シンボル長より長い場合には低速 FH、短い場合には高速 FH と呼ばれる。図 3-22 (b) のように各時刻では送信

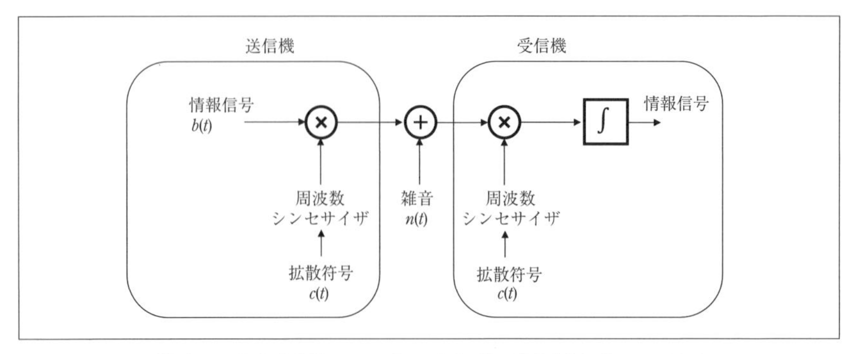
送信機
受信機
情報信号
b(t)
情報信号
周波数
シンセサイザ
雑音
n(t)
周波数
シンセサイザ
拡散符号
c(t)
拡散符号
c(t)

〔図 3-21〕周波数ホッピング方式の送受信ブロック図

信号は狭帯域システムと同等であるが、長時間平均化すると情報信号の周波数スペクトルが拡散される。

3－2　直交周波数多重

直交したキャリアを用いた情報の並列伝送についての研究は1960年代より行われていた[12]。フーリエ変換を用いた並列伝送については[13],[14]などで検討されている。離散フーリエ変換を用いた情報の並列伝送は[15]で検討されている。

図3-23は直交周波数多重（Orthogonal Frequency Division Multiplexing：OFDM）通信システムのブロック図である。PSKまたはQAMにマッピングされた情報シンボル$\{S[0],S[1],\cdots,S[N-1]\}$は直並列変換されて逆離散フーリエ変換（Inverse Discrete Fourier Transform：IDFT）回路に入力される。n番目のサブキャリアの情報シンボルを$S[n]$とするとOFDM信号の時間波形は

$$u[i]=\frac{1}{\sqrt{N}}\sum_{n=0}^{N-1}S[n]\exp\left(j\,\frac{2\pi in}{N}\right)$$

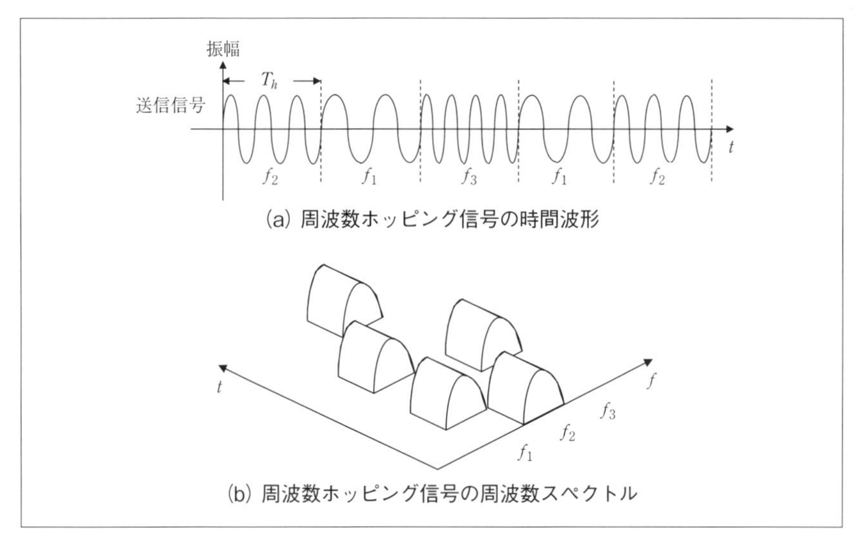
振幅
T_h
送信信号
t
f_2
f_1
f_3
f_1
f_2
(a) 周波数ホッピング信号の時間波形
t
f
f_3
f_2
f_1
(b) 周波数ホッピング信号の周波数スペクトル

〔図3-22〕周波数ホッピングシステムの送信波形と周波数スペクトル

となる。ここでiは時間インデックスである。IDFT 回路出力は並直列変換されガードインターバル（Guard Interval：GI）が付加される。図3-24 はガードインターバルを付加し OFDM シンボルを構成している様子である。ガードインターバルは通常 IDFT 出力の一部をコピーして用いる。長さN_{GI}のガードインターバルを付加すると、時間インデックスの範囲は$i=-N_{GI},\cdots,N-1$となる。ディジタル－アナログ（Digital-Analog：D/A）変換器によりディジタル信号はアナログ離散信号に変換され、ロ

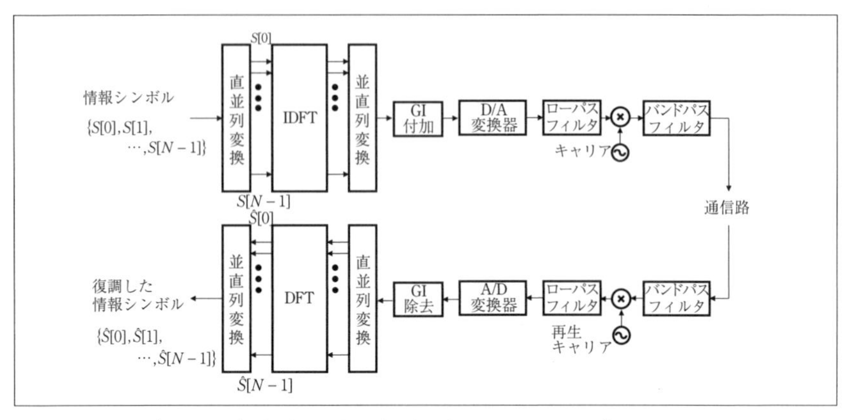
情報シンボル
{S[0], S[1], …, S[N－1]}
直並列変換
S[0]
S[N－1]
IDFT
並直列変換
GI 付加
D/A 変換器
ローパスフィルタ
キャリア
バンドパスフィルタ
通信路
復調した情報シンボル
{Ŝ[0], Ŝ[1], …, Ŝ[N－1]}
並直列変換
Ŝ[0]
Ŝ[N－1]
DFT
直並列変換
GI 除去
A/D 変換器
ローパスフィルタ
再生キャリア
バンドパスフィルタ

〔図 3-23〕直交周波数多重通信システムのブロック図

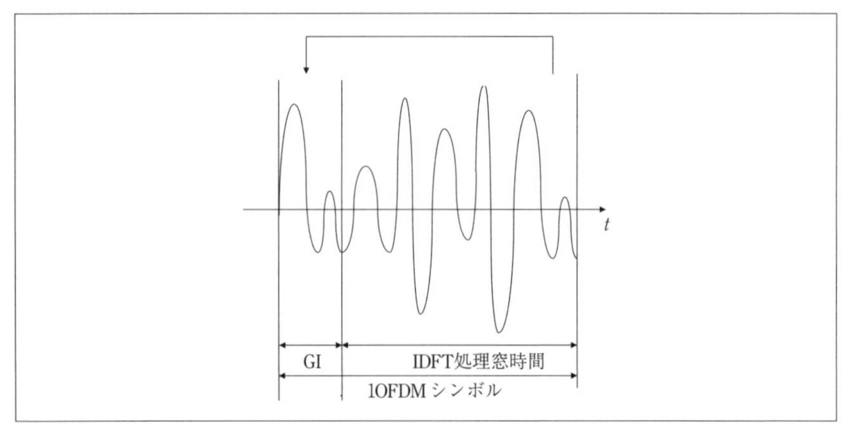
t
GI
IDFT処理窓時間
1OFDM シンボル

〔図 3-24〕ガードインターバル

ーパスフィルタによりイメージ成分が除去される。ローパスフィルタの応答を $p(t)$ とすると、フィルタ出力は

$$s(t) = \sum_{i=-N_{GI}}^{N-1} u[i]p(t - iT_s)$$

ここで $p(t)$ はローパスフィルタのインパルス応答、T_s は D/A 変換器の出力間隔である。図 3-25 は OFDM 信号の周波数スペクトルである。IDFT によって生成された複数のサブキャリアが情報シンボル d_n によって変調され並列に直交して伝送される。そしてキャリア信号により高周波信号に変換され、送信される。受信側では受信した信号が再生したキャリア信号と乗算され、ベースバンド信号に変換される。受信信号は

$$r(t) = \sum_{i=-N_{GI}}^{N-1} u[i]h(t - iT_s) + v(t)$$

となる。ここで $h(t)=p(t)\otimes h_c(t)\otimes p(-t)$ は送受信側のローパスフィルタのインパルス応答 $p(t)$ と通信路のインパルス応答 $h_c(t)$ を含んだ信号の伝搬路のインパルス応答である。また $\otimes$ は畳み込みを表す。また $v(t)$ はガウス雑音である。

受信信号は間隔 T_s でアナログ－ディジタル（Analog-Digital：A/D）変

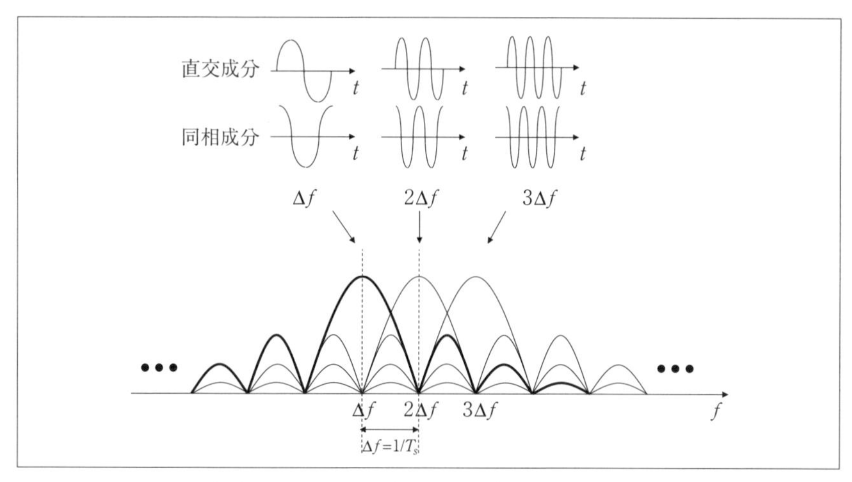
直交成分
同相成分
t
Δf
2Δf
3Δf
f
Δf=1/Ts

〔図 3-25〕OFDM 信号の周波数スペクトル

換器によりディジタル化される。

$$r[i] = \sum_{l=-N_{GI}}^{N-1} u[l]h[i-l]+v[i]$$

ここで

$$r[i] = y(iT_s)$$

$$h[i] = h(iT_s)$$

$$v[i] = v(iT_s)$$

これらの受信サンプルはGIが除去され、$r[i]$（$i=0,\cdots,N-1$）が受信側のDFT回路に入力される。DFT回路の出力はn番目のサブキャリアにおいて、

$$z[n] = H[n]S[n]+V[n]$$

と与えられる。ここで

$$Z[n]=\sum_{n=0}^{N-1} r[i]\exp\left(-j\frac{2\pi in}{N}\right)$$

$$H[n]=\sum_{n=0}^{N-1} h[i]\exp\left(-j\frac{2\pi in}{N}\right)$$

$$V[n]=\sum_{n=0}^{N-1} v[i]\exp\left(-j\frac{2\pi in}{N}\right)$$

で与えられる。n番目のサブキャリアの通信路の応答$H[n]$を受信側で推定し、既知であるとすると。復調された情報シンボルは

$$\hat{S}[n]=\frac{Z[n]}{H[n]}=S[n]+\frac{V[n]}{H[n]}$$

で与えられる。

4．直接スペクトル拡散信号のシンボル同期

直接スペクトル拡散通信システムの送信信号は拡散により周波数スペクトル密度が低い。このため秘匿性に優れているが、逆に受信信号のチップレベルでの同期が不可欠である。受信信号の同期およびトラッキングには拡散波形の自己相関関数が位相差$\Delta l=0$で大きく、位相差$l\neq 0$で小さ

くなる必要がある[16]。j番目のユーザの拡散符号系列 $\{c_l^j\}=\{c_0^j,c_1^j,\cdots,c_{L-1}^j\}$ から生成される拡散波形は

$$c^j(t)=\sum_{l=0}^{\infty} c^j_{(l \bmod L)} g(t-lT_c)$$

ただし L は拡散符号の周期、$g(t)$ は

$$g(t)=\begin{cases} \sqrt{1/T_c} & 0 \le t \le T_c \\ 0 & \text{その他} \end{cases}$$

で与えられる矩形パルスである。拡散波形の自己相関関数は

$$R_{jj}(\Delta l)=\frac{1}{LT_c}\int_0^{LT_c} c^j(t)c^j(t-\Delta l\, T_s)\,dt$$

で与えられる。図 3-26 は Pseudo-Noise（PN）系列を用いた拡散波形の自己相関関数である。PN 系列の自己相関関数は $\Delta l=0$ のとき $+1$ となり、位相差 $\Delta l \neq 0$ で $^{-1}/_L$ となる。PN 系列は図 3-27 のようなシフトレジスタにより生成される。K 段のシフトレジスタを用いて生成することのできる系列の最大周期は 2^K-1 である。PN 系列のうちでこのような周期をもつ系列を最大周期（Maximum-length：M）系列と呼ぶ。図 3-28 は図 3-27 で示した回路から生成した周期 15 の M 系列とその拡散符号波形である。シフトレジスタの出力は $0\rightarrow1$、$1\rightarrow-1$ に変換して拡散符号系列 $\{c_l^j\}$ とし、拡散符号波形を構成する。

図 3-26 に示したように拡散符号波形は位相差 0 のときに最大の自己相関値を出力し、その他の位相差では比較的小さな値となる。したがっ

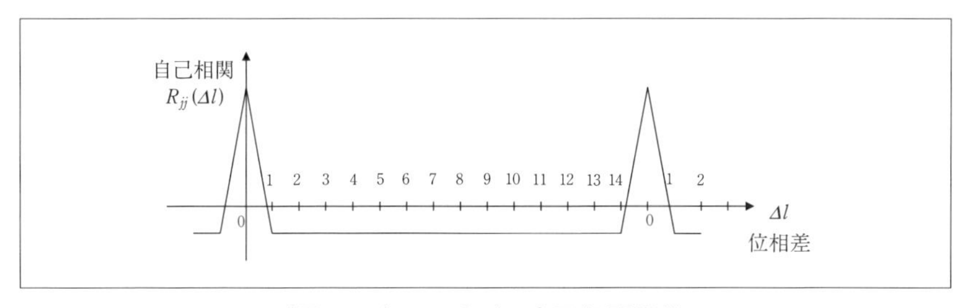

自己相関
$R_{jj}(\Delta l)$
0
1 2 3 4 5 6 7 8 9 10 11 12 13 14
0
1 2
Δl
位相差

〔図 3-26〕PN 系列の自己相関関数

て直接スペクトル拡散信号のシンボル同期は図 3-29 のようにベースバンドに変換した受信信号に拡散符号波形を乗算する相関器を用いる。拡散符号波形の位相 τ を変化させることにより受信信号の拡散符号波形と受信側で乗算する拡散符号波形の位相を同期させ、大きな逆拡散出力を得ることによって受信信号と同期する。

受信信号と同期を確立した後は図 3-30 に示すような遅延ロックループによって同期を保持する [11]。遅延ロックループでは、受信側で生成した拡散符号波形を $\pm\frac{T_c}{2}$ 遅延させ、それぞれを受信拡散符号波形と乗算する。遅延弁別器の出力は

$$D(\tau) = R_{jj}\left(\tau - \frac{1}{2}\right) - R_{jj}\left(\tau + \frac{1}{2}\right)$$

となる。図 3-31 は遅延弁別器出力である。出力が 0 に近づくほど、同期点に近くなる。遅延弁別器出力をループフィルタに入力し、雑音成分を除去したのち拡散符号波形発生装置に入力し、チップの生成タイミン

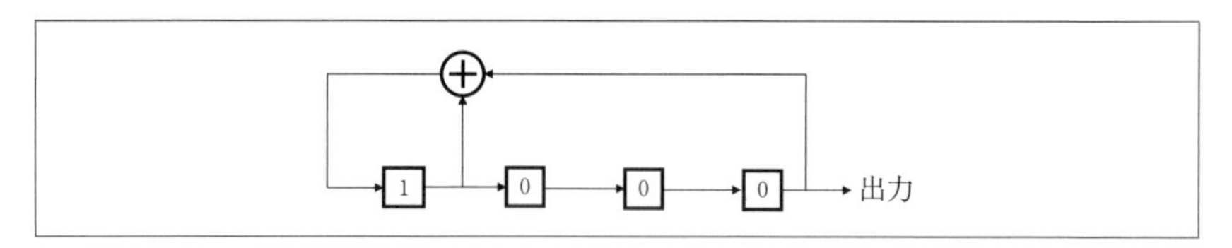
1
0
0
0
出力

〔図 3-27〕PN 系列発生回路

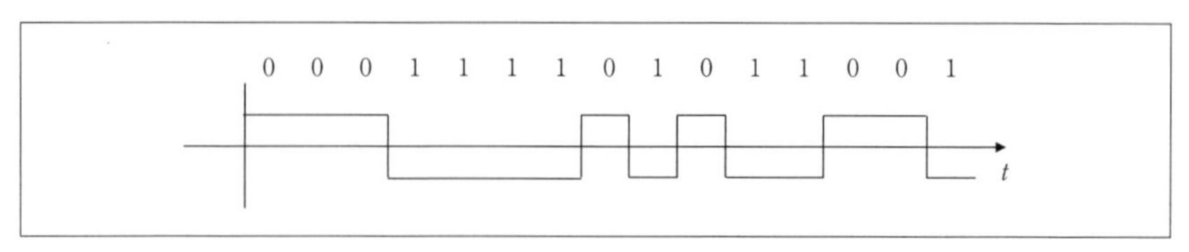
0 0 0 1 1 1 1 0 1 0 1 1 0 0 1
t

〔図 3-28〕M 系列と拡散符号波形

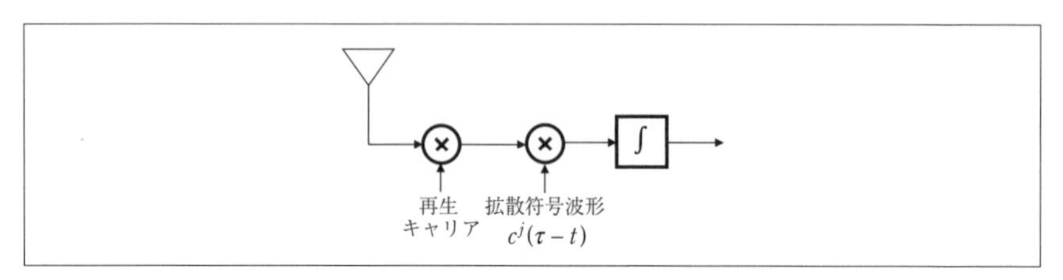
再生
キャリア
拡散符号波形
$c^j(\tau - t)$

〔図 3-29〕相関器による受信信号の逆拡散

グを制御する。

OFDMシンボルの同期は遅延相関器によって実現することができる[17],[18]。図3-32は遅延相関器のブロック図である。送信シンボル$u[i]$ $(i=-N_{GI},\cdots,N)$のうち$u[-N_{GI}],\cdots,u[-1]$は$u[N-1-N_{GI}],\cdots,u[N-1]$のコ

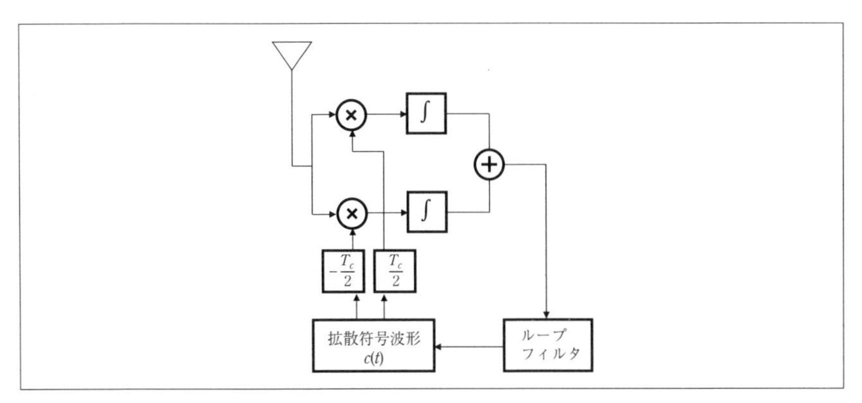

$-\frac{T_c}{2}$
$\frac{T_c}{2}$
拡散符号波形
$c(t)$
ループ
フィルタ

〔図3-30〕遅延ロックループによる同期保持

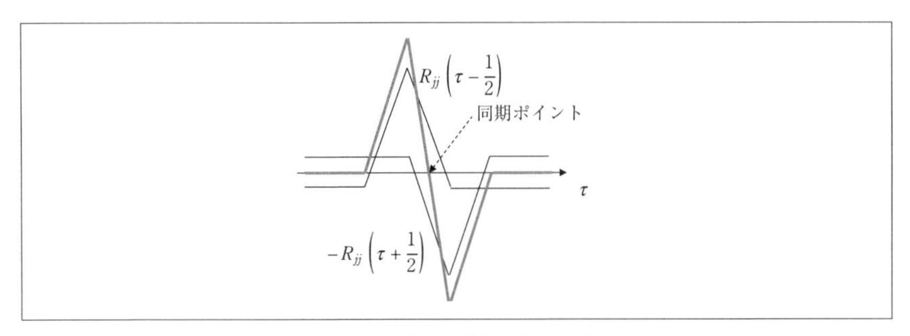

$R_{jj}\left(\tau-\frac{1}{2}\right)$
同期ポイント
τ
$-R_{jj}\left(\tau+\frac{1}{2}\right)$

〔図3-31〕遅延弁別器出力

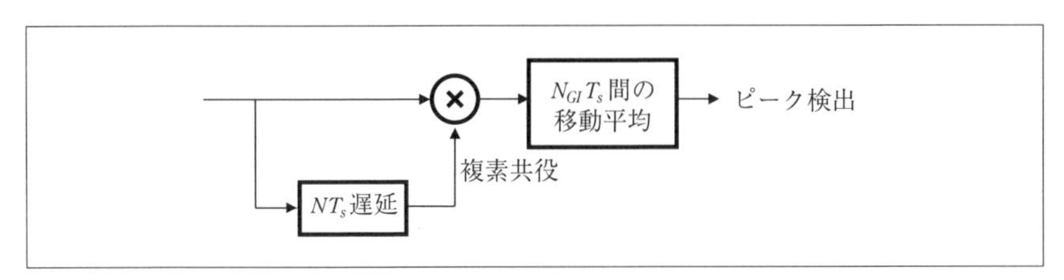

$N_{GI}T_s$間の
移動平均
ピーク検出
複素共役
NT_s遅延

〔図3-32〕遅延相関器のブロック図

ピーである。したがって遅延相関の出力は

$$R(t) = \int_{(N-N_{GI})T_s}^{(N-1)T_s} r(t)r^*(t-NT_s)\,dt$$
$$= \int_{(N-N_{GI})T_s}^{(N-1)T_s} \left\{\sum_{i=-N_{GI}}^{N-1} u[i]h(t-iT_s)+v(t)\right\}$$
$$\left\{\sum_{i=-N_{GI}}^{N-1} u^*[i-N]h^*(t-iT_s)+v^*(t-NT_s)\right\}dt$$

ここでガードインターバルの性質から $u[i]=u[i-N]$ $(i=N-N_{GI},\cdots,N-1)$ より

$$R(t) \approx \int_{(N-N_{GI})T_s}^{(N-1)T_s} \sum_{i=-N_{GI}}^{N-1} |u[i]|^2\,|h(t-iT_s)|^2 dt \quad \cdots\cdots \text{(3-12)}$$

と近似することができる。したがって遅延相関出力には同期点において図3-33のように大きな出力が現れる。$u[i]=u[i-N]$ が成立しない場合には積分値は小さくなる。

スペクトル拡散通信の直接拡散符号は受信側で既知である。またOFDMを使った無線LANでは既知プリアンブル信号をOFDMシンボルの前に送信する。この場合回路的に複雑になるが、相関フィルタを用いて同期をとる方法もある。

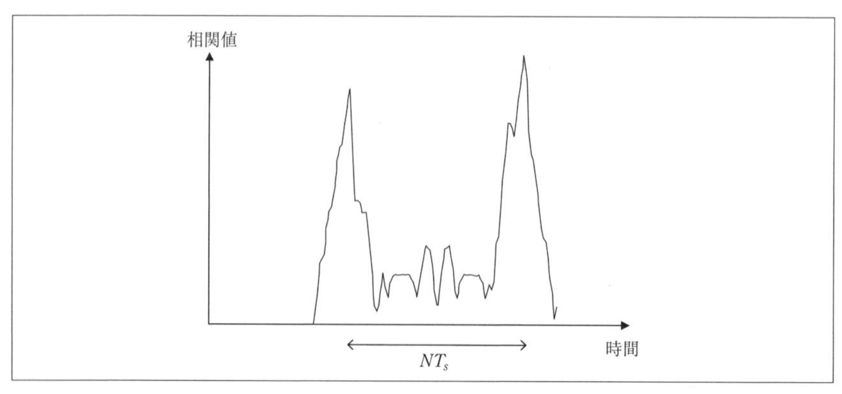
相関値
時間
NT_s

〔図3-33〕遅延相関出力

図 3-34 に相関フィルタの構成を示す。相関フィルタはトランスバーサルフィルタで構成され、その係数は既知信号を T_s ごとにサンプルした値の複素共役値を係数に持つ。仮に受信信号に雑音が含まれないとすると相関出力は

$$d[i] = \sum_{j=0}^{N-1} w_j^* s[i-j]$$

ここで $s[i]=s(t-iT_s)$、また $w_j=s[-j]$ とすると $i=0$ のとき同期し

$$d[0] = \sum_{j=0}^{N-1} |s[-j]|^2$$

となって大きな出力が現れる。図 3-35 はその一例である。

5．チャネル推定

5－1　時間領域におけるチャネル推定

直接スペクトル拡散通信における RAKE 受信機や時間領域の適応等化器などでは、受信側でチャネルのインパルス応答が必要になる。ここでは直接スペクトル拡散通信システムの場合の時間領域におけるチャネ

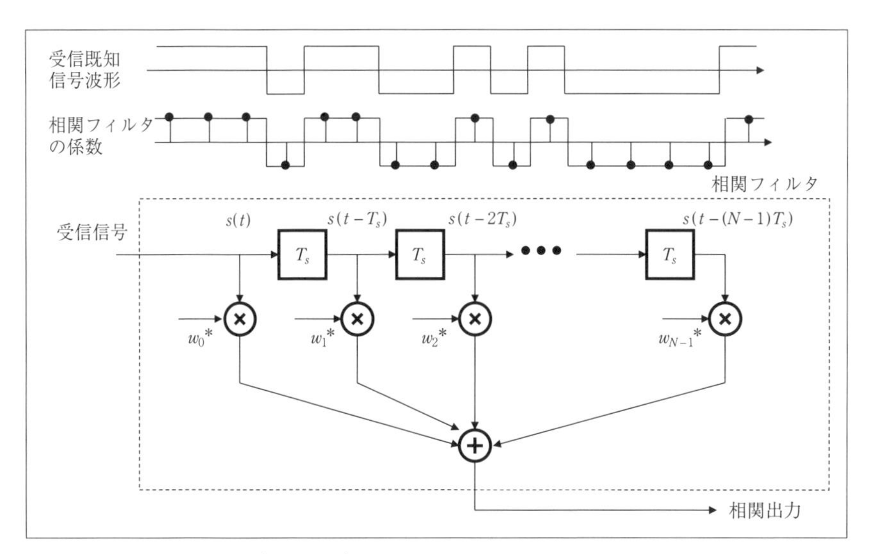
受信既知
信号波形
相関フィルタの係数
相関フィルタ
受信信号
s(t)
s(t − Ts)
s(t − 2Ts)
s(t − (N − 1)Ts)
Ts
Ts
Ts
w0*
w1*
w2*
wN−1*
相関出力

〔図 3-34〕相関フィルタによる同期

ル推定法について説明する。

直接スペクトル拡散通信システムの送信信号を $s(t)$ とすると

$$s(t) = d(t)c(t) \quad \cdots\cdots (3\text{-}13)$$

ここで $d(t)$ は送信シンボル波形、$c(t)$ は図 3-20 に示すような拡散符号波形である。この波形が以下のようにチップ間隔 T_c ごとの応答でモデル化されるマルチパスチャネルを通過する。

$$h(\tau) = \sum_{q=0}^{Q-1} h_q \delta(t - qT_c)$$

ここで Q はマルチパス数、h_q は q 番目のパスの応答、δ はデルタ関数である。よって受信信号は

$$r(t) = \sum_{q=0}^{Q-1} h_q s(t - qT_c) + v(t)$$

となる。ここで $v(t)$ はガウス雑音を表す。この受信信号をチップ間隔 T_c ごとにサンプルすると、i 番目のサンプルは

$$r[i] = \sum_{q=0}^{Q-1} h_q s[i - q] + v[i]$$

ただし $r[i]=r(iT_c)$、$s[i]=s(iT_c)$、$v[i]=v(iT_c)$ である。受信信号は図 3-36 のように相関フィルタに入力される。相関フィルタの出力は以下に求まる。

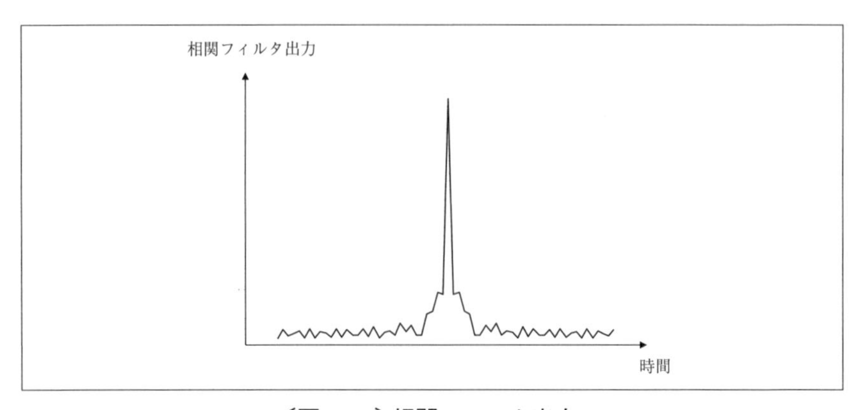
相関フィルタ出力
時間

〔図 3-35〕相関フィルタ出力

$$z[i] = \sum_{j=0}^{L-1} w_j^* r[i-j] \quad \cdots\cdots\cdots\cdots\cdots\cdots\cdots\cdots\cdots\cdots\cdots\cdots \quad (3\text{-}14)$$

ただし相関フィルタのj番目の係数は$w_j=c(t)((L-1-j)T_c)=c[L-j-1]$とする。相関フィルタ出力は(3-14)式より

$$\begin{aligned} z[i] &= \sum_{j=0}^{L-1} c[L-j-1]r[i-j] \\ &= \sum_{j=0}^{L-1} c[L-j-1]\left\{ \sum_{q=0}^{Q-1} h_q s[i-j-g] + v[i-j] \right\} \\ &= \sum_{q=0}^{Q-1} \sum_{j=0}^{L-1} h_q c[L-j-1]s[i-j-g] + \sum_{j=0}^{L-1} c[L-j-1]v[i-j] \end{aligned}$$

(3-13)式より受信側に既知の信号として$d(t)$=1を送信すると

$$s[i-j-g] = c[i-j-g]$$

よって雑音が十分小さければ、$z[i]$は以下のようにチャネルの応答h_iの推定値となる。

$$\begin{aligned} z[i] &= \sum_{q=0}^{Q-1} \sum_{j=0}^{L-1} h_q c[L-j-1]c[i-j-g] + \sum_{j=0}^{L-1} c[L-j-1]v[i-j] \\ &= \sum_{q=0}^{Q-1} h_q R[(L-1)-(i-g)] + v_c[i] \qquad \cdots (3\text{-}15) \end{aligned}$$

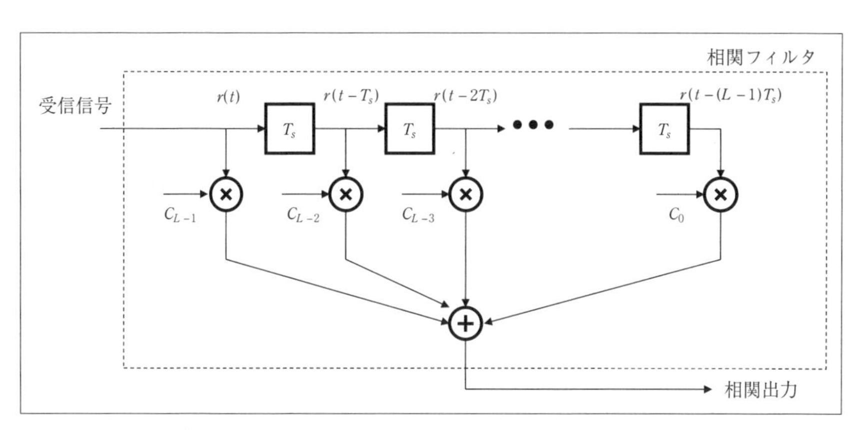

相関フィルタ
受信信号
r(t)
r(t − Ts)
r(t − 2Ts)
r(t − (L − 1)Ts)
Ts
Ts
Ts
CL−1
CL−2
CL−3
C0
相関出力

〔図3-36〕相関フィルタによる拡散符号の逆拡散

ただし

$$R[(L-1)-(i-g)]=\sum_{j=0}^{L-1}c[L-j-1]c[i-j-g]$$
$$=\begin{cases} R[0] & (i-g+1 \bmod L=0) \\ -1 \ll R[0] & (i-g+1 \bmod L\neq 0) \end{cases}$$

$$v_c[i]=\sum_{j=0}^{L-1}c[L-j-1]v[i-j]$$

図 3-37 は各遅延パスに対応した拡散符号の自己相関出力と受信信号の相関フィルタ出力の関係を表している。拡散符号に M 系列を用いることにより、相関器出力からチャネルのサンプル間隔ごとのインパルス応答が求まる。既知信号を定期的に送信することによって受信側でチャネル応答の変動を追従することができる。

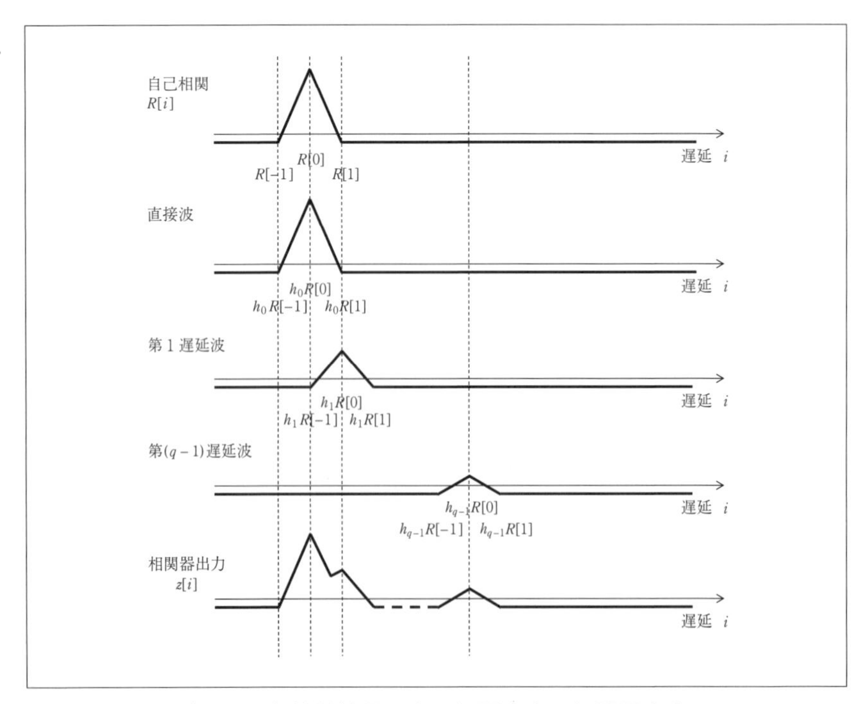
自己相関
R[i]
R[0]
R[-1]
R[1]
遅延 i
直接波
h0R[0]
h0R[-1]
h0R[1]
遅延 i
第 1 遅延波
h1R[0]
h1R[-1]
h1R[1]
遅延 i
第(q − 1)遅延波
hq-1R[0]
hq-1R[-1]
hq-1R[1]
遅延 i
相関器出力
z[i]
遅延 i

〔図 3-37〕拡散符号の自己相関出力と相関器出力

5－2　周波数領域におけるチャネル推定

OFDM システムにおいては周波数領域でチャネル応答を推定する。特に IEEE802.11 無線 LAN システムでは図 3-38 のようなパイロット信号とパイロットサブキャリアを用いてチャネルの応答を推定する [17]。

パケットの先頭のパイロット信号は受信側に既知の信号である。サブキャリア n におけるパイロット信号を $S_p[n]$ とすると、次式よりチャネルの応答は受信信号 $Z[n]$ より

$$\hat{H}[n] = \frac{Z[n]}{S_p[n]} = H[n] + \frac{V[n]}{S_p[n]}$$

と計算することができる。複数のシンボルを用いて平均化すれば雑音項 $V[n]/S_p[n]$ の影響を小さくすることができる。

移動体チャネルは常に時間とともに変化する。そのためパイロット信号による推定値は時間が経過すると実際のチャネルの応答と差が生じてくる。そこでパイロットサブキャリアを用いてチャネル応答の時間変動に追従する。図 3-39 のように N_p サブキャリアごとにパイロットサブキャリアが配置されているとすると、その間のサブキャリアの応答は線形補間によって下記のように求められる。

$$\hat{H}[n+j] = \hat{H}[n] + \frac{\hat{H}[n+N_p] - \hat{H}[n]}{N_p} j$$

推定したチャネルを用いて受信シンボルを復調するには、次式に示すようなゼロフォーシングアルゴリズムがある。

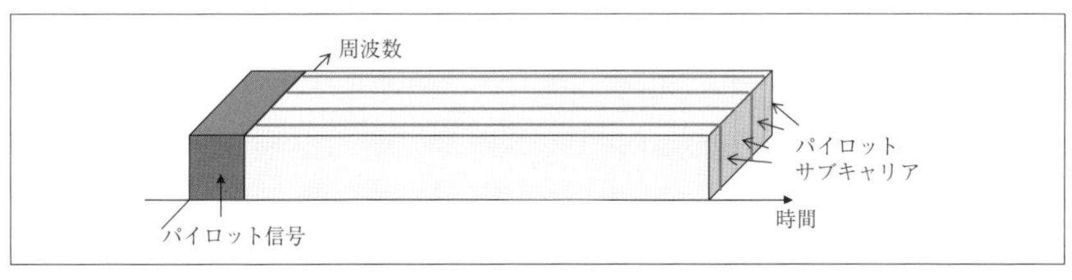
周波数
パイロット
サブキャリア
時間
パイロット信号

〔図 3-38〕OFDM システムのパケット構成

$$\hat{S}[n] = \frac{Z[n]}{\hat{H}[n]} = S[n] + \frac{V[n]}{\hat{H}[n]}$$

ただしこの復調方式は推定したチャネル応答 $\hat{H}[n]$ が小さい場合に復調後の雑音項 $V[n]/\hat{H}[n]$ を強調するため誤り率特性が劣化する。そこで最小二乗誤差等化方式が用いられる。

等化のための係数を求めるには以下のように既知信号と等化後の信号の差分を計算する。

$$e[n] = S_p[n] - W^*[n]Z[n]$$

ここで＊は複素共役を表す。この差分の二乗平均を評価関数とする。

$$\begin{aligned} E[|e[n]|^2] &= E[(S_p[n] - W^*[n]Z[n])(S_p[n] - W^*[n]Z[n])^*] \\ &= E[|S_p[n]|^2] - W^*[n]E[S_p^*[n]Z[n]] - W[n]E[S_p[n]Z^*[n]] \\ &\quad + W^*[n]E[|Z[n]|^2]W[n] \end{aligned} \quad \cdots (3\text{-}16)$$

この評価関数を $W^*[n]$ に関して最小化するために微分し 0 と置くと

$$\frac{d}{dW^*}E[|e[n]|^2] = -2E[S_p^*[n]Z[n]] + 2E[|Z[n]|^2]W[n] = 0$$

ここで

$$E[S_p^*[n]Z[n]] = E[S_p^*[n](H[n]S_p[n] + V[n])] = H[n]|S_p[n]|^2$$

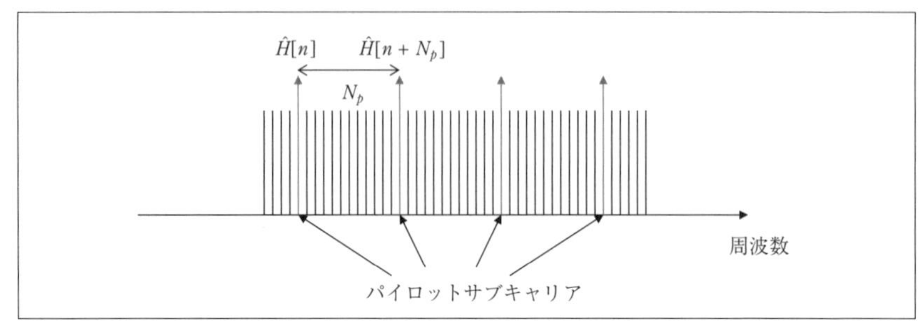
$\hat{H}[n]$
$\hat{H}[n+N_p]$
N_p
周波数
パイロットサブキャリア

〔図 3-39〕OFDM システムのパイロットサブキャリア

および

$$E[|Z[n]|^2] = E[(H[n]S_p[n] + V[n])(H[n]S_p[n] + V[n])^*]$$
$$= |H^*[n]|^2|S_p[n]|^2 + \sigma_V^2$$

ただし σ_V^2 は雑音の分散であり、サブキャリアによらず一定である。したがって

$$W_{opt}[n] = \frac{E[S_p[n]Z^*[n]]}{E[|Z[n]|^2]} = \frac{H[n]|S_p[n]|^2}{|H^*[n]|^2|S_p[n]|^2 + \sigma_V^2} \quad \cdots (3\text{-}17)$$

により差分の二乗平均が最小になる等化係数求められる。仮にパイロット信号の電力を1（$|S_p[n]|^2=1$）に設定すると

$$W_{opt}[n] = \frac{H[n]}{|H^*[n]|^2 + \sigma_V^2}$$

となる。また等化後の受信信号は

$$W_{opt}^*[n]Z[n] = \frac{H^*[n]}{|H^*[n]|^2 + \sigma_V^2}(H[n]S[n] + V[n])$$
$$= \frac{|H^*[n]|^2 S[n]}{|H^*[n]|^2 + \sigma_V^2} + \frac{H^*[n]V[n]}{|H^*[n]|^2 + \sigma_V^2} \quad \cdots\cdots (3\text{-}18)$$

で与えられる。(3-18) 式からわかるように雑音の電力がチャネルの応答に比べて相対的に小さい場合には

$$W_{opt}^*[n]Z[n] \rightarrow S[n] + \frac{V[n]}{H[n]}$$

となり、ゼロフォーシングによる等化と同様に情報シンボル $S[n]$ が復調される。雑音の電力がチャネルの応答に比べて相対的に大きくなると

$$W_{opt}^*[n]Z[n] \rightarrow \frac{|H^*[n]|^2 S[n]}{\sigma_V^2} + \frac{H^*[n]V[n]}{\sigma_V^2}$$

となって雑音項 $H^*[n]V[n]/\sigma_V^2$ が強調されるのを σ_V^2 によって防ぐ効果がある。

6. ダイバーシチ受信

6－1 移動体通信路

移動体通信においては基地局から送信された電波が直接移動体に到達するだけでなく、建物や道路など移動体の回りのものに反射、回折、散乱して到達する。そのため複数の電波が重なり合い、受信機が移動する空間上で定在波を生じる。移動体に搭載された受信機は、この定在波を受信することになる。図 3-40 は移動体通信路のイメージを表している。定在波により受信信号のレベルは激しく変動する。この現象をフェージングと呼ぶ [19]。

代表的なフェージング通信路モデルに Rayleigh フェージングがある。Rayleigh フェージング路では受信信号の振幅が Rayleigh 分布にしたがう。Rayleigh 分布の確率密度関数は

$$p(x) = \frac{x}{\sigma^2}\exp\left(-\frac{x^2}{2\sigma^2}\right)$$

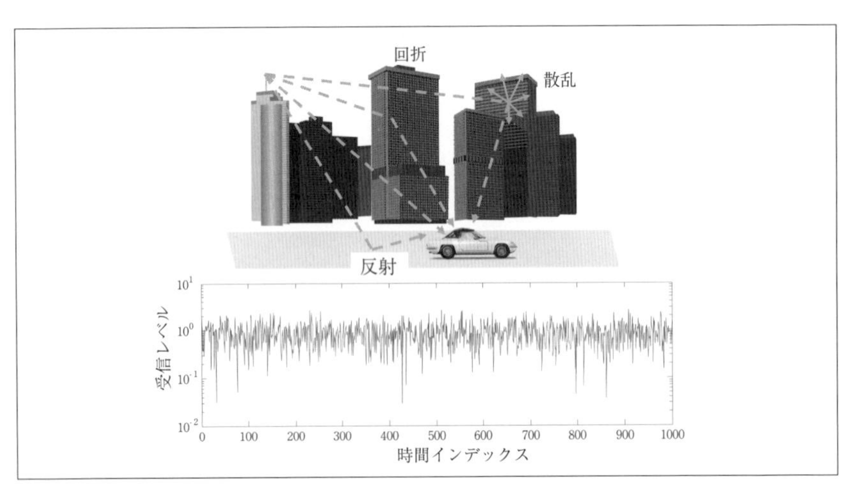
回折
散乱
反射
受信レベル
時間インデックス
10^1
10^0
10^-1
10^-2
0
100
200
300
400
500
600
700
800
900
1000

〔図 3-40〕移動体通信路のイメージ

で与えられ、その期待値および分散は $\sigma\sqrt{\frac{\pi}{2}}$、$\left(2-\frac{\pi}{2}\right)\sigma^2$ である。図3-41 に Rayleigh 分布の確率密度関数を示す。図 3-41 を見ると受信信号レベルが期待値 $\sigma\sqrt{\frac{\pi}{2}}$ ≈1.25 以下の場合の確率密度関数が大きな値となっている。これは受信信号レベルの落ち込みが頻繁に発生することを意味する。

6－1－1 フラットフェージングおよび周波数選択性フェージング

前節では送信信号が反射、散乱、回折などにより複数の経路を経てほぼ同時に移動体に到来する場合の通信路モデルを説明した。実際には反射物は図 3-42 のように移動体から異なる距離に存在することが考えられる。この場合電波が移動体に到来する遅延量が異なってくる。したがってフェージングモデルとして遅延量の異なる定在波を区別する必要がある。

図 3-43 に二つのフェージングモデルを示した。図に示すように遅延量の異なる定在波は遅延軸上でインパルス応答として表される。このインパルス応答のフーリエ変換が通信路の周波数応答である。T_s をシンボル長とすると、送信信号の周波数スペクトルは $2/T_s$ の帯域幅を持つことになる。図 3-43 (a) のようにシンボル長に対してインパルス応答の

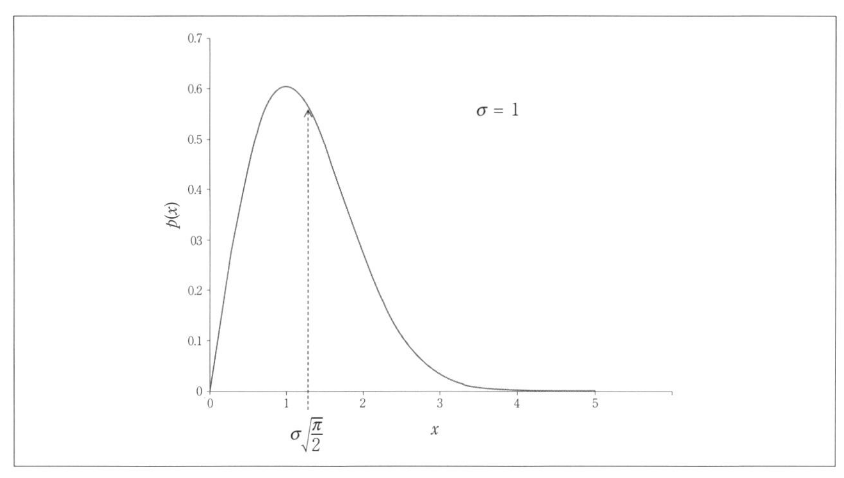

0.7
0.6
0.5
0.4
03
0.2
0.1
0
p(x)
σ = 1
0
1
2
3
4
5
x
$\sigma\sqrt{\frac{\pi}{2}}$

〔図 3-41〕Rayleigh 分布（σ =1）

遅延量が小さい場合には、周波数軸上では信号のスペクトルは通信路の周波数応答の一部の影響を受ける。ほぼ一定の周波数応答の影響を受け、受信信号レベルが前節で説明したようにRayleigh分布する。これをフラットフェージングと呼ぶ。一方図3-43 (b) のようにシンボル長が短い場合には信号のスペクトルが広がり、通信路の周波数応答全体の影響を受ける。周波数によって受信信号レベルが異なってくるため、この場合のフェージングを周波数選択性フェージングと呼ぶ。

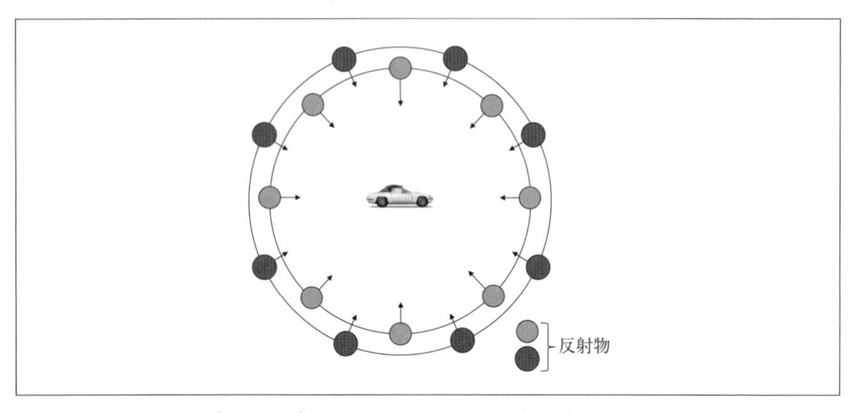
反射物

〔図3-42〕マルチパスフェージングモデル

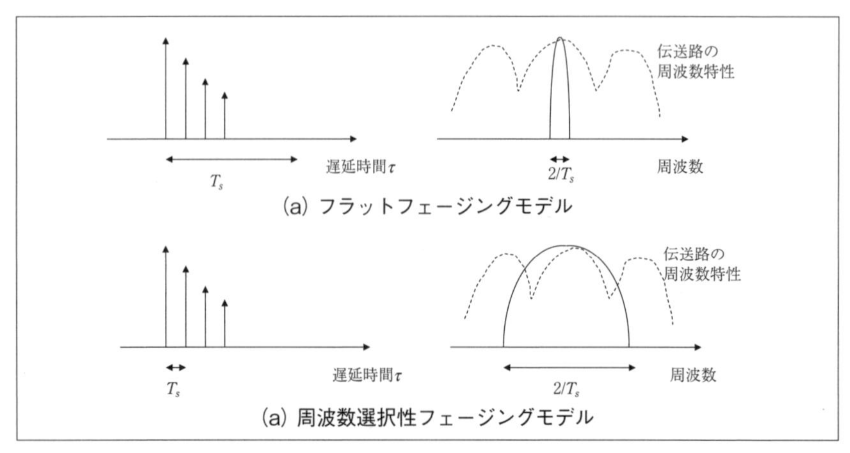
遅延時間τ
T_s
伝送路の
周波数特性
$2/T_s$
周波数
(a) フラットフェージングモデル
遅延時間τ
T_s
伝送路の
周波数特性
$2/T_s$
周波数
(a) 周波数選択性フェージングモデル

〔図3-43〕フラットフェージングと周波数選択性フェージング

６－１－２　ダイバーシチ受信方式

前節で説明したように、フェージング通信路では受信信号レベルが低下し復調誤りが発生する。受信信号レベルの低下による復調誤りを改善するのがダイバーシチである。図 3-44 にダイバーシチ方式の例を挙げる [20]。空間ダイバーシチは空間的に離した複数のアンテナ素子によって信号を受信する方式である。アンテナ素子間の距離を離すほど一般的には受信信号間の相関が下がり、各アンテナ素子で受信した信号のレベルが同時に低下する確率を低減する。周波数ダイバーシチは周波数選択性フェージング路において異なる周波数で同じ信号を受信することによって、信号間の相関を下げダイバーシチを実現する。時間ダイバーシチは時間的に離した通信スロットにおいて同じ信号を受信することにより、信号間の相関を下げるダイバーシチ方式である。移動体が移動するにしたがって通信路の応答は変化するため、時間的に離した通信スロットは異なる通信路応答を示す。角度ダイバーシチは指向性アンテナ素子を用い、異なる角度から受信機に到達する信号を受信することによって受信信号間の相関を低減しダイバーシチを実現する。偏波ダイバーシチは異なる偏波により到達する信号を複数の偏波アンテナ素子で受信するダイバーシチ方式である。

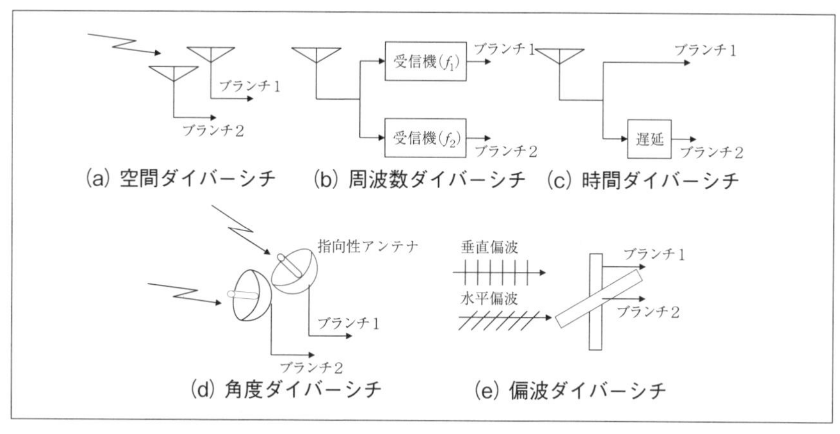
ブランチ1
ブランチ2
(a) 空間ダイバーシチ
受信機(f_1)
ブランチ1
受信機(f_2)
ブランチ2
(b) 周波数ダイバーシチ
ブランチ1
遅延
ブランチ2
(c) 時間ダイバーシチ
指向性アンテナ
ブランチ1
ブランチ2
(d) 角度ダイバーシチ
垂直偏波
水平偏波
ブランチ1
ブランチ2
(e) 偏波ダイバーシチ

〔図 3-44〕いろいろなダイバーシチ受信法

6－1－3　ダイバーシチ受信信号の合成法

ダイバーシチ受信した信号は合成されて復調される。アンテナダイバーシチを例に、代表的な三つの合成法を説明する。

(1) 選択合成

選択合成においては各アンテナ素子で受信した信号の信号レベルを検出する。そしてその包絡線レベルが高いアンテナブランチからの復調出

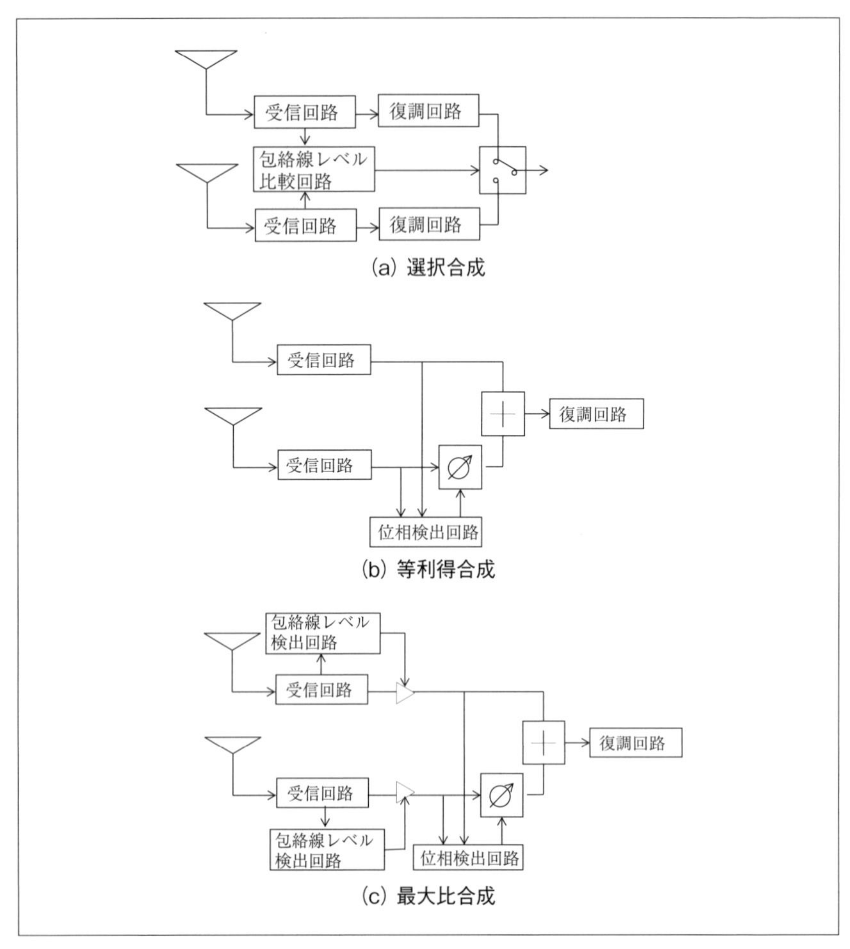
受信回路
復調回路
包絡線レベル
比較回路
受信回路
復調回路
(a) 選択合成
受信回路
復調回路
受信回路
位相検出回路
(b) 等利得合成
包絡線レベル
検出回路
受信回路
復調回路
受信回路
包絡線レベル
検出回路
位相検出回路
(c) 最大比合成

〔図 3-45〕ダイバーシチ合成法

力を選択する。後述の位相検出回路や振幅調整用の増幅器がないため受信機の構成が簡易であるが、他の合成法に比べて誤り率特性は劣化する。

(2) 等利得合成

各アンテナ素子で受信した信号の位相を検出し、同位相になるように補正したのち加算する（等利得合成）する。選択合成法よりは誤り率特性を改善するが、位相検出・補正回路が必要になる。

(3) 最大比合成

各アンテナ素子で受信した信号の位相・振幅を検出する。そして受信信号が同位相になるように信号の位相を補正する。また信号の受信レベルに比例した増幅度で信号を増幅する。増幅回路や位相検出・補正回路が必要になり、受信機回路が複雑になるが、3方式の中では最もよい誤り率特性を示す。

6－1－4　フェージング通信路における復調特性

ダイバーシチによる特性改善効果を示すために、最大比合成法を用いた場合の BPSK シンボルの復調特性を示す [21]。L ブランチのアンテナ素子を想定すると、ビット誤り率は下記の式で表される。

$$P_B = \int_0^{\infty} P_B(\gamma_b)p(\gamma_b)d\gamma_b$$
$$= \left[\frac{1}{2}(1-\mu)\right]^L \sum_{k=0}^{L-1} \binom{L-1+k}{k} \left[\frac{1}{2}(1+\mu)\right]^k$$

ここで γ_b はビットあたりの信号電力対雑音スペクトル密度比（Signal-to-Noise Ratio：SNR）、$P_B(\gamma_b)$ は SNR が γ_b のときのビット誤り率、$p(\gamma_b)$ は γ_b の確率密度関数である。また

$$\mu = \sqrt{\frac{\overline{\gamma_c}}{1+\overline{\gamma_c}}}$$

であり、$\overline{\gamma_c}$ はアンテナ素子一つあたりの平均ビット SNR である。したがって各受信アンテナ素子で平均受信電力が同一の場合、$\overline{\gamma_b}$ を平均ビット SNR として

$$\overline{\gamma_c} = \overline{\gamma_b}/L$$

の関係がある。$\overline{\gamma_c} \gg 1$ の場合、

$$\frac{1}{2}(1+\mu) \approx 1$$

$$\frac{1}{2}(1-\mu) \approx \frac{1}{4\overline{\gamma_c}}$$

$$\sum_{k=0}^{L-1} \binom{L-1+k}{k} \approx \binom{2L-1}{L}$$

が成り立つため、ビット誤り率は

$$P_B \approx \left(\frac{1}{4\overline{\gamma_c}}\right)^L \binom{2L-1}{L}$$

となる。図 3-46 はアンテナ素子数を 1、2、4 と変えたときの最大比合成を用いたシステムのビット誤り率特性である。アンテナ素子数が増加するにしたがって、ビット誤り率が急激に低下しているのがわかる。

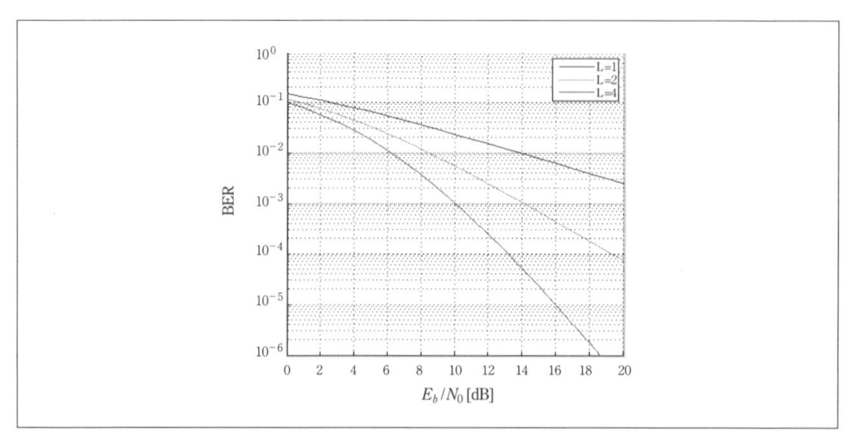
L=1
L=2
L=4
BER
10^0
10^{-1}
10^{-2}
10^{-3}
10^{-4}
10^{-5}
10^{-6}
0
2
4
6
8
10
12
14
16
18
20
E_b/N_0 [dB]

〔図 3-46〕最大比合成ダイバーシチのビット誤り率特性

7．MIMO 伝送

7－1　MIMO システムの容量

Multiple-Input Multiple-Output（MIMO）システムは複数の送信アンテナおよび複数の受信アンテナを用いてデータを伝送する方式である。図3-47は3送信アンテナ、3受信アンテナの場合のMIMOシステムの例である。複数の送信アンテナで同時に受信することで送信信号を空間多重し、伝送レートを高めることができる。また複数のアンテナで受信することによってダイバーシチを実現し、システムの信頼性を向上することができる。

伝送レートの指標として通信路容量がある。送信アンテナ数を N_T、受信アンテナ数を N_R とすると、MIMOシステムの通信路容量は以下の式で与えられる[22],[23]。

$$C(H) = \log_2 \det\left(I_{N_R} + \frac{E_s}{N_T N_0} HH^H\right) [\mathrm{bps/Hz}]$$

ここで

$$H = \begin{bmatrix} h_{11} & h_{12} & \cdots & h_{1N_T} \\ h_{12} & h_{22} & \cdots & h_{2N_T} \\ \vdots & \vdots & \ddots & \vdots \\ h_{N_R1} & h_{N_R2} & \cdots & h_{N_RN_T} \end{bmatrix}$$

は通信路応答行列であり、h_{ij} はj番目の送信アンテナと i 番目の受信ア

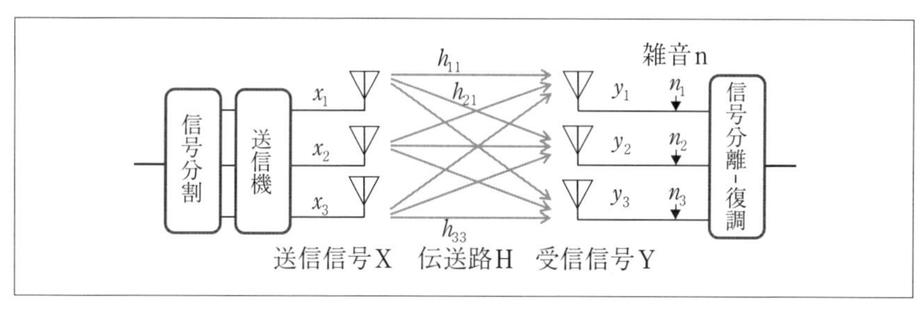

雑音n
h_{11}
h_{21}
h_{33}
x_1
x_2
x_3
y_1
y_2
y_3
n_1
n_2
n_3
信号分割
送信機
信号分離・復調
送信信号X　伝送路H　受信信号Y

〔図3-47〕3×3MIMOシステム

ンテナ間の通信路応答を表す。また$[\ ]^H$はエルミート行列、I_{NR}は大きさ$N_R \times N_R$の単位行列、E_s/N_Tはアンテナあたりの送信シンボルエネルギー、N_0は雑音のスペクトル密度である。

MIMO システムの通信路容量は次式よりアンテナ数によって制限される。図 3-48 に送受信アンテナ数が等しい場合の MIMO システムの通信路容量を示す。アンテナ数が増加するほど通信路容量も増加している。

7－2　MIMO システムの受信処理

MIMO システムの受信信号処理として様々な方式が提案されているが、ここでは代表的な二つの方式について説明する。

7－2－1　Zero-Forcingアルゴリズム

図 3-49 のような 2×2MIMO システムを想定する。送信シンボルのベ

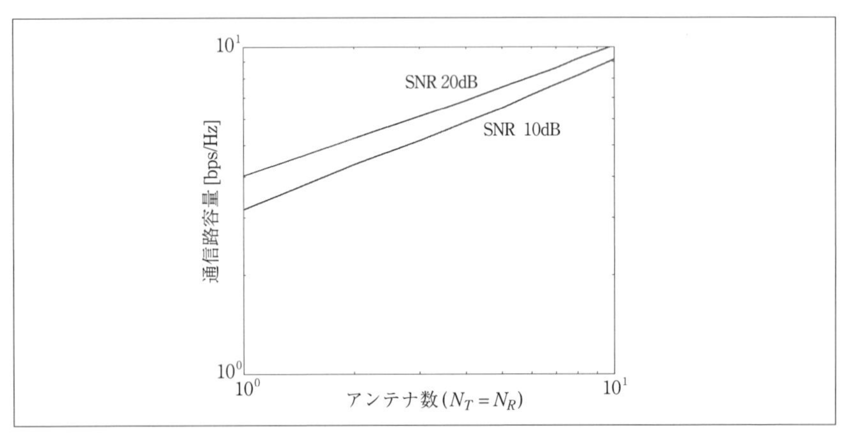

10^1
SNR 20dB
SNR 10dB
通信路容量 [bps/Hz]
10^0
10^0
アンテナ数$(N_T = N_R)$
10^1

〔図 3-48〕MIMO システムの通信路容量

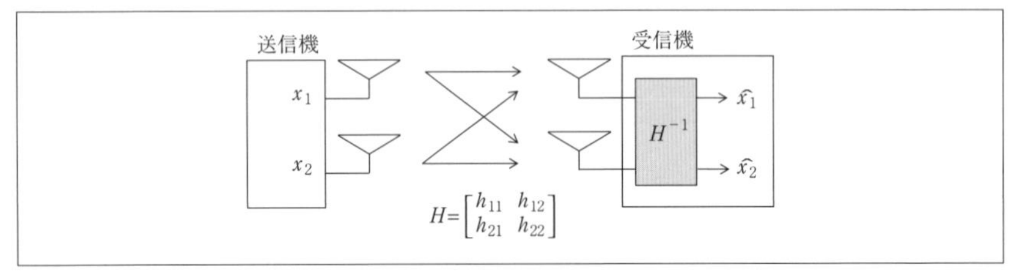

送信機
x_1
x_2
受信機
H^{-1}
$\hat{x}_1$
$\hat{x}_2$
$H=\begin{bmatrix} h_{11} & h_{12} \\ h_{21} & h_{22} \end{bmatrix}$

〔図 3-49〕ZF アルゴリズム

クトルを

$$X=\begin{bmatrix} x_1 \\ x_2 \end{bmatrix}$$

とする。ただし x_i は i 番目の送信アンテナから送信されるシンボルである。受信側信号ベクトルを

$$Y=\begin{bmatrix} y_1 \\ y_2 \end{bmatrix}$$

とする。ここで y_j は j 番目の受信アンテナで受信されるシンボルである。通信路応答行列を

$$H=\begin{bmatrix} h_{11} & h_{12} \\ h_{21} & h_{22} \end{bmatrix}$$

とすると、受信信号ベクトルは

$$Y=HX+N$$

と表すことができる。ただし

$$N=\begin{bmatrix} n_1 \\ n_2 \end{bmatrix}$$

は雑音ベクトルであり、n_j は j 番目の受信アンテナで発生する雑音である。Zero Forcing（ZF）アルゴリズムは通信路応答行列の逆行列を受信信号ベクトルに乗算することによって送信信号を推定する。すなわち

$$\begin{aligned} H^{-1}Y &= \begin{bmatrix} h_{11} & h_{12} \\ h_{21} & h_{22} \end{bmatrix}^{-1} \begin{bmatrix} h_{11} & h_{12} \\ h_{21} & h_{22} \end{bmatrix} \begin{bmatrix} x_1 \\ x_2 \end{bmatrix} + \begin{bmatrix} h_{11} & h_{12} \\ h_{21} & h_{22} \end{bmatrix}^{-1} \begin{bmatrix} n_1 \\ n_2 \end{bmatrix} \\ &= \begin{bmatrix} x_1 \\ x_2 \end{bmatrix} + \frac{1}{det(H)} \begin{bmatrix} h_{22} & -h_{12} \\ -h_{21} & h_{11} \end{bmatrix} \begin{bmatrix} n_1 \\ n_2 \end{bmatrix} = X + H^{-1}N \end{aligned}$$

となり x_1、x_2 が得られる。ただし $\det(H)$ が減少すると $H^{-1}N$ の項が増加

し、受信特性が劣化する。

7－2－2　最尤推定復調アルゴリズム

送信信号ベクトルの候補 $\hat{X}$ が送信されたときに受信信号ベクトルが Y となる確率 $p(Y|\hat{X})$ を計算し、この確率が最大となる $\hat{X}$ を求める。雑音が分散 σ^2 で複素ガウス分布するときこの確率は

$$p(Y|\hat{X}) = \frac{1}{(\pi\sigma^2)^{N_R}} \exp\left(-\frac{\|Y - H\hat{X}\|^2}{\sigma^2}\right)$$

で与えられる。この確率を最大にするには、すなわち $\|Y-H\hat{X}\|^2$ を計算する必要がある。たとえば図 3-50 において、送信側アンテナは情報ビット {11,10,01,00} に対応したどれかの信号点をそれぞれアンテナ 1 およびアンテナ 2 から送信したとする。送信アンテナ 1 から受信アンテナ 1 の通信路応答を h_{11} とすると受信アンテナ 1 の受信信号は

$$y_1 = h_{11}x_1 + h_{12}x_2 + n_1$$

となる。図 3-50 より y_1 と信号点 (0101) が最も近い。同様に送信アンテナ 2 から受信アンテナ 1 の通信路応答を h_{12} とすると受信アンテナ 2 の受信信号は

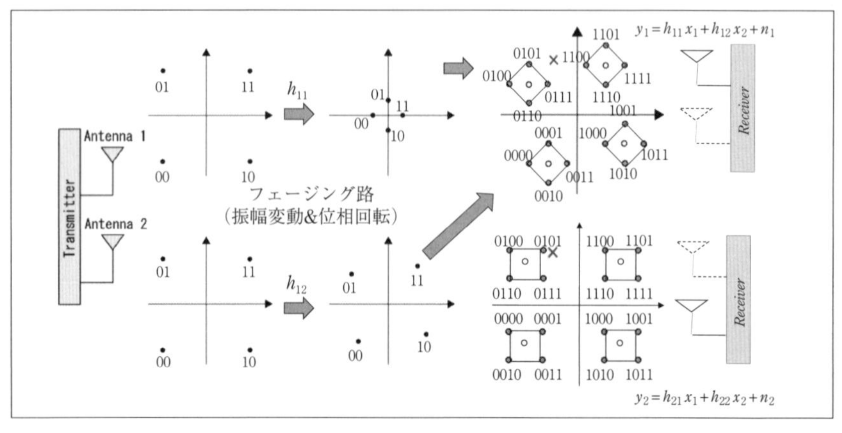
Transmitter
Antenna 1
Antenna 2
01
11
00
10
h11
h12
フェージング路
(振幅変動&位相回転)
0101
1100
1101
0100
1111
0111
1110
0110
1001
0001
1000
0000
1011
0011
1010
0010
0110
1111
0000
0001
1000
1001
0011
1011
y1 = h11 x1 + h12 x2 + n1
y2 = h21 x1 + h22 x2 + n2
Receiver
Receiver
〔図 3-50〕最尤推定復調

$$y_2 = h_{21}x_1 + h_{22}x_2 + n_2$$

となる。y_2も信号点（0101）が最も近い。したがって$\hat{X}$は情報ビット（0101）に対応した受信信号点であると推定し、情報ビットを復調する。

参考文献

[1] 守谷健弘 , 音声符号化 , 電子情報通信学会 , 1998.
[2] 大久保榮監修 , 角野眞也 , 菊池義浩 , 鈴木輝彦編 , 改訂三版 H.264/AVC 教科書 , インプレス , 2008.
[3] 今井秀樹 , 符号理論 , 電子情報通信学会 , 1990.
[4] 和田山正 , 誤り訂正技術の基礎 , 森北出版 , 2010.
[5] J. G. Proakis and M. Salehi, Digital Communications, Fifth Ed., McGraw-Hill, New York, 2008.
[6] 斉藤洋一 , ディジタル無線通信の変復調 , 電子情報通信学会 , 1996.
[7] 山添雅彦 , 生岩量久 , 西森博行 , 三須孝一 , “中波放送における高効率電力増幅器 ,” 信学技報 , EE2007-41, pp. 39-44, Nov. 2007.
[8] 鈴木博 , ディジタル通信の基礎 , 数理工学社 , 2012.
[9] R. A. Scholtz, “The Origins of Spread-Spectrum Communications,” IEEE Trans. on Commun., vol. COM-30, no.5, pp.822-854, May 1982.
[10] G. R. Cooper, and R. W. Nettleton, “A Spread-Spectrum Technique for High-Capacity Mobile Communications,” IEEE Trans. on Vehic, Technol. vol.VT-27, no.4, pp.264-275, Nov. 1978.
[11] 丸林元，中川正雄，河野隆二：スペクトル拡散通信とその応用，電子情報通信学会編，1998 年
[12] R. W. Chang and R. A. Gibby, “A Theoretical Study of Performance of an Orthogonal Multiplexing Data Transmission Scheme,” IEEE Trans. on Commun. , vol. COM-16, no.4, pp.529-540, Aug. 1965.
[13] B. R. Saltzberg, “Performance of an Efficient Parallel Data Transmission System,” IEEE Trans. on Commun., Vol. COM-15, no.6, pp. 805-811, Dec. 1967.
[14] S. B. Weinstein and P. M. Ebert, “Data Transmission by Frequency

Division Multiplexing," IEEE Trans. on Commun., vol. COM-19, no.5, pp.628-634, Oct. 1971.

[15] B. Hirosaki, "An Orthogonally Multiplexed QAM System using the Discrete Fourier Transform," IEEE Trans. Commun., vol. COM-29, no.7, pp.982-989, Jul. 1981.

[16] 横山光雄：スペクトル拡散通信システム，科学技術出版，1998年.

[17] 伊丹誠：わかりやすいOFDM技術，オーム社，2005年.

[18] T. M. Schmidl, D. C. Cox, "Robust Frequency and Timing Synchronization of OFDM," IEEE Trans. on Commun., vol.45, no.12, Dec. 1997.

[19] W. C. Jakes, Microwave Mobile Communications, IEEE Edition, IEEE Press, New York, 1994.

[20] 笹岡秀一編著：移動通信，オーム社，1998年.

[21] J. G. Proakis, Digital Communications, 4th Edition, McGraw-Hill, New York, 2001.

[22] G. J. Foschini and W. J. Gans, "On Limits of Wireless Communications in a Fading Environment when Using Multiple Antennas," Wireless Personal Communications, vol. 6, pp. 314-335, Mar. 1998.

[23] E. Telatar, "Capacity of Multi-antenna Gaussian Channels," Eur. Trans. on Telecomm., Vol. 10, No. 6, pp. 585-596, Nov. 1999.

COLUMN

無線機の機能ブロックと信号処理の用語について

福岡大学　太郎丸 眞

技術用語には同義な複数の用語が存在する一方、同じ用語でも技術分野によっては意味が微妙に異なる場合がある。本書では技術内容に応じた専門家により分担執筆されているため、所属組織や技術分野の流儀や文化の違いで用語の差が生じている。本書ではあえて用語の統一を行わず、執筆者が用いた用語のままで編集した。これは読者が他の書籍を読み、あるいは社（学）内外の技術者、研究者と議論をする際に、同義語も併せて知っていたほうがよいからである。とはいえ、初学者にとってはある用語が登場した場合、それが他の章や節で出てきた別の用語と同義だとか、同じ用語でも意味が微妙に異なっていることに気づくのは難しい。そこで本コラムではそれらの解説を行っている。以後の章で登場する用語も含まれるので、詳細はそれぞれの章を参照されたい。

アップコンバート／直交変調と等価低域表現、複素ベースバンド、複素包絡線

Ⅱ章2-3で述べたアップコンバータは、Ⅲ章3-5に示す直交変調と同義語である。「アップコンバート」とは一般に周波数を高域へ変換し、スペクトルを高域に平行移動する処理である。アップコンバータ／直交変調の入力は、所望送信信号 $s(t)$（帯域系）に対する等価低域表現 $s_B(t)$、あるいはその同相成分 $I=\mathrm{Re}[s_B(t)]$ と、直交成分 $Q=\mathrm{Im}[s_B(t)]$ であり、その動作は $s_B(t)$ のスペクトルを搬送波周波数 f_0 だけ高域に平行移動する信号処理である[1]。一方、その動作は直交する搬送波 $\cos(2\pi f_0 t)$ と $\sin(2\pi f_0 t)$ を I、Q のベースバンド信号でそれぞれ変調し、$I\cos(2\pi f_0 t)-Q\sin(2\pi f_0 t)$ なる変調波を得ることなので、「直交変調」とも呼ばれる。なお、等価低域系 $s_B(t)=I+jQ$ とその信号は、「複素包絡線」や「（複素）ベースバンド信号」とも呼ばれる。なお、アナログ変調の音声などの信号や、送信データをディジタル変調のコンスタレーション（信号点）にマッピングしたものを、Ⅲ章では「情報信号」と呼んでいる。情報信号は実信号または複素信号である。

[1] 上記のようにベースバンド信号を変調波（帯域系）に変換する以外に、送信周波数よりも低い搬送波で変調した変調波を所望の周波数へ変換する処理も「アップコンバート」と呼ばれる。

ここで「変調」の定義について触れよう。Ⅱ章2-3ではディジタル情報から変調波（送信波）の等価低域信号、つまりコンスタレーションを得るまでの処理とされ、一方Ⅲ章3-3では、ディジタル情報またはアナログ信号や等価低域信号から変調波（帯域系信号）を得るまでの処理だとして執筆されている。それぞれに一理があり、流儀の違いによるものである。

検波と復調

受信波から音声やディジタル信号などの情報信号を取り出す処理を一般に「復調（demodulation）」というが、同義語として「検波（detection）」がある。「検波」とは元来、受信信号波の有無を検知する意味であり、モールス電信 =ASK（OOK）の復調を意味するマルコーニの時代からの用語である。その後アナログ変調が発明され、連続波である AM や FM の復調も「検波回路」と呼ばれ今日に至っている。ゆえに検波と復調は同義語で互換だが、復調のほうが一般的で広義のニュアンスがあり、互換の例外がある。たとえば、(準) 同期検波、遅延検波、周波数検波を「(準) 同期復調」「遅延復調」「周波数復調」とは言わない。一方 FM 検波や、次に述べる直交検波はそれぞれ、「FM 復調」、「直交復調」ともいう。今後、これらの用法も時代とともに変わっていくかもしれない。

ダウンコンバート、準同期検波の同義語

ダウンコンバート、準同期検波、直交検波は同義語で、機能を表した用語である。直交ミクサとはそれらにアップコンバートやイメージリジェクションミクサなどの同じ構成の回路を指す言葉である。また、同期検波と直交復調は同義で、変調のベースバンド信号を受信機で復調する回路または処理を指す。なお、ダイレクトコンバージョンは受信周波数のままベースバンドにダウンコンバートすること、またはベースバンド信号を直接送信周波数の搬送波でアップコンバートすること、あるいはその送受信機構成をいう。

その他

　ミクサとミキサ、キャリアとキャリヤはそれぞれ同一英単語のカナ表記である。どちらもよく見られ、統一されていない。

IV

送受信機構成と信号処理のディジタル化・ソフトウェア化

1. 福岡大学　太郎丸 眞
日本無線㈱　横野　聡
2. 福岡大学　太郎丸 眞
日本無線㈱　横野　聡
3. 福岡大学　太郎丸 眞

1．送受信機のアーキテクチャ

1－1　送受信機の構成要素

送受信機は一般に、フィルタ、増幅器、局部発振器、ミクサ、変調器／復調器、およびベースバンド回路から構成される。局部発振器は正弦波信号（以下ローカル信号）を発生させる。ミクサは二つの信号を等価的に乗算し、両者の和または差の周波数成分を出力するもので、周波数変換のほか、変復調（アップコンバート、ダウンコンバート）にも用いる。これら各構成要素の具体的な回路についてはV章および文献[1],[2]などを参照されたい。

送受信機に構成の概要はすでにII章2-3で述べられた。そこではベースバンド（等価低域系）信号を送受信周波数の搬送波周波数のローカル信号（局部発振信号）で直接直交変調（アップコンバート）または準同期検波（ダウンコンバート）する構成が示された。これ以外に送受信周波数とは異なる中間の周波数「中間周波」（IF：intermediate frequency）へ一旦変換する構成や、送信機では変調してから電力増幅する構成に加え、電力増幅の終段で変調する構成もある。以下、周波数変換と送受信機の構成法について解説する。

1－1－1　周波数変換の目的

周波数変換は図4-1に示すスペクトルの平行移動を行う。送受信周波数とは異なる中間周波（IF）信号に対し、送受信電波周波数そのものの信号を高周波（RF：radio frequency）信号と呼ぶ[1]。SDR受信機において、一旦IFに変換した後に準同期検波（ダウンコンバート）する利点は以下の通りである。

①IFでA/D変換する場合、ADCのサンプリング周波数が低く抑えられるため、量子化ビット数を多ビットにしやすい

②IF回路は固定周波数・固定帯域なので、安定な増幅回路を構成しやすい

なおII章2-3で述べたハイブリッド型のダイレクトコンバージョン受

[1] 電波として放射し得る比較的高い周波数の信号一般をRF信号と呼ぶ場合もあるので注意されたい。

信機（準同期検波までがアナログ、ベースバンド信号でADC）は、ベースバンド信号を「中間周波数0HzのIF」と見ることができ、上記利点も共通である。一方、送信機における周波数変換の目的は、回路構成上都合のよい搬送波周波数で変調することにある。詳細は1-2で述べる。

1－1－2　ミクサと周波数変換

周波数f_{RF}にスペクトルを持つ信号と周波数f_{LO}の正弦波信号（ローカル信号、後述）を乗算すると、$|f_{RF} \pm f_{LO}|$の2周波にスペクトルを持つ信号が得られる（図4-1）。このうち所望外の周波数をフィルタで除去することで周波数変換がなされる。この乗算を行う回路がミクサ（ミキサ：mixer）である。ミクサはギルバートセル（Gilbert cell）やダイオードによるリング変調回路などのDBM：double balanced mixerにより構成する[2]。また、上記2信号を単に加えダイオードやトランジスタで二次歪を与えることでも実現できる。後者は回路は簡単だが、f_{RF}やf_{LO}成分とその高調波成分も出力に現れるのでスプリアス（不要な周波数成分の信号または受信点）が増える問題がある。なお、$f_{LO}<f_{RF}$（lower local）に構成することが比較的多いが、$f_{RF}<f_{LO}$（アッパーローカル：upper local）として出

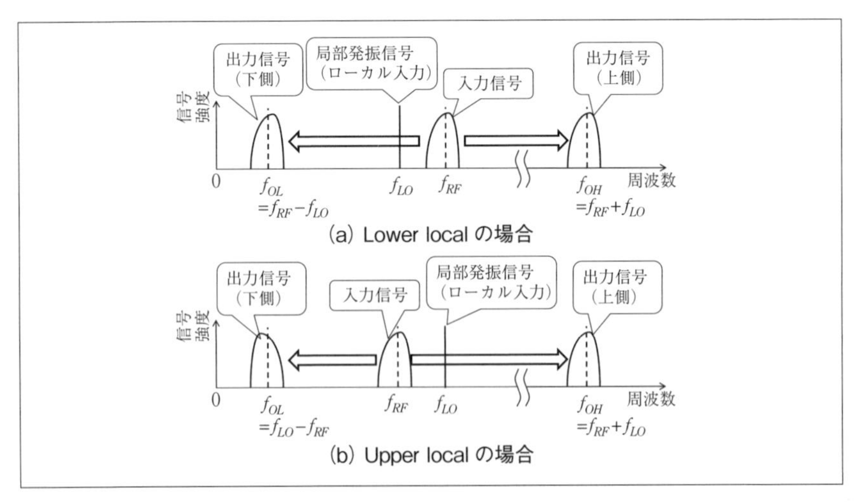
出力信号
（下側）
局部発振信号
（ローカル入力）
入力信号
出力信号
（上側）
信号強度
0
f_{OL}
$=f_{RF}-f_{LO}$
f_{LO}
f_{RF}
f_{OH}
$=f_{RF}+f_{LO}$
周波数
(a) Lower localの場合
出力信号
（下側）
入力信号
局部発振信号
（ローカル入力）
出力信号
（上側）
信号強度
0
f_{OL}
$=f_{LO}-f_{RF}$
f_{RF}
f_{LO}
f_{OH}
$=f_{RF}+f_{LO}$
周波数
(b) Upper localの場合

〔図4-1〕ミクサによるスペクトルの平行移動

[2] 直交変調（Ⅲ章2参照）の乗算をアナログ回路で実現する場合も同様にDBMを用いる。

力周波数を$f_{LO}-f_{RF}$に取ることもできる。この場合は図4-1 (b) のようにスペクトルが反転するので注意を要する。アッパーローカルによる周波数変換をアッパーヘテロダイン (upper heterodyne) という。

1－1－3　局部発振器 (local oscillator)

周期信号を発生させる回路を一般に「発振器」「発振回路」という。無線機の局部発振器 (以下「ローカル」またはLo) は正弦波発振回路であり、多くはPLL:phase lock loopにより構成されている。PLLは図4-2 (a) に示す構成で、周波数可変の発振回路であるVCO:voltage controlled oscillator出力を、分周器を介してフィードバックし周波数f_{ref}の参照信号と同期する、位相・周波数の負帰還ループである。分周器はカウンタなどの論理回路で、分周比Nを切り換えることで出力周波数$f_{LO}=Nf_{ref}$をステップf_{ref}で可変とする。f_{ref}は通常固定である。周波数の精度と安定度は参照信号で決まるので、参照信号の発生は高安定な水晶発振回路を用いる。必要であれば温度補償水晶発振器 (TCXO:temperature compensated crystal oscillator) や恒温層水晶発振器とする。PLLはローカル信号だけでなく、CPUをはじめとする各種ディジタル回路のクロックの発生にも用いられる。また、Nを分数に設定できる「フラクショナルN」分周もある。

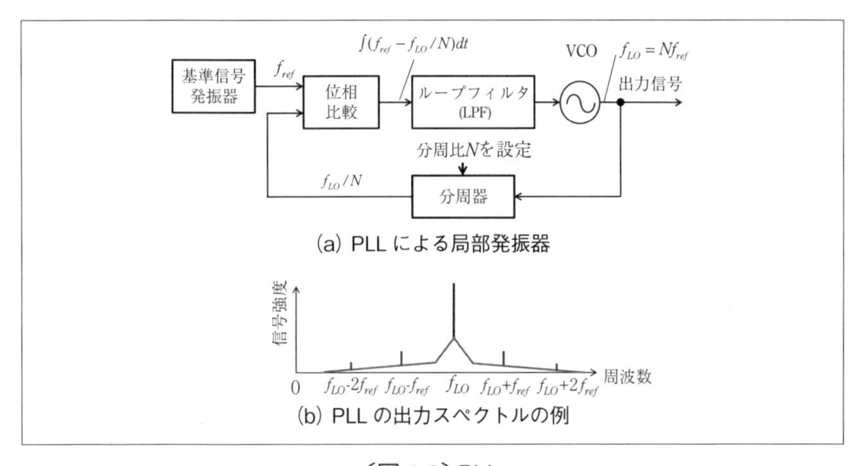

基準信号
発振器
f_{ref}
位相
比較
$\int(f_{ref}-f_{LO}/N)dt$
ループフィルタ
(LPF)
VCO
$f_{LO}=Nf_{ref}$
出力信号
分周比Nを設定
f_{LO}/N
分周器
信号強度
周波数
0
f_{LO}-2f_{ref}
f_{LO}-f_{ref}
f_{LO}
f_{LO}+f_{ref}
f_{LO}+2f_{ref}

(a) PLLによる局部発振器

(b) PLLの出力スペクトルの例

〔図4-2〕PLL

PLLの問題点は、共振回路による固定周波数の発振器に比べ、位相雑音（位相のゆらぎ）が多いことと、$f_{LO} \pm nf_{ref}$（nは整数）にスプリアスが生じることである。理想的な正弦波であればそのスペクトルはインパルス状となるが、実際のPLL出力のスペクトルは同図(b)のように、位相雑音による「富士の裾野」と上記スプリアスを持ったものとなる。このようなローカル信号によって生じる問題が、後述するレシプロカルミキシングである。位相雑音の電力スペクトルはVCOの特性とループフィルタの伝達関数に依存し、周波数切り替え時の引き込み速度と位相雑音レベルはトレードオフの関係にある。詳細はPLLの専門書を参照されたい。

1－2　送信機アーキテクチャ

1－2－1　直交変調による構成

後述のFSKを除き、今日のディジタル変調の大半は直交変調（Ⅲ章3-5参照）でなされる。構成は図4-3の「ダイレクトコンバージョン」と「ヘテロダイン」方式の二つに分類できる。

ダイレクトコンバージョン送信機は、変調する複素ベースバンド信号（等価低域信号）を送信周波数の搬送波（正弦波）と直交変調し、増幅・送信する。複素ベースバンド信号の生成はディジタル信号処理で行い、D/A

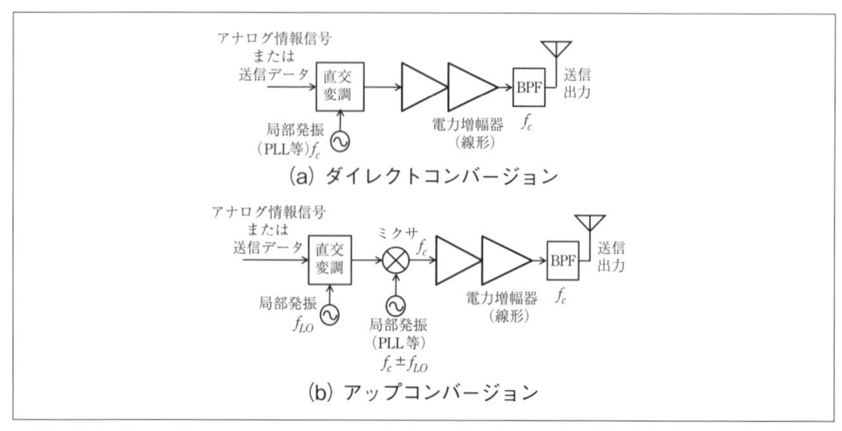
アナログ情報信号
または
送信データ
直交
変調
局部発振
（PLL等）f_c
電力増幅器
（線形）
BPF
f_c
送信
出力
(a) ダイレクトコンバージョン
アナログ情報信号
または
送信データ
直交
変調
局部発振
f_{LO}
ミクサ
f_c
局部発振
（PLL等）
$f_c \pm f_{LO}$
電力増幅器
（線形）
BPF
f_c
送信
出力
(b) アップコンバージョン

〔図4-3〕直交変調による送信機構成

変換してアナログ回路により直交変調する構成が一般的である。ただし搬送波周波数が低ければ（長波や中波）直交変調も含めディジタル処理で可能である。一方ヘテロダイン方式は、一旦送信周波数よりも低い中間周波数で変調し、その後所定の送信周波数へ変換するものである。この場合、すべての変調処理をディジタル信号処理で実現することが容易となり、特に送信周波数での直交変調が困難なミリ波帯などの送信機にも適する。ただし、ミクサ出力のもう一つの周波数成分やローカルの漏れなど、多くの周波数にスプリアス（不要輻射）が現れやすい欠点がある。

なお、増幅器の非線形歪は変調精度の劣化や不要輻射の原因となる。高調波など送信帯域外の不要輻射はバンドパスフィルタ（BPF）で除去できるが、3次歪による相互変調積は不要なスペクトルの広がり（spectral regrowth）による隣接周波数への妨害を引き起こすため対策が必須である。特にPAPR：peak-to-average power ratioの大きなOFDMなどの変調では影響が大きいため線形性の高い設計とする必要があり、電力効率は一般に低い。詳細は本書の範囲を超えるので文献[2],[3]などを参照されたい。

１－２－２　FMまたはFSK送信機

FMの変調は直交変調でも可能だが、ローカル発振器の発振周波数を変調信号で直接偏移させる「直接FM」でも実現できる。図4-2のPLLによるローカル発振器ではVCO入力に変調信号を加えてやればよい。FMは定振幅信号なので増幅器は非線形でよく、高効率なB、C、D、EまたはF級電力増幅回路が使える。なお、PLLのループフィルタのカットオフ周波数以下の成分は変調がかからないので、特に低ビットレートのFSKでは注意が必要である。

１－２－３　終段変調によるAM送信機

AMラジオや航空無線で用いられている全搬送波DSBのAM送信機では、図4-4に示す終段変調による構成が取られる。振幅変調は終段の電力増幅回路の直流電源・バイアスを変化することでなされるので、同電力増幅回路も含めて非線形アンプでよい。したがってFM送信機同様にAB、B～E級増幅器が使え、電力効率を高められる。ただし変調アンプの出力は終段電力増幅器の消費電力を賄う電力を供給する必要があり、特に大電力の場合はスイッチングアンプで構成する [4]。なお SSB-SC などの搬送波を抑圧した AM は、直交変調で実現するのが普通である。

1－3　受信機アーキテクチャ

現在の主流はスーパーヘテロダインとダイレクトコンバージョンである。以下、これらについて解説する。

1－3－1　スーパーヘテロダイン方式

受信した RF 周波数をミクサとローカル（Lo）信号により中間周波数（IF）に変換して増幅やフィルタ処理する方式をスーパーヘテロダイン方式という。2 段階の周波数変換を行い、二つの IF 周波数（1st IF、2nd IF）をもつ構成はダブルスーパースーパーヘテロダインと言う。周波数変換を 2 回に分けることにより IF 周波数選択の自由度が増し、以下説明するイメージ周波数を離したり、感度や選択度を向上させたりするのが容易になるメリットがあるが、イメージ周波数が増える問題もある。図 4-5 は IF でサンプリングと A/D 変換を行う場合の構成例である。

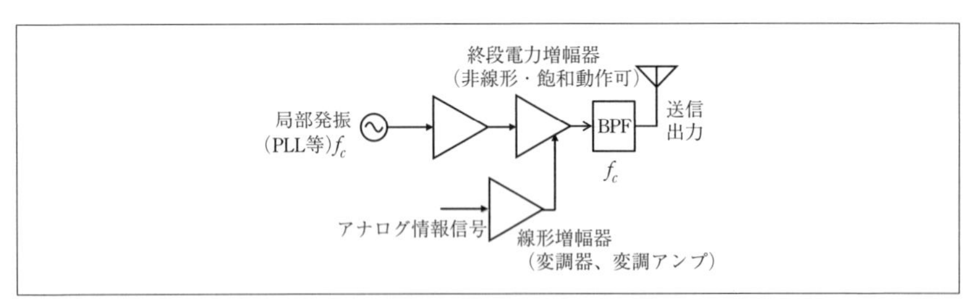
終段電力増幅器
（非線形・飽和動作可）
局部発振
（PLL等）f_c
BPF
f_c
送信
出力
アナログ情報信号
線形増幅器
（変調器、変調アンプ）

〔図 4-4〕終段変調による AM 送信機

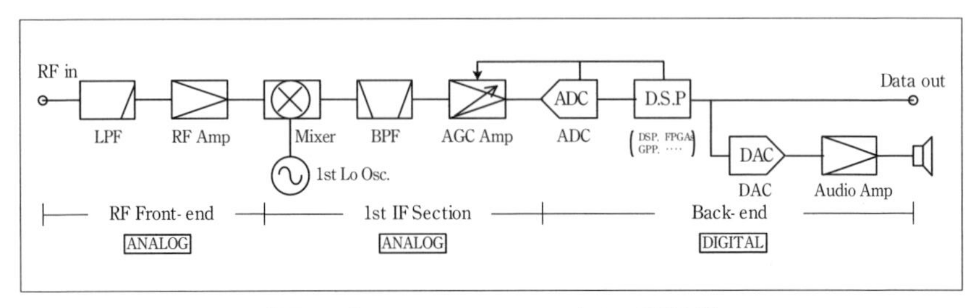
RF in
LPF
RF Amp
Mixer
BPF
AGC Amp
ADC
ADC
D.S.P
DSP, FPGA, GPP, ….
Data out
1st Lo Osc.
DAC
DAC
Audio Amp
RF Front- end
ANALOG
1st IF Section
ANALOG
Back- end
DIGITAL

〔図 4-5〕スーパーヘテロダイン受信機

1－3－2　スーパーヘテロダイン方式とイメージ妨害

1-1-2で示したように、ミクサで二つの周波数f_{RF}、f_{LO}の信号を混合（乗算または加算して自乗など）すると、$|f_{RF} \pm f_{LO}|$の2周波にスペクトルを持つ信号が得られる（図4-1）。このうち所望のIF周波数f_{IF}以外の成分をフィルタ（図4-5のBPF）で除去する。通常f_{IF}は固定である。アッパーローカル（$f_{RF}<f_{LO}$）の場合$f_{LO}=f_{RF}+f_{IF}$に設定することになるが、$f_{IM}=f_{LO}+f_{IF}=f_{RF}+2f_{LO}$なる周波数の信号が同時に受信されると、これも$f_{IF}$に変換されるので干渉となる。これをイメージ妨害といい、このような所望の周波数以外の信号が副次的に受信されてしまう現象を一般に、スプリアス受信という。$f_{LO}<f_{RF}$（lower local）で設計した場合も含めると、$f_{LO}=f_{RF} \pm f_{IF}$に設定すると、イメージ周波数は$f_{IM}=f_{LO} \mp f_{IF}=f_{RF} \pm 2f_{LO}$（複号同順）となる。

イメージ妨害はRF回路（アンテナ入力～ミクサ）にイメージ周波数を除去するフィルタを入れて抑える。図4-5はアッパーヘテロダインで、所望波よりも高い周波数のイメージ妨害波をLPFで抑圧している例である。ローワーヘテロダインの場合はHPFで抑圧できる。しかしRF回路のフィルタはBPFとすることも多い。これは強力な受信波があるとRF回路が歪み、感度抑圧や相互変調積などのスプリアス受信が生じるので、受信波以外の周波数の信号は極力RF回路に入れるべきではないからである。フィルタの通過帯域外の減衰は周波数が離れているほど高く取れるので、イメージ周波数を受信周波数から離したほうが有利であり、その点からは高いIF周波数に選ぶのが好ましい。ところが受信波の隣接周波数（隣接チャネル）を抑圧するのはIFのBPFまたはADC後のディジタルフィルタであり、その点からは低いIFのBPF周波数のほうがよい。この両立を図るのがダブルスーパーヘテロダイン構成である。ただし2段階の周波数変換を行うので、イメージ周波数は二つ（厳密には三つ）存在する。さらに、ミクサの二次歪に起因する1/2 IFなどのスプリアス受信も発生するので、それらに対する影響も考慮しなくてはならない。

1－3－3　ダイレクトコンバージョン方式

ローカル周波数を受信周波数と同一か、ほぼ同一にすることで、IF周波数を用いずRF信号を直接ベースバンド信号に変換する方式である。ダイレクトコンバージョンは、中心が0HzのIF周波数にイメージ抑圧ミクサで変換したとも見ることができ、原理的にイメージ妨害が存在しない。さらにIF回路に代わり周波数の低いベースバンド回路となるため、回路規模や部品コストの削減に有利であり、携帯電話、無線LANなどに幅広く採用されている。特にIFのBPFが不要になる利点は小型化の点からも大きく、回路の構成が比較的シンプルになるため、異なる無線通信規格に対する柔軟度も高くなる。図4-6はベースバンドでサンプリング・A/D変換を行う場合の構成例である。

一方、直交ミクサ（準同期検波）のLo信号がRF側へリークすることによりDCオフセットが生じ、ベースバンド信号内に干渉信号が発生する問題もある。この場合、後段の処理によりDCオフセットの補正を行う必要がある。また直交ミクサでは、一般にベースバンドのI信号とQ信号のインバランスによる位相のミスマッチが発生しやすく、これが復調時のSNRの低下の一因となる。このほか受信部に複数の信号入力がある場合、それらの信号の周波数が近いと相互変調による歪成分がベースバンド付近に変換され、2次歪妨害となるなど、ダイレクトコンバージョン方式特有の問題点もある。しかし、コスト面で有利なこの方式は、多くの移動体無線で使用され、これらの課題を克服する研究や開発が多

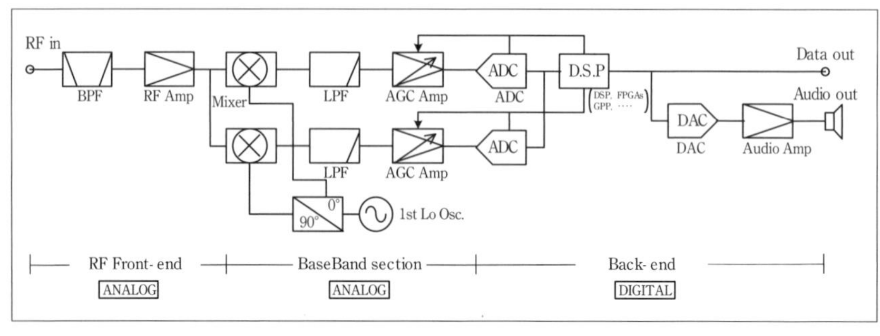
RF in
BPF
RF Amp
Mixer
LPF
AGC Amp
ADC
ADC
D.S.P
DSP, FPGAs
GPP, ‥‥
Data out
Audio out
DAC
DAC
Audio Amp
ADC
LPF
AGC Amp
0°
90°
1st Lo Osc.
RF Front-end
ANALOG
BaseBand section
ANALOG
Back-end
DIGITAL

〔図4-6〕ダイレクトコンバージョン受信機

く行われている。

1－3－4　RFダイレクトサンプリング方式

アンテナで受信したRF信号を周波数変換せず直接ADCに入力する手法（RFサンプリング）で、前述のダイレクトコンバージョン方式の直交ミクサも含めてディジタル化したものである。本方式では、RF信号を直接ADCに入力する構成を採ることで、フロントエンド回路やIF回路における部品の削減が可能になる他、従来のスーパーヘテロダイン方式やダイレクトコンバージョン方式で避けることができなかった、イメージ受信やLo信号が原因となるレシプロカルミキシングやスプリアス受信などの受信障害が発生しないなど、大きな利点もある。IQ信号への変換もディジタルステージで行うために、IQ信号のインバランスやDCオフセットの問題も発生しない。開発設計においても、Lo信号発生器やIF段の回路設計がなくなるため、開発期間も大きく短縮することができる。

しかし本構成では、帯域内に大信号が存在するとADC前のアナログ段のAGCにより利得が絞られ、ADCへの入力レベルが低下しSNRの低下が発生する問題がある。加えてADCへの入力周波数が高くなるとサンプリングジッタ等の影響等が無視できなくなり、これらを考慮した設計が必要になる。詳細は2-2、2-3で述べる。

1－3－5　ローカルの位相雑音とレシプロカルミキシング

1-1-3で述べたように、PLLによるLo信号には一般に「富士の裾野」状のスペクトルを持つ位相雑音が重畳している。これにより周波数変換または準同期検波された受信波には、同様の「裾野」が乗ってしまう。これをレシプロカルミキシングという。ミクサのRF入力および出力には、希望受信波の他に近隣周波数の非希望波も含まれ、この非希望波に乗った「裾野」が希望波に被るとSNR（CNR）が劣化する。近隣波自体はミクサ出力のBPF（ダイレクトコンバージョンの場合はLPF）で減衰しても、希望波つまりIF（同、ベースバンド）の帯域内に入り込んできた（近隣波の）位相雑音は減衰できない。レシプロカルミキシングによる位相雑音の電力（裾野の高さ）は受信波の電力に比例するので、隣接周波数に強信号がある場合には、BPF (LPF) のカットオフ特性 (肩特性、いわゆる「キレ」) が理想的であっても選択度低下 (隣接チャネルの信号による干渉・感度低下) を生じる。

2. アナログ処理とディジタル処理の切り分け

ディジタル処理における演算は、信号を時間サンプリング・標本化した値に対し、ソフトウェアまたは論理回路で信号処理の演算を実装する。時間連続なアナログ値で表現された演算処理は、Ⅲ章1、2で述べたように、積分は累積和に、微分は差分または漸化式になる。ディジタル処理とアナログ回路による処理の切り分けは、Ⅳ章1で述べたようにD/AおよびA/D変換を行う信号のスペクトルと、サンプリング周波数を決めることに他ならない。

2－1 送信機のディジタル化

SDR送信機のDACのサンプリング周波数および量子化ビット数は、以下に述べる仕様を満たし、コストや消費電力が要求を満たす必要がある。

2－1－1 サンプリング周波数

ナイキストサンプリングで設計する場合、所望のアナログ出力スペクトルがサンプリング周波数の1/2以下に収まっていればよい。ディジタル直交変調 (アップコンバート) の場合のサンプリング周波数は $f_s>2(f_c+B_b)$ である必要がある。ここで f_c はDAC出力における搬送波周波数、B_b は複素ベースバンド (等価低域系) の片側、つまり上側波帯の帯域幅 (多くの場合は占有帯域幅の1/2) である。複素ベースバンド (等価低域系、複素包絡線) 信号でD/A変換しアナログ直交変調する場合は $f_s>2B_b$ で、この場合の B_b は上側波帯または下側波帯の帯域幅のうち高いほうである。ただしDAC出力は一般に図4-7のように f_s の整数倍を中心とした成分が含まれており、これを除去するフィルタの減衰特性を考慮したマージンが必要である。すなわちスプリアス規格や隣接チャネル漏洩電力 (ACP：adjacent channel power) が、所定の周波数 f において $P_L(f)$[dBm/Hz] 未満を要求するならば、フィルタの減衰量を $A_T(f)$[dB]、

DAC出力の電力スペクトル密度を $S_p(f)$[dBm/Hz]とおいて、

$$P_L(f) > S_p(f) - A_T(f) \quad \cdots\cdots \quad (4\text{-}1)$$

を満たす必要がある。DACの出力波形がサンプリングクロックで階段状に変化すると仮定すると、そのスペクトル $S_D(f)$ はパルス幅 $T_s=1/f_s$ の矩形パルス（NRZパルス）のスペクトル $H_a(f)=\sin(\pi f T_s)/(\pi f T_s)$ から、

$$S_D(f) = \sum_{n=-\infty}^{\infty} H_a(f)\, S(f - nf_s) \quad \cdots\cdots \quad (4\text{-}2)$$

で与えられる。ここで $S(f)$ はDACのディジタル入力で意図した出力信号 $s(t)$ のスペクトル[3]、$S_p(f)=10\log_{10}c\,|S_D(f)|^2$ で、c は回路のインピーダンスとDACの入出力比例定数で決まる定数である。すなわち図4-7に示すように $f=nf_s$ を中心とした成分は振幅で $1/n$ のオーダーで減衰する。ナイキストサンプリングは $n=0$ の所望成分を出力する。また(4-2)式から明らかなように $S(f)$ は孤立パルスのスペクトル $H_a(f)$ により線形歪を受け出力されるので、ディジタル変調では若干の符号間干渉を生じる。これをアパーチャ効果という。これを除くには f_s を十分高く取るか、あ

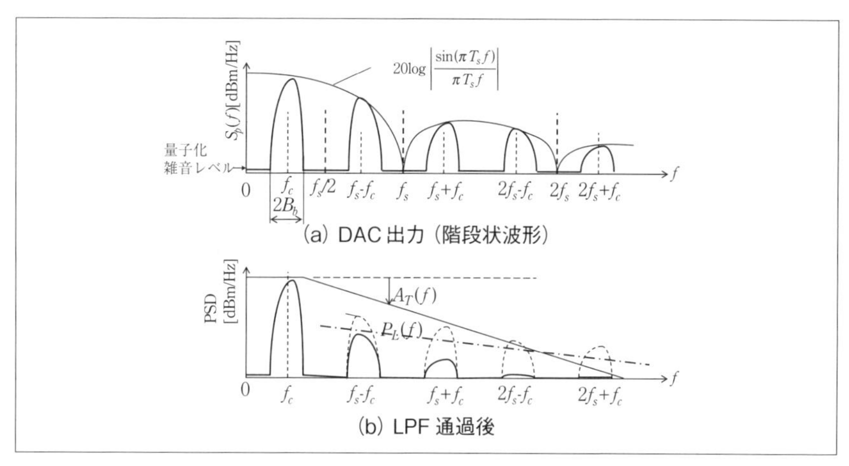

$S_p(f)$[dBm/Hz]
$20\log\left|\frac{\sin(\pi T_s f)}{\pi T_s f}\right|$
量子化
雑音レベル
0
f_c
$f_s/2$
f_s-f_c
f_s
f_s+f_c
$2f_s$-f_c
$2f_s$
$2f_s+f_c$
f
$2B_b$
(a) DAC出力（階段状波形）
PSD [dBm/Hz]
$A_T(f)$
$P_L(f)$
0
f_c
f_s-f_c
f_s+f_c
$2f_s$-f_c
$2f_s+f_c$
f
(b) LPF通過後

〔図4-7〕DACの出力信号スペクトル（電力スペクトル密度）

[3] $s(t)$ の厳密な定義は、DAC入力を $s(nT_s)$ のディジタル値とするとき、インパルス列 $\sum_n s(nT_s)\,\delta(t-nT_s)$ を理想LPFで $f_s/2$ に帯域制限して得られる信号である。

らかじめディジタル信号処理にて $1/H_a(f)$ のフィルタを通して補正する。ただし補正なしでも変調誤差が許容範囲に収まることも多く、設計時点においてシミュレーションにより確認しておくべきである。

2－1－2　量子化雑音と量子化ビット数

量子化ビット数は、変調誤差が仕様や標準規格を満たし量子化雑音が仕様で定められたACPを超えないよう設計する。変調誤差は複素包絡線の信号点（コンスタレーション）からの誤差電圧ベクトルの自乗平均を平均電力で正規化した値で、量子化雑音の信号帯域内SNRの逆数におおよそ一致する。しかしDAC自体や後段の電力増幅の非線形性によりACPも変調誤差も増加するので数dBのマージンは必要である。クロックのジッタもSNRを劣化させる。またOFDMなどの平均電力に対する尖頭電力（PAPR：peak-to-average-power ratio）が高い場合、SNRは同じビット数のDACでもPAPRに反比例して低下することにも注意が必要である。

2－1－3　アンダーサンプルによるD/A変換

アンダーサンプルは図4-7および（4-2）式の $n \neq 0$ の成分を取り出すもので、DAC出力からBPFにより所望成分を取り出す。D/A変換前のディジタル信号における搬送波周波数を f_c、アナログ出力での搬送波周波数を f_{cn} とおけば、$f_{cn}=nf_s \pm f_c$ なる複数の成分が得られる。したがって $f_s/2$ 以上の変調出力が得られるが、以下の問題と注意点がある。

まず､信号電力が $1/n^2$ のオーダーで低下するため出力電圧が低下する。DAC出力波形は、実際には階段状の波形の立ち上がり・立ち下がり時間は0ではないため、$H_a(f)$ は（4-2）式よりも早く減衰し、信号電力は $1/n^2$ よりも高い次数で低下するので、マージンを持った設計と実験による確認が必要である。さらに図4-7から明らかなように、$S(f)$ がDC付近に成分を持つとアパーチャ効果による線形歪みの影響が大きくなる。むしろ $S(f)$ が $f_s/2$ 付近に成分を持たせたほうが有利である。

なお、DAC入力での搬送波を $f_c=f_s/4$ に設定すると複素包絡線の同相（I）、直交（Q）成分に関して以下の関係が成り立つので、信号処理の設計が容易になる。DAC出力の階段波形を $s_D(t)$ とおくと、サンプル点

$t=k/f_s$ において

$$s_D\left(\frac{k}{f_s}\right)=s\left(\frac{k}{f_s}\right)=s\left(\frac{k}{4f_c}\right)=I\left(\frac{k}{4f_c}\right)\cos\left(2\pi f_c\frac{k}{4f_c}\right)-Q\left(\frac{k}{4f_c}\right)\sin\left(2\pi f_c\frac{k}{4f_c}\right)$$

$$=I\left(\frac{k}{4f_c}\right)\cos\frac{k\pi}{2}-Q\left(\frac{k}{4f_c}\right)\sin\frac{k\pi}{2}=\begin{cases} I\left(\frac{k}{4f_c}\right) & (k=0,4,8,12\cdots) \\ -Q\left(\frac{k}{4f_c}\right) & (k=1,5,9,13\cdots) \\ -I\left(\frac{k}{4f_c}\right) & (k=2,6,10,14\cdots) \\ Q\left(\frac{k}{4f_c}\right) & (k=3,7,11,15\cdots) \end{cases} \quad \cdots(4\text{-}3)$$

となり、I、Q それぞれを交互に符号を反転させながら DAC へ入力すればよい。

2－2　受信機のディジタル化

かつてのオールアナログの時代からディジタル化されて大きく変わった箇所は、ベースバンドに近いフィルタ処理と復調処理の部分のみであり、多くの SDR アーキテクチャでは、経時変化や特性ばらつきの要因となるアナログ回路が依然として多く残っている。しかし最近は、理想的な SDR に近い RF ダイレクトサンプリング方式も多く採用されてきている。

システム構成上まず問題となるのは、A/D 変換を行う周波数である。ここでは、① RF サンプリング、② IF サンプリング、③ベースバンドサンプリング、の三つに分類する。

2－2－1　RFサンプリング

図 4-8 に示すダイレクトコンバージョン受信機の機能ブロック構成で、ミクサ以降をディジタル化したものである。A/D 変換器（ADC）入力のフィルタはアンチエイリアスの目的で設けるもので、これ以外のフィルタはすべてディジタル信号処理で実現する。FPGA などのハードウエアやプロセッサですべて処理を行うので、所望の無線規格に対し信号処理を容易に再構成（reconfigure）できる。さらに複数信号の同時受信

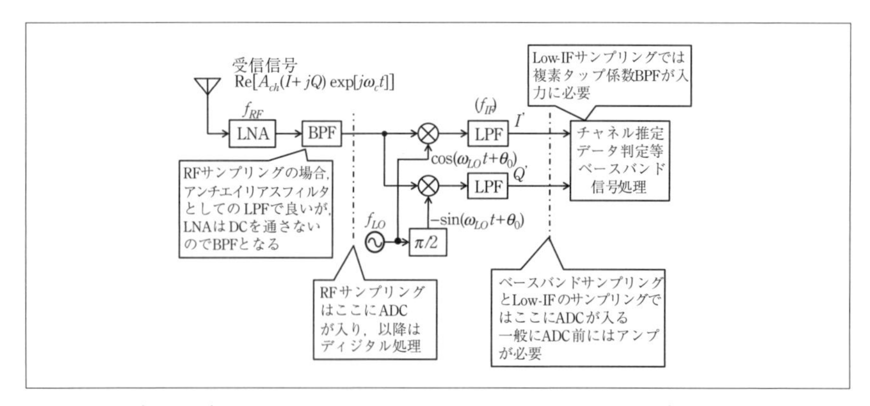
受信信号
Re[A_{ch}(I+ jQ) exp[$j\omega_c t$]]
f_{RF}
LNA
BPF
(f_{IF})
I'
LPF
Q'
LPF
cos($\omega_{LO}t+\theta_0$)
−sin($\omega_{LO}t+\theta_0$)
f_{LO}
π/2
Low-IFサンプリングでは複素タップ係数BPFが入力に必要
チャネル推定
データ判定等
ベースバンド
信号処理
RFサンプリングの場合,アンチエイリアスフィルタとしてのLPFで良いが,LNAはDCを通さないのでBPFとなる
RFサンプリングはここにADCが入り，以降はディジタル処理
ベースバンドサンプリングとLow-IFのサンプリングではここにADCが入る
一般にADC前にはアンプが必要

〔図 4-8〕ダイレクトコンバージョン受信機の機能ブロック

も容易である。ソフトウェア無線機の理想はRFサンプリングである。なお搬送波周波数f_cに対しf_s=4f_cに設定すると、(4-3)式と同じ原理でI、Qそれぞれを交互に符号を反転させたサンプル値が順に得られ、準同期検波出力が得られる。これは下記IFサンプリングでも同様である。

問題点は高周波のサンプリング周波数とダイナミックレンジの確保である。ナイキストサンプリングを仮定すると、最高受信周波数にLPFの減衰特性を考慮したマージンを加えた値がナイキスト周波数（=f_s/2）以下となる高周波のサンプリング周波数f_sが必要となる。また受信機のダイナミックレンジは一般に70～100dB必要とされるので、量子化ビット数は12bit以上必要である。しかし12bit以上でサンプリング周波数が数十MHz以上のADCは、消費電力が大きく価格も高い。このため長・中波受信を除き携帯機器への搭載は困難で、固定型装置でも受信周波数は数十MHzまでに限られる。なお受信帯域が限られる（たとえば80±10MHzなど）場合は、アンダーサンプルを採用することでナイキスト周波数を上回る信号のA/D変換も可能だが、後述のような問題点があり適用条件は限られる。

2－2－2　IFサンプリング

図4-9に構成を示す。スーパーヘテロダイン受信機の準同期検波以降をディジタル化したものである。IFサンプリングの目的はADCの入力

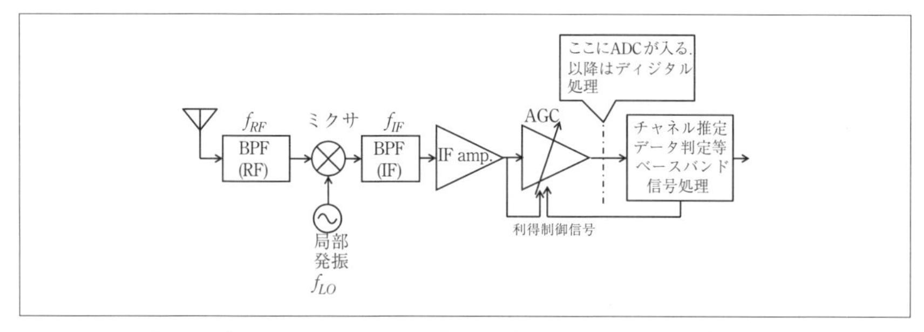
ここにADCが入る.
以降はディジタル
処理
f_{RF}
ミクサ
f_{IF}
AGC
BPF
(RF)
BPF
(IF)
IF amp.
チャネル推定
データ判定等
ベースバンド
信号処理
利得制御信号
局部
発振
f_{LO}
〔図 4-9〕スーパーヘテロダイン受信機と IF サンプリング

周波数を低くし ADC のサンプリング周波数を低く抑えることである。ただし従来のスーパーヘテロダイン同様に IF の BPF が必要になり、イメージ受信が生じる問題がある。AGC アンプを用いることで ADC のダイナミックレンジが軽減されるが、複数同時受信や IF BPF を所望信号の占有帯域幅（OBW）以上の通過帯域幅としたときに後述の問題がある。周波数構成としては、ローカル（局部発振）周波数 f_{LO} を、(a) 受信周波数に応じ可変、(b) 固定、の 2 通りが考えられる。(a) は 1 波受信に適しており、IF BPF の通過帯域幅を B_w 以上に設定する。B_w は所望波の OBW である。(b) は複数波を同時受信したい場合に適しており、IF BPF の通過帯域幅は受信したい周波数帯の幅に一致させる。

いずれも BPF には広い入力ダイナミックレンジが必要なため、通常は受動フィルタを用いる。このため可変帯域幅とすることが困難で、(a) の場合、複数の OBW に対応する場合は最大の OBW を通過帯域幅とする。なお B_w よりも広帯域な BPF とすることで、目的（中心）周波数の隣接帯域の信号も A/D 変換され、ディジタル信号処理により同時受信もできる。この場合および (b) では、BPF よりも狭帯域の所望信号を受信するため、ディジタル信号処理で隣接チャネルなど BPF 帯域内他周波数の信号を抑圧する必要がある。したがって ADC には十分なダイナミックレンジが必要である。

2−2−3　ベースバンドサンプリングおよびLow IFサンプリング

ベースバンドサンプリングは図 4-8 に示すダイレクトコンバージョン

受信機の機能ブロック構成で、ベースバンド信号（I'、Q'）、つまりゼロIF信号（等価低域系）をサンプリングしたものである。f_{LO}は受信信号の搬送波周波数f_cに（ほぼ）一致させる。LPFは高周波成分除去とサンプリングのアンチエイリアスのためで、カットオフ周波数を$B_w/2$以上にする。これ以外のフィルタはすべてディジタル信号処理で実現する。IFサンプリングよりもさらに低周波の信号をA/D変換するため、ADCのサンプリング周波数をB_w近くまで低くできる。ミクサ出力のLPFの通過帯域幅を$B_w/2$より高く設定することで、隣接帯域の複数波同時受信も可能である。

Low IFサンプリングも$f_{LO} \neq f_c$である点以外は同様である。ミクサ出力のLPFは原理的には$f_{IF} \pm B_w/2$を通過帯域とするBPFだが、DCカット回路（直列キャパシタ）とLPFで構成することも多い。これは$f_{IF} \approx B_w/2$とすることで、IFスペクトルの最低周波数がほぼ0Hz付近となるからである。IFサンプリングと同様に、f_{LO}は（a）受信周波数に応じ可変、（b）固定、の2通りが考えられ、ミクサ出力のLPF（BPF）の通過帯域幅をB_w以上に設定することで、複数波同時受信が可能である。

2－2－4　受信機のダイナミックレンジとADCの量子化ビット数

一般にスーパーヘテロダイン受信機では受信周波数に応じてローカルの周波数を可変し、IF周波数を固定周波数とする。ミクサ出力のBPFにより目的周波数の所望波のみがIFアンプへ出力される。このように隣接周波数やRFのBPFを通過した受信帯域内の不要波を抑圧するためのフィルタを「チャネルフィルタ」という。IFアンプにAGCを設けることで後段のダイナミックレンジが大幅に軽減できる。ダイレクトコンバージョンやLow IF受信機ではミクサ出力のLPF（またはBPF）がチャネルフィルタであり、AGCによりADCのダイナミックレンジ、つまり量子化ビット数を抑えられる。ADCの所要ダイナミックレンジは、受信機の要求仕様（dB）に変調による振幅変動分を加え、AGCのダイナミックレンジを差し引いた値となる。AGCのダイナミックレンジが十分であれば、ADCの量子化ビット数は8bit以下でも十分なことも多い。

一方、ミクサ出力のLPF（またはBPF）の通過帯域が所望受信波の

OBW を上回る場合は、IF BPF 帯域内の隣接周波数などの複数の受信波が IF 回路を介し ADC へ入力されるため、ADC の所要ビット数は増加する。AGC を設けるならば ADC 入力の尖頭電圧がオーバーフローしないよう構成するので、複数到来波のうち最大のものに対し出力レベルが一定になるよう利得制御され、所望波受信レベルが低いと量子化雑音に対し SNR が悪化する。これは、A/D 変換後に遮断特性の鋭いフィルタを設けようとも、隣接チャネル選択度が劣化する、ということになる。したがって ADC および IF 回路の所要ダイナミックレンジは、同時に到来する複数波の最大レベルと所要感度との差だけ余分に必要である。さらに不要波または複数受信の希望波がほぼ等レベルの最大許容入力で受信されたときにも対応すると、$10\alpha\log_{10}N_r$[dB]（α=1～2）を所要ダイナミックレンジに加えなければならない。ここで N_r は同時到来波数である。受信機のダイナミックレンジは通常 70～80dB 以上要求されることが多いので、量子化ビット数は 10bit を超えるものが必要となり、消費電力、サンプリング周波数、コストなどが問題となる。

この問題は複数の受信波が ADC に入力されることによるので、RF ダイレクトサンプリングでも同様である。しかも ADC への強入力受信波数 N_r は受信帯域に比例し確率的に増加するので一層深刻である。したがって単なるアンチエイリアスフィルタだけではなく、複数の BPF を切り換える、強入力信号を抑圧するノッチフィルタを複数設ける、などの構成が必要となる。ソフトウェア無線の目的の一つはアンチエイリアス以外のアナログフィルタを一掃することでもあったが、構成によってはフィルタの数があまり減らないという結果にもなりかねないので注意が必要である。

２－３　ADC とサンプルホールド

２－３－１　サンプルホールド回路のLPF効果と実効ビット数低下

ADC はサンプルホールド（sample-and-hold）と量子化の二つの機能ブロックで構成される。サンプリングはディジタル信号処理の教科書では、入力アナログ信号とデルタ関数との積で説明されるが、実際のサンプル値は、サンプルホールド回路のアナログスイッチがオフになる時点のホールドキャパシタの電圧となる。この電圧は、オン抵抗とホールドキャパシタにより構成される回路により構成されるLPFの出力なので、高周波ほど振幅が減少し、量子化雑音に対するSNR、すなわち実効（量子化）ビット数が低下する。信号周波数が高周波となるアンダーサンプル（後述）を行うときには特に注意が必要である。実効ビット数の周波数特性はADCの仕様として明記されていることも多いので確認するとよい。

2－3－2　アンダーサンプルと留意点

ナイキスト周波数$f_s/2$を超える周波数の信号をサンプリングするとエイリアスが起きる。一般には図4-10のように、nf_s～$(nf_s \pm f_s/2)$の範囲のスペクトル（$n \geq 1$）は、サンプリングによってDC～$f_s/2$の帯域に周波数変換される。これはミクサの周波数変換（ヘテロダイン）と同様で、サンプリングパルスの基本波および高調波と入力アナログ信号との積により、ナイキストサンプリングの帯域に周波数変換されたのと等価である。つまりナイキスト周波数以上の信号でもA/D変換が可能で、これをアンダーサンプルと呼ぶ。

アンダーサンプルでは、ナイキストサンプル以上にエイリアスに留意する必要がある。たとえば図4-10の$(nf_s - f_s/2)$～nf_sの範囲の信号（同図最も右の破線）をサンプルする場合、$f < nf_s - f_s/2$および$nf_s < f$がエイリアス帯域となる。つまり入力信号帯域の上下がエイリアス帯域となるので、BPFをアンチエイリアスフィルタとして設ける。またスペクトルの反転の有無にも留意する。

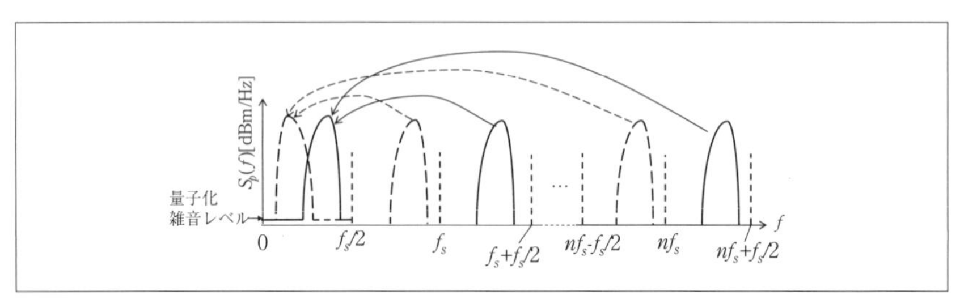
$S_p(f)$[dBm/Hz]
量子化
雑音レベル
f
0
$f_s/2$
f_s
$f_s+f_s/2$
…
nf_s-$f_s/2$
nf_s
$nf_s+f_s/2$

〔図4-10〕アンダーサンプルによる周波数変換

2－4　ADCにおけるSNR劣化とオーバーサンプリングによる改善

ここではADCおよびディジタル信号処理における量子化雑音（量子化誤差）の基本的事項を解説する。なおV章では実際のSDR受信機の設計例により解説しているのであわせて参照されたい。

2－4－1　量子化雑音

入力電圧範囲$\pm V_{FS}$、量子化ビット数NのADCのLSB1ビット分、つまり最小分解能の入力電圧をΔV（$\Delta V=V_{FS}/2^{N-1}$）とおくと、量子化雑音は$\pm \Delta V/2$の有限な範囲に一様分布し、その電力（電圧の自乗平均＝インピーダンス1Ωでの電力）は$\Delta V^2/12$となる。信号電力をこの値で割ればSNRになる。この量子化雑音電力は、入力信号やサンプリング周波数とは独立な一定値である。ADC出力の量子化雑音は上記一様分布だが、ディジタル信号処理でフィルタなどの演算を重ねるにつれガウス分布に漸近する。なおADCのダイナミックレンジ、すなわち最大入力時の出力SNRは、信号波形あるいは入力電圧の確率分布に依存する。これは最大入力が信号電力ではなく、入力電圧の尖頭値$\pm V_{FS}$で決まるためである。単一の正弦波の場合は$6N$ dB以上になるが、入力信号は多くの場合ガウス分布に近いため、ダイナミックレンジは$6N$より小さい。標準偏差の2倍程度を$\pm V_{FS}$に設計する場合、おおよそ$6(N-1)$dBとみておけばよいだろう。

2－4－2　サンプリングクロックのジッタによる雑音

サンプリングクロックにジッタ（タイミングのぶれ）があるとサンプル点がずれ、サンプル値に誤差が生じる。これも雑音として作用する。周波数fの正弦波に対するジッタ雑音の電力N_jは信号レベルに依存し、

$$N_j = S(2\pi f)^2\sigma^2$$

となることが知られている[5]。ここでSは正弦波の電力、σ^2はジッタの時間分散である。一般にσはクロック周期$1/f_s$に比例するので、N_jは$(f/f_s)^2$に比例する。したがって高周波ほどジッタによる雑音が増加し、アンダーサンプリングではナイキストサンプリングの数倍の値になる。クロックジッタはクロック信号に雑音が重畳することによるので、クロ

ック発振回路や配線、回路レイアウトにも留意する必要がある。

ところで3-2で、サンプリングはサンプリングパルスの直流分、基本波または高調波と、入力アナログ信号との積によるミクサの周波数変換動作と等価であることを述べた。サンプリングクロックのジッタは、ミクサのローカル信号の位相雑音に相当する。このためジッタ雑音のスペクトルは信号スペクトルを中心とした富士山型になり、レシプロカルミキシングと同じ作用を生じる[6]。ただしクロック周波数は通常固定であり、ローカルに比べて位相雑音の少ない発振回路の実現が容易である。適切なパターンおよびレイアウト設計がなされていれば、これが問題になることは少ないだろう。

2−4−3　オーバーサンプリングとデシメーションによるSNR改善

アンダーサンプリングとは逆に、ナイキスト周波数$f_s/2$をアナログ入力信号の最高周波数f_{max}より十分高く（通常2倍以上に）設定することをオーバーサンプリング、オーバーサンプルなどと呼ぶ。オーバーサンプルされたディジタル信号をLPFにより$f_s/(2n)$以下（$n>1$、nは通常整数だが分数でも可）に帯域制限し、これをnサンプル毎に$n-1$個を間引き、$1/n$のサンプリングレートに変換する処理をデシメーション（decimation）といい、そのLPFはデシメーションフィルタと呼ばれる。デシメーションフィルタのカットオフ周波数を$f_{dm}(<f_s/(2n))$とおくと、量子化雑音電力は$2f_{dm}/f_s(<1/n)$に減少する[4]。したがって必要なダイナミックレンジを得るためには、ADCのビット数を増やす代わりにサンプリング周波数を高くし、オーバーサンプリングとデシメーションでも対処可能である。f_{max}によってはこのほうが低コストになる場合も考えられ、今後のADCの発展によっては量子化ビット数よりもサンプリング周波数が飛躍的に伸びる可能性もあるので、このことは重要である。

2−5　雑音指数と非線形歪の影響

送受信性能に影響する重要な要素として、雑音指数（NF：noise figure）と非線形歪がある。これらはアナログ回路ではもちろん、ディ

---

[4] フィルタの演算出力のビット数はフィルタ入力の量子化ビット数よりも、$\log_2 n$ビット以上に多くしておく必要がある。

ジタル処理でも留意すべき事項である。

NFとはアンプなどのSNR（CNR）劣化量で、正のdB値（真値＞1）である。したがって受信機の感度、すなわち所定の受信品質（ビット誤り率や復調アナログ信号のSNR）が得られる最小受信電力は、NFが小さいほどよくなる。受信機の各構成要素（LNA、ミクサ、アンプ、etc.）の利得およびNF（ともに真値）を、アンテナ（入力）側から順にそれぞれG_1, G_2, G_3 … およびF_1, F_2, F_3 …とおくと、アンテナ端子から復調入力までの総合NF（真値）は、

$$F = F_1 + \frac{F_2 - 1}{G_1} + \frac{F_3 - 1}{G_1 G_2} + \frac{F_4 - 1}{G_1 G_2 G_3} + \cdots$$

となる。したがって入力側ほど低雑音かつ高利得であることが望ましく、後段のNFは影響が少ない。NFは主にアナログ回路の問題と思われがちだが、Ⅳ章4-3で後述するようにADCやディジタル信号処理部における量子化雑音や下位ビットの打ち切り誤差も含めて考慮する必要がある。

非線形歪はアナログ回路（ADCやDACも含む）で生じ、信号レベルを増加させ出力が飽和し始めると急激に増加する。送信ではスプリアスや隣接チャネル漏洩電力の増大や、歪成分が入力信号とは異なる周波数に現れる相互変調（IM：inter-modulation）の原因となる。IMとは、複数の周波数成分f_1, f_2を持つ信号を入力した時、伝達特性に入力のN次比例の項があると出力に$|mf_1 \pm nf_2|$（m, nは$m+n=N$なる非負の整数）の周波数成分が生じることをいい、主にN=2, 3次歪が問題となる。また、受信帯域内の強入力非希望波により回路出力が飽和し、希望波に対する利得が低下して感度抑圧を引き起こす。非線形歪の程度はIP等で数値化される。

IP（Intercept Point）とは増幅回路の歪特性の指標の一つで、高いほどよい。一般に、増幅回路の入力レベルを増加させると出力のN次歪成分がそのN乗に比例して上昇するが、このとき歪成分が基本波成分と同レベルに達するポイントを「N次インターセプトポイント（IP N）」と

言う。通常はIPに達する前に出力が飽和するのでIPは仮想の値であり、dBでプロットした入出力特性の直線部分を延長した仮想的な交点の値である。IIP（Input Intercept Point）は入力レベルで表示した三次インターセプトポイント、OIP（Output Intercept Point）は出力レベル表示の三次インターセプトポイントである。2次のIIP、OIPはそれぞれ、IIP2、OIP2などと略される。

この他の指標として、入力レベルの上昇とともに出力が線形特性に対し1dB低下する点（1dB compression）があり、P1dBなどの記号が用いられる。

なお、上記事項はⅤ章で設計の具体例の中でも示されるので、合わせて参照されたい。

3．信号処理のソフトウェア化とハードウエアのリコンフィギャラブル化

3－1　ソフトウェア無線機とリコンフィギャラブルハードウエア

通信機器における「リコンフィギャラブル」（reconfigurable）とは、アナログ部分を含めたハードおよびソフトが、複数の通信方式を切り換えられるように再構成可能であることを指す。ソフトウェア無線機のコンセプトは無線機のリコンフィギャラブル化であり、その手段としてできるだけ多くの信号処理をソフトウェア化しようというものである。しかしアナログ回路や論理回路ハードウエアが何らかの方法で構成変更できるならば、信号処理の一部をハードで行ってもリコンフィギャラブルな無線機を実現できる。

ハードウエアのリコンフィギャラブル化には、①一部の回路定数を連続可変または切り換え可能にする、②複数の回路を用意し切り換える、③回路自体を再構成（回路変更）可能なものにする、などが考えられる。①②はアナログフィルタの周波数特性を可変または切り換えるなどの例が挙げられるが、新たな周波数に対応するのは難しい。③の代表例がFPGA：field programable gate arrayであり、論理回路であれば実現できる。

3－2　アナログ回路のリコンフィギャラブル化

SDR無線機の理想的な受信機構成であるRFサンプリングでは、アナ

ログ回路はRFアンプ（LNA）とADCのみである。もしも、それらが全受信帯域をカバーできれば、通信規格・方式に対応してソフトウェアを切り替えればよく、回路を再構成する必要はない。送信機においてもDACと送信アンプの帯域が十分であれば、やはり再構成の必要はない。ただし広帯域に対応する場合は、前述のように回路定数、つまりL（インダクタ）またはC（キャパシタ）、または複数のフィルタの切り換えが必要になる。

3－2－1　RFサンプリング受信機の場合

全受信帯域にわたり回路定数固定で切り換え不要の、かつ安定な広帯域アンプを実現するのは、回路技術的にもコスト的にも簡単ではない。したがってRFサンプリングであっても受信帯域をいくつかに分割してそれぞれ専用のアンプを用意し、あるいはフィルタや整合回路の回路定数、つまりLCの値を周波数に応じて切り換える、などの構成が必要になることがある。

3－2－2　IFサンプリングまたはベースバンドサンプリングの場合

上記LNAに加え、ミクサとローカルの広帯域化が必要である。ここでローカルの広帯域化には、PLLのVCOの広帯域化が必要になる。文献[7],[8]などの研究も行われているが、上記同様に帯域をいくつかに分割してそれぞれ専用の回路ユニットとするか、LCの値を周波数に応じて切り換える、などの構成も選択肢に入れておく必要がある。

3－3　ディジタル信号処理のリコンフィギャラブル化

ディジタル処理は、演算回路（加減乗除）やシフトレジスタおよびメモリなどからなる論理回路による処理と、主としてDSP：digital signal processorとメモリなどのハード上でソフトウェアにより処理されるものがある。前者はFPGAで構成することにより、後者はプログラム変更、または関数などを切り換えることで容易に処理の再構成が可能である。もちろん、処理に対応できるメモリ容量と演算速度を有するハードウエアが必要である。

参考文献

[1] 野島俊雄 , 山尾泰 , モバイル通信の無線回路技術 , 電子情報通信学会 , 2007.

[2] R. Gilmore and L. Besser, RF Circuit Design for Modern Wireless Systems, Vol. 2, Artech House, Norwood, 2003.

[3] S. C. Cripps 著 , 草野忠四郎訳 , ワイヤレス通信用電力増幅器の設計 , CQ 出版社 , 2013.

[4] 山添雅彦 , 生岩量久 , 廣瀬祥史 , 福本正義 , 佐藤秀夫 , "PSM 変調を用いた全半導体化広帯域短波送信機の開発 ," 信学論 (C), vol. J93-C, no.5, pp. 151-160, May 2010

[5] 荒木純道 , 鈴木康夫 , 原田博司 , ソフトウエア無線の基礎と応用 , サイペック , 2002.

[6] V. J. Arkesteijn, et.al., "Jitter requirements of the sampling clock in software radio receivers," IEEE Trans. Circuit Sys.-II: Express and Briefs, vol.53, no.2, pp.90-94, Feb. 2006.

[7] T. Ito, K. Okada, and A. Matsuzawa, "A wideband common-gate low-noise amplifier using capacitive feedback," IEICE Trans. Electron., vol. E95-C, no. 10, pp. 1666-1674, Oct. 2012.

[8] A. Shirane, H. Ito, N. Ishihara, and K. Masu, "Planar solenoidal inductor in radio frequency micro-electro-mechanical systems technology for variable inductor with wide tunable range and high quality factor," Japanese J. Applied Physics, vol. 51, 05EE02, pp. 1-4, May 2012.

V

ソフトウェア無線のための高周波回路技術

1. 東北大学　末松 憲治
2. 東北大学　末松 憲治
3. 東北大学　末松 憲治
4. 日本無線㈱　横野　聡
5. 岡山大学（元 日本電信電話㈱）　上原 一浩

1．送受信高周波部のシステム設計

1－1　システム要求性能と送受信機特性

ソフトウェア無線[1]-[3]、あるいはコグニティブ無線[4]の送受信機としては、ある特定のRF（Radio Frequency）周波数帯で、さまざまな変調方式などに対応するシングルバンド・マルチモード特性のものも考えられるが、通常、複数の異なるRF周波数をカバーするマルチバンド・マルチモード特性のものが一般的である[4]-[6]。マルチバンド・マルチモード送受信機を、送受信を行うRF周波数で、必要となる送信電力や受信雑音指数（NF）を実現するものとだけ考えると、単に広帯域な高周波送受信部を用意すればよいことになるが、実際には、送信特性としてはスプリアス放射を、受信特性としては不要スプリアス耐性を考慮する必要がある[6]。このため、フィルタの存在が重要となってくる。

表5-1に高周波部のシステム設計に関連するパラメータ例を示す。送信系においては、送信電力の規定と、隣接チャネル漏洩電力（ACP）、次隣接チャネル漏洩電力（NACP）などのスペクトラムマスクの規定により、高周波部の送信増幅器の飽和出力や線形性が定められている。また、システムによっては、送信電力制御についても規定されていることがあり、特にCDMA（Code Division Multiple Access）系のシステムにおいては、同じチャネルへの収容数を確保するために、厳しい送信電力レベル制御精度が規定されていることがある。また、帯域外スプリアスや、FDD（Frequency Division Duplex）システムの場合の受信帯域へのスプリアス発射に対する規定により、送信フィルタに求められる減衰特性が定まる。マルチバンド送信機の場合には、帯域可変の高周波フィルタの実現が難しいため、各バンドごとに独立したフィルタを備え、これをスイッチで切り替える方式が取られることが多い。また、フィルタへの要求性能を緩和するために、直接ベースバンド信号からRF信号に変換する、ダイレクトコンバージョン方式の送信機が使われることがある。変調精度の規定であるEVM（Error Vector Magnitude）や、キャリヤリーク、周波数精度の規定である位相雑音、周波数安定性については、主に変調器や局部発振器の特性に依存する。送信出力スペクトルとパラメータの関係の

一例を図5-1に示す。

受信系においては、最小入力レベル（最小受信感度：MDS）と最大入力レベルおよび、復調すべき変調信号のチャネル帯域幅、復調に必要なS/Nなどから、雑音指数（NF）と飽和入力電力が定まる。一方、自システムの他チャネル、他のシステムとの干渉、あるいは自分自身が生成する送信波などによる干渉を避けるために、スプリアス感度の規定もある。これらに対しては、基本的には、高周波帯の受信フィルタの減衰特性で対応するが、高周波フィルタの帯域内で規定されるもの（たとえば、自システムにおける他の受信チャンネルに関する規定）に対しては、IFあ

〔表5-1〕送受信高周波部システム設計のパラメータ例

無線機としての性能	高周波部として規定される性能
送信系	
送信電力	飽和出力電力、送信電力制御レンジ、電力制御精度・速度 変調信号の場合、平均電力のことが多く、飽和出力からのバックオフが必要。
変調精度	EVM、キャリヤリークなど
スペクトラムマスク	隣接チャネル漏洩電力（ACP）、次隣接チャネル漏洩電力（NACP）など
スプリアス発射	帯域外スプリアス発射、受信帯域へのスプリアス発射など
周波数精度	位相雑音、周波数安定性
受信系	
最小入力レベル	NF、EVM
最大入力レベル	入力飽和電力
スプリアス感度	IP2、IP3

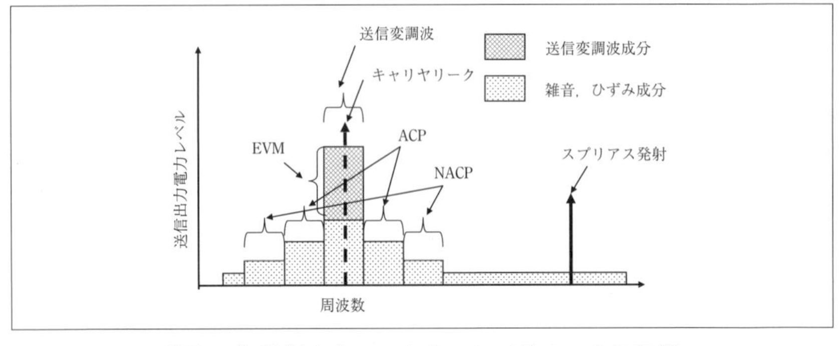
送信変調波
キャリヤリーク
送信変調波成分
雑音，ひずみ成分
EVM
ACP
NACP
スプリアス発射
送信出力電力レベル
周波数

〔図5-1〕送信出力スペクトルとパラメータの関係

るいはベースバンドでしかフィルタリングできないので、高周波受信回路、特に受信ミクサの飽和特性に注意する必要がある。

1－2　無線システムと送受信高周波部構成

ソフトウェア無線機あるいはコグニティブ無線機の送受信高周波部においては、RF 周波数や、変調方式、ベースバンド帯域の異なる複数のワイヤレスシステムに対応するために、マルチバンド・マルチモード特性が求められる。多くの場合､対象となるワイヤレスシステムとしては、0.8GHz 帯～2.1GHz 帯 の W-CDMA（Wideband Code Division Multiple Access）、LTE（Long Term Evolution）などの携帯電話、2.45GHz～5.8GHz 帯の無線 LAN（Local Area Network）系あるいは無線 MAN（Metropolitan Area Network）系、5.8GHz 帯の ITS（Intelligent Transport Systems）などがあり、将来的には、これらの周波数帯のほかに DTV（Digital TeleVision）などに使われる 0.4GHz 帯までの UHF 帯の活用、LTE-Advanced をはじめとするブロードバンド化への対応も望まれている。これらすべてに対応しようとすると、その送受信高周波部としては、① 0.4～6GHz の任意の周波数帯をカバーすること、②少なくとも 50MHz 以上のベースバンド帯域を持ち、かつ、システムに応じて周波数特性が可変な低域通過フィルタ（LPF）を備えること、③ FDD/TDD（Time Division Duplex）いずれの方式にも対応可能なことが求められる。

ここでは、まず、0.4～6GHz 帯のワイヤレス通信端末における送受信高周波部の構成を示し、簡単な分類の後、その動作原理を説明するとともに、ソフトウェア無線機、コグニティブ無線機に適した送受信機構成について説明する。

表 5-2 に、0.4～6GHz 帯のワイヤレス通信システムおよびその端末用に開発されてきた送受信高周波部構成の一覧を示す。

これまで、マルチバンド・マルチモード送受信機は、携帯電話、無線 LAN の用途を中心に開発されてきた。携帯電話に関しては､GSM（Global System for Mobile Communications）をベースに、GPRS（General Packet Radio Service）、EDGE（Enhanced Data Rates for GSM Evolution）とのマルチモード化および 0.8/0.9/1.8/1.9GHz 帯のマルチバンド化が進められてきた。GSMの携帯電話では、送信系がFM変調器と飽和増幅器を用いて構成されていた経緯があり、マルチモード・マルチバンド化はポーラー変調[7],[8]を軸に進められている。一方、受信系はダイレクトコンバージョン方式が主流である。W-CDMAに関しては、送受信ともにダイレクコンバージョン方式[9]-[11]にて、まずは、シングルモードでのマルチバンド化が進められて、次いで、GSMとのマルチバンド・デュアルモード化[12],[13]が急速に進められてきた。さらに、LTEに関しては、W-CDMAと同様、送受信ともに、ダイレクトコンバージョン方式が採用されている。しかし、同じダイレクトコンバージョン送受信方式を採用していても、送受信機の内部では、未だに、帯域ごと、変調方式ごとに別々の変復調器を備えていることが多い[12]。無線LANに関しては、IEEE802.11a/b/g/n対応の2.5/5GHz帯のデュアルバンド・マルチモード化が送受信ともにダイレクトコンバージョン方式にて進んできた[14]。これら携帯電話、無線LANの送受信機は、送受信ICの1チップでマルチバンド・マルチモードに対応しているように見えるものの、そのICの内部を見ると、各周波数バンドごとに高周波回路が独立して存在していて、ベースバンド回路のみが共通となっているものもある。ただし、近年、LO (Local Oscillator) 系やアナログの変復調系など一部高周波回路も共通化しているものが増えてきている。無線MANとしては、Mobile-Wi-MAX (Worldwide Interoperability for Microwave Access) があり、

〔表5-2〕ワイヤレス通信端末の高周波部の構成

種類	RF周波数	変調方式	送受信機構成
携帯電話 GSM/GPRS/EDGE/ W-CDMA/LTE	0.8～0.9GHz 1.5GHz 1.7～2.1GHz	GSMK/EDGE/ 下り：QPSK, 上り：HPSK/ 下り：OFDMA(～64QAM), 上り：SC-FDMA(～64QAM)	受信：ダイレクトコンバージョン 送信：ポーラー変調, ダイレクトコンバージョン
無線LAN IEEE.802.11a/b/g/n	2.4GHz 4.9～5.8GHz	DBPSK/DQPSK/ OFDMA(～64QAM)	受信：ダイレクトコンバージョン 送信：ダイレクトコンバージョン
無線MAN (Mobile WiMAX) IEEE.802.16e	2.5GHz	OFDMA(～64QAM)	受信：ダイレクトコンバージョン 送信：ダイレクトコンバージョン
デジタルTV ISDB-T	0.4～0.7GHz	OFDMA(～64QAM)	受信：IF方式, ダイレクトコンバージョン

現在はシングルバンド・マルチモードのシステムとなっているが、今後、ホットスポットをはじめとする無線LANとの送受信機の統合が進む可能性もあり、その場合、マルチバンド・マルチモード送受信機となると考えられる。DTV（Digital Television）に関しては、シングルバンドではあるものの、受信周波数の比帯域が0.4～0.8GHzと非常に広いため、他のマルチバンドシステムと同様の広帯域特性が求められている。携帯端末用の1セグ受信の場合に関しては、ダイレクトコンバージョン方式を取るものもあるが、多くの場合、IFを使う方式を採用している[15],[16]。

上記のように、様々なワイヤレス通信システムが0.4～6GHz帯で展開されており、現在は、同一システム内、あるいは類似システムとの間において、マルチバンド化、マルチモード化が進められている。マルチバンド化、マルチモード化の要求は近年急速に高まっており、異種サービス間のマルチバンド・マルチモード化についても、今後必要となってくるのは明らかである。

1－3　受信高周波部の構成

異なるRF周波数の異なる変調信号帯域幅の信号を受信するマルチバンド、マルチモード受信系の構成としては、狭帯域なIF回路を必要としないダイレクトコンバージョン方式の受信機[17]が多く採用されている。これまでは、アナログ直交ミクサを使う方式が多かったが、近年では、ダイレクトサンプリングミクサを使う方式についても開発が進められている。

図5-2にダイレクトコンバージョン方式の直交ミクサ[9]の構成を示す。受信したRF信号を、直交ミクサにより、直接、I/Qのベースバンド信号へ変換する構成となっており、チャネルフィルタは直交ミクサのベースバンド出力に接続されているLPF（Low Pass Filter）で実現する。直交ミクサに関しては、NFの低減、3次ひずみを含む飽和特性の向上だけでなく、直交度の高精度化、セルフミキシングやミクサの2次ひずみやミクサ回路内のアンバランスにより生じるDCオフセットの低減、1/f雑音低減などの課題が存在する。直交度に関しては、LO系で90°位相差を実現する場合、図5-3に示すスタティック形の周波数分周器を90°

位相差のLO信号分配器として用いることで、非常に広帯域な特性を実現でき、0.8～5.2GHz帯で良好な直交精度が得られている報告もある[9]。このDCオフセットに関しては、基本波ミクサの場合、レイアウト最適化などの差動信号のバランスを考慮したIC設計により、対応は可能であるが、ある程度のDCオフセットは生じてしまう。偶高調波ミクサの場合、ダイオードの対称性の優れたアンチパラレルダイオードペアを用いることで、DCオフセットを大幅に抑圧できる報告もある[18]。なお、このDCオフセットに関しては、GSMなどの非常に狭帯域な信号を受信する場合には、オフセットキャンセラーを設けるなどの対応が必要となるが[13]、W-CDMAや無線LANなどの比較的広帯域な信号を取り扱う場合、DC近傍の周波数成分を持つ信号の影響が無視できるシステムに関しては、直交ミクサの出力をACカップルすることで、オフセ

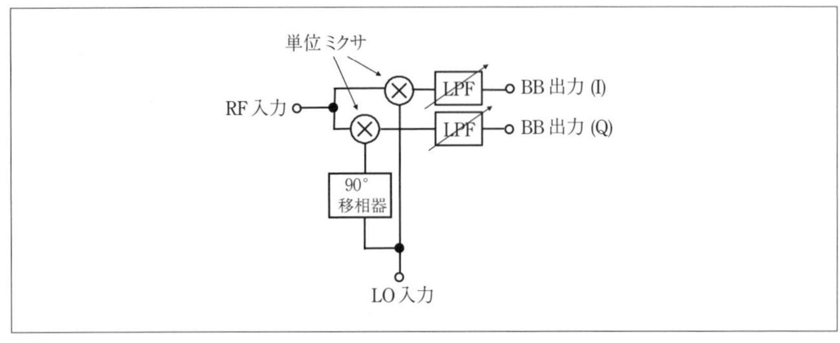
単位ミクサ
RF入力
LPF
LPF
BB出力(I)
BB出力(Q)
90°
移相器
LO入力

〔図5-2〕ダイレクトコンバージョン受信用直交ミクサ

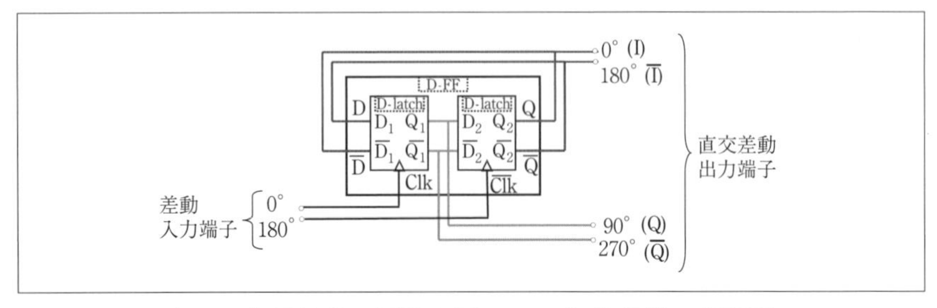
0° (I)
180° (Ī)
D-FF
D-latch
D-latch
D
D₁ Q₁
D₂ Q₂
Q
D̄
D̄₁ Q̄₁
D̄₂ Q̄₂
Q̄
Clk
C̄lk
差動
入力端子
0°
180°
90° (Q)
270° (Q̄)
直交差動
出力端子

〔図5-3〕周波数分周器を用いた90°位相差の分配器

ットを除去することも可能である[9],[18]。LO信号がRF信号入力へ漏洩して発生するセルフミキシングに関しては、前述のように90°位相差の電力分配器として周波数分周器を使い、LO信号をRF信号の2倍の周波数とすること[9]、あるいは直交ミクサとして偶高調波ミクサを用い、LO信号を1/2の周波数とすること[18],[19]で、LO漏洩の影響を、実用的なレベルで排除することができる。

図5-4、図5-5に低IF方式のイメージ・リジェクション・ミクサ（IRM: Image Rejection Mixer）の構成を示す。図5-4はシングルコンバージョン構成[20]、図5-5はダブルコンバージョン構成（ウェーバー形）[21]をそれぞれ示している。いずれの構成においても、広帯域な90°分配器が必要となるが、LO系に用いるため線形性は問題とならない。したがって、

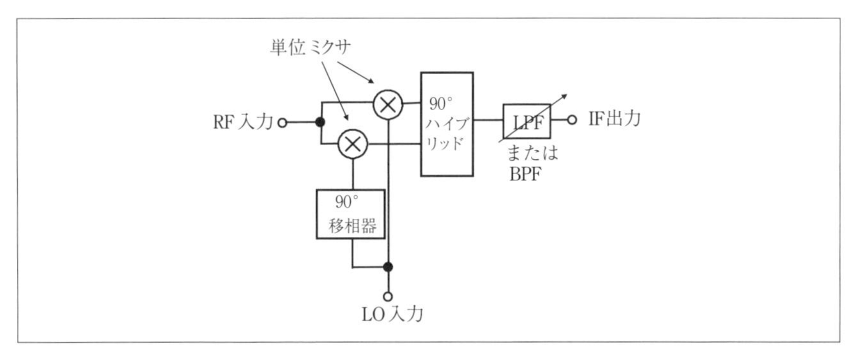
単位ミクサ
RF入力
90°
ハイブリッド
LPF
IF出力
または
BPF
90°
移相器
LO入力

〔図5-4〕低IF受信用イメージリジェクションミクサ（シングルコンバージョン方式）

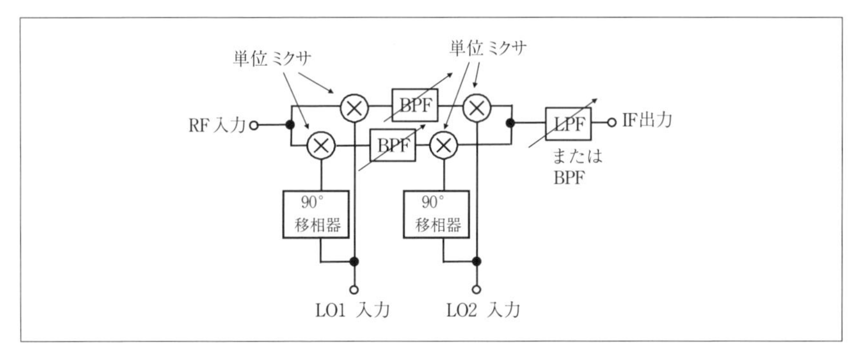
単位ミクサ
単位ミクサ
RF入力
BPF
BPF
LPF
IF出力
または
BPF
90°
移相器
90°
移相器
LO1 入力
LO2 入力

〔図5-5〕低IF受信用イメージリジェクションミクサ（ダブルコンバージョン方式）

広帯域に動作可能なスタティック形などの周波数分周器を使用することができる。シングルコンバージョン構成のIRMにおいては、IF出力にマルチモードに対応するために広帯域な90°移相器が必要となる。IFの90°移相器は受信信号を扱うため、線形性も求められることから、通常、図5-6に示すような回路構成のポリフェーズフィルタ（PPF）が使われる。しかし、信号帯域が広いと、比帯域的にかなり広帯域な通過帯域特性が求められるため、多段化が必須となり、実現が困難になることがある。また、ダイレクトコンバージョン方式に比べて高速なADC（Analog to Digital Converter）が必要となり、数十MHzを超える広帯域信号を受信する場合には問題となることがある。ダブルコンバージョン方式は、IF帯の90°位相器を2nd LO（LO2）に置き換えた構成となっており、広帯域な信号に比較的、対応可能である。しかし、1stと2ndのミクサ間のIFフィルタは、チャネルフィルタとしての特性も担うことが多く、急峻な帯域外減衰特性が求められるため、高いQ値の特性を持つSAWフィルタなどが使われる。マルチモードの場合に対応させる場合には、信号帯域が可変するため、IFフィルタも周波数可変とする必要があるが、高いQ値の可変回路素子の実現が難しく、急峻な帯域外減衰特性が得にくい問題がある。また、ADCに関しては、シングルコンバージョン方式と同様の問題がある。

イメージリジェクションミクサのIF信号を90°位相差で合成する部分を、アナログ回路を使わず、一旦I/Qの2チャンネルのADCでサンプ

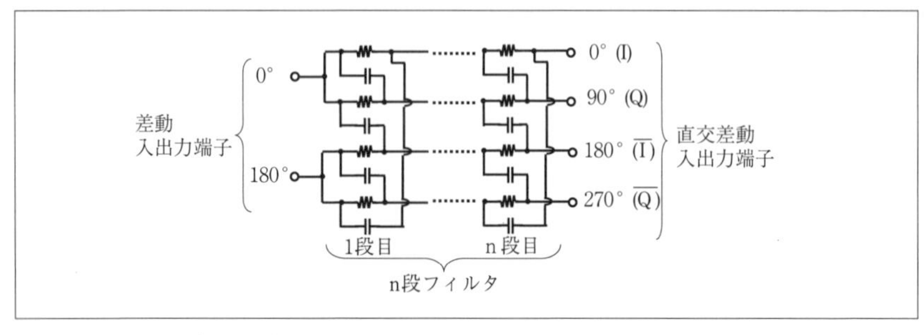
差動
入出力端子
0°
180°
0°（I）
90°（Q）
180°（$\overline{I}$）
270°（$\overline{Q}$）
直交差動
入出力端子
1段目
n段目
n段フィルタ

〔図5-6〕PPFの回路構成（N段フィルタの場合）

ルした後、ディジタル信号処理により90°位相差でI/Q信号を合成する方式も開発されている[22]。この場合、高速なADCがI/Qの2系統必要となるものの、90°移相器の広帯域化の問題はなくなる。ただし、サンプリングする時点でイメージ信号も存在するために、アナログ的に90°合成した後にADCでサンプリングする方式に比べて、ADCには、より広いダイナミックレンジが求められる問題がある。

上記以外の受信系の方式として、RF信号を直接サンプリング受信するダイレクトRFサンプリング方式が提案され、GHz帯受信機への適用が報告されている。RF周波数よりも高い周波数でオーバーサンプルする方法[23]もあるが、RF周波数がGHz帯であるため、端末用途としては、RF周波数に比べて低く、かつ、変調帯域幅に比べて高いサンプリング周波数を用いた、ダイレクトRFアンダーサンプリング受信方式が提案、検討されている[24]-[26]。図5-7に受信機のブロック図を示す。LNAとRF信号を直接、高次サブサンプリングするサンプル／ホールド(S/H)回路の間に、サンプリング周波数程度の非常に狭帯域な通過帯域を持つRFフィルタが必要なため、現時点では、GPS (Global Positioning System)など、シングルバンド・シングルモード用受信機への適用に留まっている。しかし、今後、狭帯域かつチューナブルなRFフィルタの実現、サンプリング周波数の高速化、高次サブサンプリングS/H回路の高ダイナミックレンジ化などの課題が解決されれば、マルチバンド・マルチモード化への進展が期待される。なお、これ以外にも、RF信号を比較的高いIF周波数に周波数変換した後に、広帯域なADC (Analog-to-Digital Converter)で受信する方式についても、マルチバンド・マルチモード受

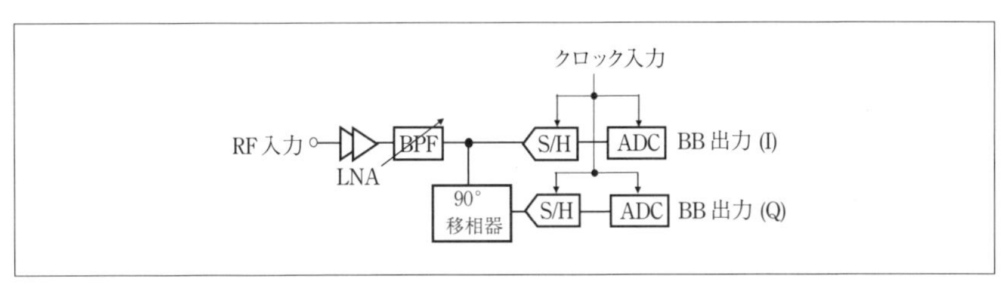
クロック入力
RF入力
LNA
BPF
S/H
ADC
BB出力(I)
90°
移相器
S/H
ADC
BB出力(Q)

〔図5-7〕ダイレクトRFアンダーサンプリング受信機

信機として開発されている。

表5-3に、これまで述べた受信機構成について、その概要と、マルチバンド・マルチモード受信系に適用した際の利点、課題をまとめて示す。

1－4　送信高周波部の構成

マルチバンド・マルチモード送信系の構成としては、図5-8に示す直交座標系のI/Qベースバンド信号を用いたダイレクトコンバージョン方式の直交変調器を用いた構成[6]と、図5-9に示す極座標系の位相／振幅のベースバンド信号を用いたPolar-Loop方式の送信機構成[7]とがある。図5-8のダイレクトコンバージョン方式の直交変調器の構成によれ

〔表5-3〕マルチバンド・マルチモード受信系のまとめ

	構成	利点	課題
ダイレクトコンバージョン方式	直交ミクサにより、受信RF信号をアナログベースバンド信号に直接変換する。	IFを介さないため、チャネルフィルタがベースバンドのLPFで構成可能。LPFはアクティブフィルタで実現できるので、マルチモード化のための、周波数可変化も容易。	・マルチバンド化時の(広いRF帯域における)直交精度 ＊DCオフセット ＊1/f雑音 (＊は狭帯域通信では、問題となる)
低IF方式	IRMにより、受信RF信号を、比較的低いIF周波数帯に変換した後、そのIF信号をADCなどによりサンプリングする。	IF周波数が非常に低いため、マルチモード化のためのチャネルフィルタの周波数可変化も比較的容易。	・広帯域変調信号に対するイメージ除去比 ・マルチバンド化時のイメージ除去比
ダイレクトRFアンダーサンプリング方式	RF信号を直接低い周波数のクロック信号でアンダーサンプリングする。	チャネルフィルタはサンプリング後のディジタル信号処理で行えるので、マルチモード化は極めて容易。	・マルチバンド化時に必要となるチューナブルRFフィルタ ・高ダイナミックレンジS/H回路

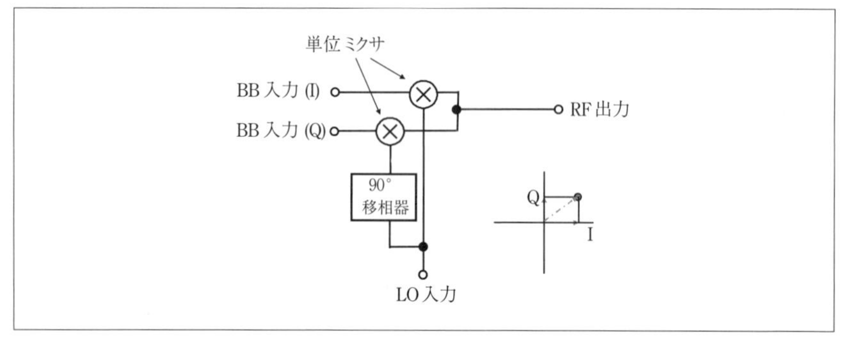
単位ミクサ
BB入力(I)
BB入力(Q)
RF出力
90°
移相器
LO入力
Q
I

〔図5-8〕ダイレクトコンバージョン方式の直交変調器

ば、直接、ベースバンドのアナログI/Q信号をRF周波数に変調するため、IF帯を介したアップコンバージョン方式に比べて、ミクサで発生するイメージ信号やLOの漏洩信号を抑圧するフィルタが不要になるという利点がある。ディスクリート部品により直交変調器を構成していた時代には、GHz帯において広帯域にわたり十分な直交精度が得られないという問題があったが、Si-RFICの高周波化が進んだ結果、受信系と同様、90°位相差の電力分配器としてスタティック形の周波数分周器を用いることで、6GHz程度までであれば、実用的なレベルに近い直交精度が得られるようになってきた。さらに直交精度を改善する方法として、直交変調器出力をフィードバックしてキャリブレーションを行い、分周器出力の位相を調整する機能を加えたものや、分周器出力に位相精度を改善するためのPoly Phase Filter (PPF) を加えたもの[27]などがある。なお、この直交変調器のLOリークは、キャリヤリークとなるが、直交変調器の単位ミクサを差動構成の回路とすることで、実用的には問題のないレベルに抑えることが可能である。

図5-9のポーラー変調方式による送信機構成は、これまで主に、GSM/EDGEのデュアルモード端末用に開発が進められてきたものが多く、GSM端末で一般的に用いられてきたRF帯電圧制御発振器を直接GMSK変調する構成に、Envelope Elimination and Restoration (EER) [28]などのように送信増幅器 (PA：Power Amplifier) の電源電圧制御による振幅変調機能を付加することで、EDGEに用いられる8PSK変調信号、さらにはW-CDMAに用いられるQPSK変調信号をも生成できるようにしたも

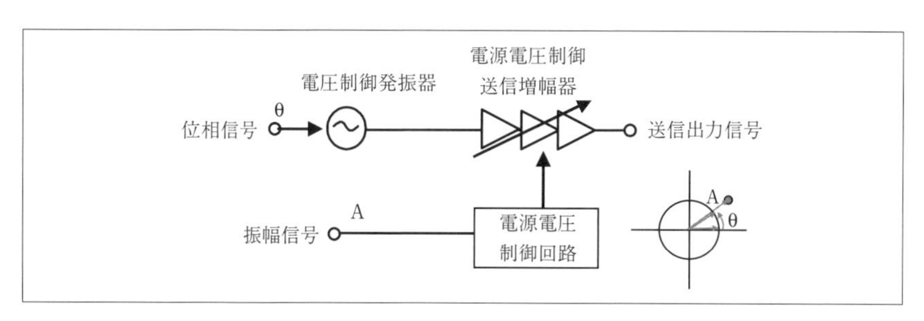
電源電圧制御
送信増幅器
電圧制御発振器
位相信号
θ
送信出力信号
A
θ
A
振幅信号
電源電圧
制御回路

〔図5-9〕ポーラー変調方式の送信機構成

のである [7],[8]。通常、GSM 端末では、高効率ではあるが非線形な PA が使われているが、この方式を用いれば、線形性は PA の駆動電圧制御による振幅変調の精度で決まるため、非線形 PA を使いながら、線形変調もでき、かつ、電源効率もよいとされている。原理的には、オープンループでの変調も可能であるが、実際には、PA で振幅変調を行う際に AM-PM ひずみが発生するため、図 5-10 に示すように、発振器を制御する位相変調信号にフィードバックして位相変化を補償したり、振幅変調時の振幅誤差成分を PA の電源電圧制御回路にフィードバックして振幅精度を向上させたりして、ひずみ補償を行う構成も報告されている [8]。本構成は、PA の振幅制御のダイナミックレンジの問題から、QAM 変調などの多値変調への適用は比較的難しい。また、変調信号帯域が広くなると、送信系増幅器の周波数特性を含めて補償する必要があること、PA の電源電圧制御を高速に行う必要があることなど、課題がある。

近年のディジタル信号処理の高速化に伴い、ディジタル信号から直接 RF 信号に変換するダイレクトディジタル RF 変調方式についても、開発が進められている。ディジタル信号から直接 RF 信号に変換する回路としては、① RF 信号に比べて高速な 1-bit ディジタル信号で送信増幅器などの送信 RF 回路を駆動（ON/OFF）して変調された RF 信号を生成するもの [29],[30]、②ダイレクトコンバージョン方式のアナログ直交変調器をディジタル入力の回路に置き換えたダイレクトディジタル RF 直交変

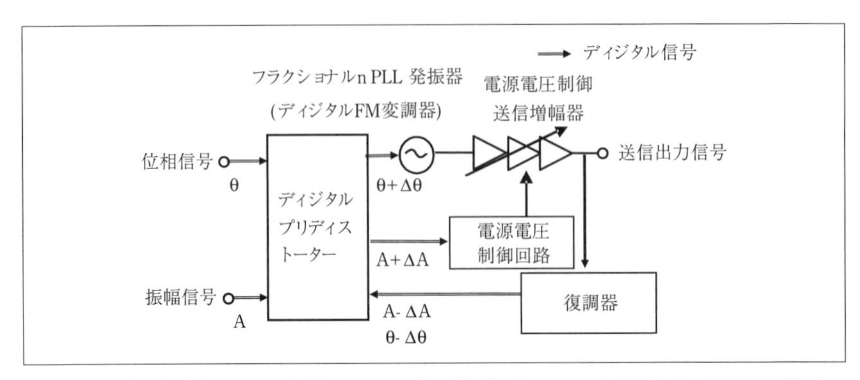
ディジタル信号
フラクショナルn PLL 発振器
(ディジタルFM変調器)
電源電圧制御
送信増幅器
位相信号
θ
θ+Δθ
送信出力信号
ディジタル
プリディス
トーター
電源電圧
制御回路
A+ΔA
振幅信号
A
復調器
A- ΔA
θ- Δθ

〔図 5-10〕線形変調にも対応したひずみ補償ポーラー変調方式の送信機構成

調器[31],[32]などがある。①の構成の場合、比較的自由にRF周波数や、変調方式、帯域幅などを変えることができる。しかし、分解能が1-bitしかないため、Δ-Σ変調によるノイズシェーピングで変調信号近傍のS/Nを改善し、ACPやNACPなどの特性を満足させることまではできるものの、それ以外の周波数帯については、かなり高いノイズが発生してしまい、RF帯で狭帯域なバンドパスフィルタ（BPF）が必要となる。マルチバンド特性を実現するためには、チューナブルなRFフィルタが必要となってしまう課題がある。②の構成の場合、アナログ直交変調器の単位ミクサに使われているベースバンド増幅器を多bitのDAC（Digital-to-Analog Converter）で置き換えることで実現できるが、DACのイメージ出力がそのままRF周波数に変換されて出力されてしまうので、①ほど狭帯域ではないものの、RF帯のBPFが必要であり、マルチバンド化のためには、チューナブルなRFフィルタの実現が課題である。そこで、②の構成において、DACのクロックを対象とする無線システムのベースバンド帯域よりも非常に高い周波数とすることにより、RF帯で発生するイメージ成分をシステム帯域外とすることで、送信増幅器などの周波数特性を考えるとRF帯のBPFを不要にする構成も開発されている。この構成によれば、実質的にチューナブルなRFフィルタが必要なくなり、マルチバンド・マルチモード化が非常に容易になるものと考えられる。

表5-4に、これまで述べた送信機構成について、マルチバンド・マルチモード受信系に適用した際の利点、課題をまとめて示す。広帯域かつ多値変調を求められる無線LANなどへの適用を考えると、ダイレクトコンバージョン方式の直交変調器を用いる構成が最も有望と考えられる。ダイレクトコンバージョン方式の直交変調器を実現するためには、受信系の直交ミクサに比べて、より高精度な90°移相器が求められる上、方式のまったく異なる複数のワイヤレスシステムにキャリブレーションなしで対応できるマルチモード特性が求められている。これらの要求に対し、高精度な直交度をキャリブレーションなしで実現した0.8GHz～5.2GHz帯でW-CDMA/無線LAN（IEEE802.11a相当）の送信が可能な直交変調ICが報告されている[6]。

〔表 5-4〕マルチバンド・マルチモード送信系のまとめ

	構成	利点	課題
ダイレクトコンバージョン方式	直交変調器により、アナログベースバンド信号をRF信号に直接変換する。	IFを介さないため、アップコンバージョン時のRF帯のイメージ除去フィルタが不要。 多値変調を含めたマルチバンド、マルチモード化に適している。	・マルチバンド化時の直交精度
ポーラー変調方式	FM変調器の出力を出力可変送信増幅器などで振幅変調して、直接、RF変調信号を生成する。	IFを介さないため、アップコンバージョン時のRF帯のイメージ除去フィルタが不要。 特に、GSMなどFM変調をベースにした送信機のマルチバンド、マルチモード化に適している。	・多値変調のための振幅変調精度 ・振幅制御時に発生するAM-PM変換による変調精度、ACP/NACP劣化対策 ・マルチバンド化のためのFM変調器と振幅制御回路の広帯域化
デジタルRF変調（1-bit変調）方式	RF周波数よりも高速な1-bit信号でスイッチングすることで、変調されたRF信号を直接生成する。	RF帯の局発発信機が不要で、自由にRF周波数、信号帯域幅を変更可能であり、マルチバンド、マルチモードの信号発生に適している。	・ノイズシェーピングによるACP、NACPの確保。 ・バンドマルチ化の際、帯域外スプリアス発射を抑圧するためのRF帯チューナブルBRFの実現。
ディジタルRF変調（直交変調器）方式	多bit DAC機能の内蔵した直交変調器により、ディジタルアナログベースバンド信号をRF信号に直接変換する。	ダイレクトコンバージョン方式と同じ利点を持つ。 入力ディジタル信号のクロック周波数をシステム帯域より十分に高くすることで、RFフィルタを不要とすることが可能。マルチモード化がより容易になる。	・変調器の高ダイナミックレンジ化（多bit化）、高速化。

1－5　送受信高周波部の全体構成

マルチバンド・マルチモードの送受信機を構成する場合、バンドおよびモードの数によっては、バンドやモード数に相当する複数の送受信系を並列に接続し、切り替える方法も考えられる。しかし、コグニティブ無線機のように、必ずしも限定されてない通信システムに対応する場合あるいは多数のバンド・モードに対応する場合には、広帯域デバイスと帯域可変デバイスにより構成した一つの送受信系で複数のバンドとモードに対応できるようにする構成が望ましい。図5-11にコグニティブ無線機用マルチバンド・マルチモード送受信機の高周波部の構成例を示す[6]。濃いグレーの領域が高周波部であり、明るいグレーの領域がSi-RFICに集積される部分である。理想的には、すべての周波数、通信システムに対して、同一の信号経路で対処したいところであるが、実際に実現できるマイクロ波デバイスの周波数帯域の制限があること、および、通信システムごとに送信スプリアスや受信系の耐干渉性に関する規定があるため、広帯域な信号経路だけで送受信機を作ることは難しい。これらの各システムごとの規定を満足するために、送受信ともに各システムに対応したRFフィルタが必要となる。また、FDDシステムに対応するには、図5-5に示すように、送受信アンテナを分離し、空間的なアイソレーションを確保することが必要だが、これだけでは、送信信号の受信系への干渉を防ぐに十分なアイソレーションが確保できない可能性があり、アンテナを分離しても、送信波からの干渉抑圧のために、受信系にRFフィルタが必要となることもある。送信系の高出力増幅器に関しては、システムごとに要求される出力レベルが異なるため、最も大きな出力電力にあわせた増幅器を備える必要がある。このため、携帯電話に必要となる1W程度の出力の高出力増幅器が必要となる。このような出力レベルの送信増幅器を、オクターブ以上の広帯域にわたり、シングルバンドと同程度の電源効率で実現しようとすると、増幅器の整合回路を可変にする必要がある。耐電力の高いpinダイオード、あるいは、

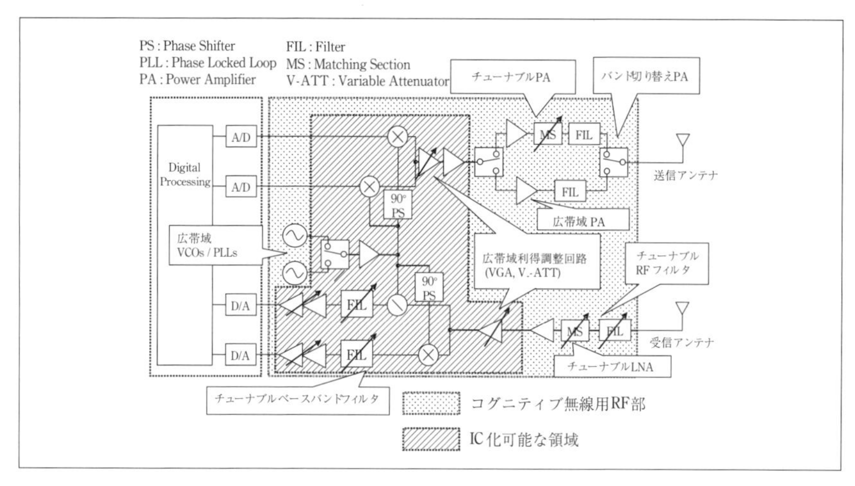
PS : Phase Shifter
PLL : Phase Locked Loop
PA : Power Amplifier
FIL : Filter
MS : Matching Section
V-ATT : Variable Attenuator
チューナブルPA
バンド切り替えPA
Digital Processing
A/D
A/D
D/A
D/A
MS
FIL
送信アンテナ
90° PS
広帯域PA
広帯域 VCOs / PLLs
広帯域利得調整回路 (VGA, V.-ATT)
チューナブル RFフィルタ
受信アンテナ
チューナブルLNA
チューナブルベースバンドフィルタ
コグニティブ無線用RF部
IC化可能な領域

〔図5-11〕コグニティブ無線機用マルチバンド・マルチモード送受信機の高周波部の構成例

MEMS（Micro-Electro-Mechanical Systems）スイッチを用いたチューナブル高出力増幅器[29]が注目されている。上記回路ブロック以外については、広帯域デバイスによる実現性が可能であると考えられる。特に送受信コンバータ回路に関しては、前述のようにダイレクトコンバージョン方式を送受信ともに採用することで、マルチバンド・マルチモード特性が実現でき、かつSi-RFICに1チップ集積することが可能であると考えられる。

2．マルチバンド・広帯域RF回路

2－1　求められる特性と回路技術

図5-11でIC化できる領域として示したブロックに求められる特性としては、次の三つがあげられる。

①広帯域
②高ダイナミックレンジ
③キャリブレーションレス

広帯域特性については、UHF帯から6GHz帯までの任意の信号を送受信するために、送信系出力飽和電力、受信系入力飽和電力、受信系雑音指数などの特性を、上記帯域にわたって確保する必要ある。また、広帯域を保ちつつ、十分なダイナミックレンジを得るためには高い入力飽和特性が求められる。さらに、ベースバンド直交信号の位相／振幅のキャリブレーションを不要にすれば、使用する周波数帯毎にベースバンド信号の補正を行う必要がなくなり、ディジタル部の簡素化にもつながると考えられる。

RFIC化のコアとなるブロックは、送受信コンバータ回路であり、マルチバンド・マルチモード特性を実現する構成としては、前述の通り、一般的には､送受信ともにダイレクトコンバージョン方式が適している。受信の直交ミクサ、送信の直交変調器、共に共通する課題として、広帯域に直交精度を得ることがあげられるが、これについては、スタティック型2分周回路を90°分配器として使用することで、実現可能である。実際にUHF～5GHz帯の広帯域にわたり、直交信号のキャリブレーションを行わず、良好な特性が得られている例がある [6]。受信系の直交ミクサに関しては、狭帯域な変調信号を受信する場合、フリッカ雑音（1/f 雑音）によるベースバンド周波数帯域の低周波領域での雑音特性が劣化が問題となることがある。このため、無線 LAN など比較的広帯域な信号を扱うミクサ回路には、比較的 1/f 雑音の高い CMOS（Complimentary Metal Oxide Semiconductor）-FET（Field Effect Transistor）を用いることができるが、W-CDMA など狭帯域システムの場合、CMOS-FET に比べて 1/f 雑音の小さい SiGe-HBT（Hetero-junction Bipolar Transistor）を用いることもある。あるいは、CMOS-FET を使うにしても、1/f 雑音の発生を抑えるために、長いゲート長の FET を使用する、FET にバイアス電流を極力流さないようにするなどの回路的な工夫を行っている。RF-VGA（Variable Gain Amplifier）は、送信機あるいは受信機のダイナミックレンジ拡大のために設けられており、送信用ドライバ増幅器も含めて、広帯域な特性のものが必要とされる。送信増幅器のように、高効率、高出力電力の特性が要求されない範囲であれば、現状の集積化 IC で実現可能と考えられる。LO 系については、UHF 帯～6GHz 帯の低雑音発振器を、1 個の VCO（Voltage Controlled Oscillator）で実現することは IC 外部の部品を用いても困難であるため、発振周波数の異なる複数個の VCO を切り替える、または逓倍／分周／ミキシングなどにより発振周波数と異なる周波数信号を生成する、などの方策が必要となる。今後は、従来のアナログ発振器に代わり、DDS（Direct Digital Synthesizer）などのディジタル回路を用いることで、より広帯域な局発系が実現できるものと考えられる。FDD/TDD の両方システムに対応させる場合、FDD 動作時に送信系と受信系の干渉が存在すると、受信性能の劣化、送信スプリアスの増大に繋がるため、送受信の局発間のアイソレーションの確保が重要となる。ベースバンド回路については、各システムに固有のチャネル帯域幅に応じて、帯域を可変できるチューナブルフィルタが必要となる。これについては、Gm-C フィルタなど、Si-RFIC に内蔵可能なアクティブフィルタが実現されている。また、フィルタに用いる容量や抵抗値の製造ばらつきを補償する回路も実現されている。これらのアナログフィルタは、サンプリング後のディジタル信号処理によるディジタルフィルタと合わせて、所定の性能を確保するように設計される。その際、ADC/DACのダイナミックレンジを考慮する必要がある。ダイナミックレンジの確保という面から、ベースバンドVGA、ベースバンド可変フィルタなどのベースバンド回路についても低雑音かつ広帯域な特性の実現は重要である。

2－2　コグニティブ無線用送受信Si-RFICの開発例 [6]

図5-12にコグニティブ無線機の高周波部の構成例および開発されたマルチバンド・マルチモード送受信SiGe-MMICのブロック構成を示す。RF帯域ごとに準備されたLO源となるVCO、送信用高出力増幅器（PA）、受信用高周波帯帯域可変フィルタ、受信用低雑音増幅器（LNA）を除く、ほぼすべての高周波部を1チップに集積した。ICチップ内にシリアル／パラレル変換回路を備えており、各種可変回路（送受信VGA、ベースバンドVGA、帯域可変ベースバンドフィルタ）の制御は、シリアルデータとして与えられる。

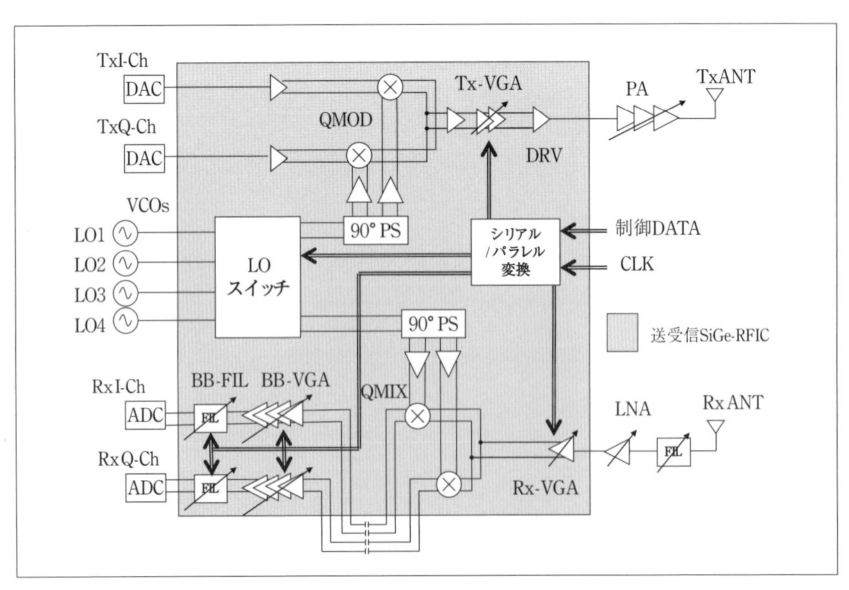

TxI-Ch
DAC
TxQ-Ch
DAC
QMOD
Tx-VGA
DRV
PA
TxANT
VCOs
LO1
LO2
LO3
LO4
LO
スイッチ
90° PS
シリアル
/パラレル
変換
制御DATA
CLK
送受信SiGe-RFIC
90° PS
RxI-Ch
ADC
RxQ-Ch
ADC
BB-FIL
BB-VGA
QMIX
FIL
FIL
LNA
RxANT
Rx-VGA

〔図5-12〕マルチバンド・マルチモード送受信SiGe-RFICの構成

送信系の入力はアナログベースバンド（I、Q）単相信号であり、出力も単相である。送信VGAは2段構成となっており、前段のTXVGA1は3dBステップで3dB～－15dB、後段のTXVGA2は6dBステップで、12dB～0dBの利得可変レンジをそれ ぞれ持っており、両方を合わせると18dB～－15dBの33dBの利得可変レンジとなる。ドライバ増幅器はオンチップインダクタとコンデンサの並列回路を負荷とした増幅器を2段接続した構成である。前記VGAの利得調整により、0.4～5.8GHzのすべての帯域で、OP1dBとして約0dBmの出力を実現することを目標としている。

受信系の入力は単相入力となっており、IC内部で差動信号に変換され、IC内部では差動信号として扱われる。アナログベースバンド（I、Q）の出力信号としては単相信号として取り出すことができる。高周波入力には単相差動変換を兼ねたVGAがあり、後段の直交ミクサの変換利得の周波数特性を補償するための利得切換え機能を備えている。直交ミクサのベースバンド出力は一旦ICチップ外部のACカップル用のコンデンサを介して、再びICチップ内に戻され、ベースバンド帯のVGAと帯域可変アクティブフィルタを経て、出力される。

ダイレクトコンバージョン受信機では、携帯電話などの狭帯域通信システムのときに、ベースバンド周波数の低域では、受信ミクサに用いられるトランジスタの1/f雑音により、感度劣化が生じることがある。無線LANなど比較的広帯域な信号を扱う回路ではCMOSを用いた受信ミクサが使用可能であるが、W-CDMAをはじめとする携帯電話などの狭帯域システムに適用するために、この1/f雑音低減のため、CMOSトランジスタに比べてフリッカ雑音の影響の小さいSiGe-HBTを受信ミクサ用トランジスタとして採用している。

ベースバンドVGAは、DCオフセットキャンセラ付きの5段構成となっており、約60dBの可変利得レンジを持つ。帯域可変ベースバンドフィルタは、3次の逆チェビシェフ形のLFPを2段接続して構成したものであり、初段で隣接チャネルに、後段で次隣接チャネルに、それぞれヌル点を持ってきている。容量スイッチとgmスイッチを制御することで、

8モード（BW=1MHz、2MHz（W-CDMA）、3MHz（DTV）、5MHz、9MHz（IEEE802.11a/g）、13MHz（IEEE802.11b）、30MHz、および、スルー（フィルタなし））の切換えが可能である。

LO系は、帯域によって異なるシンセサイズド発振源を複数個用いることを想定し、送信用2個（LO1～LO2）・送受信兼用2個（LO3～LO4）の、計4個のLO入力に対して、LO切換えスイッチ回路（LOスイッチ）で送信用LO信号と受信用LO信号を選択する構成としている。図5-13にLO送信系に用いられているLO切換えスイッチ回路の詳細ブロック図を示す。入力は単相入力となっている。無線LAN（IEEE 802.11系）のように送受信を同じ周波数としTDDで送受信を行うシステムにおいては、送受信兼用LO入力（LO3あるいはLO4）を用いて、SWA5のON/OFFにより、送受信を切り換えることになる。また、LOの入力信号を送受信キャリヤ周波数の2倍とし、LO切換えスイッチのあとで、2分周する$2f_{LO}$切換え方式を採用することで、FDD動作時に、受信系のLO信号が送信系のLO系に漏れることによって生じる送信スプリアスによる受信系への干渉を抑圧している。基本波ミクサによりダイレクトコンバージョン方式の送受信回路を構成する場合、LO信号とRF信号の周波数が等しい

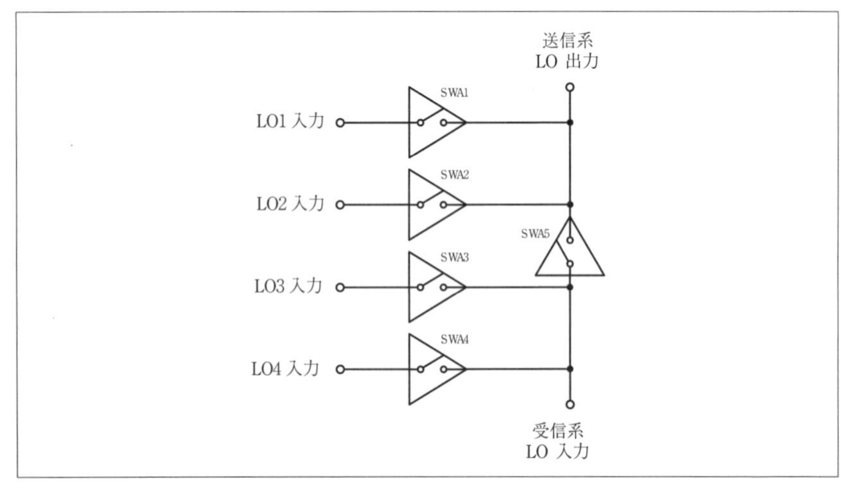
送信系
LO 出力
SWA1
LO1 入力
SWA2
LO2 入力
SWA5
SWA3
LO3 入力
SWA4
LO4 入力
受信系
LO 入力

〔図5-13〕LOスイッチ回路の詳細

ため、FDDモード時に送信用LO信号に受信用LO信号が漏れ込むと、送信端子に受信周波数のスプリアスが出力されることになる。送信端子から出力された受信周波数のスプリアスは、受信端子に回り込むと受信感度の劣化を引き起こすので、十分に抑圧する必要がある。通常の無線機では、送信系に設けたRF帯の狭帯域BPFで、受信周波数帯のスプリアスを抑圧しているが、マルチバンド特性が必要なコグニティブ無線機においては、RF帯域ごとに狭帯域なBPFを用意することは困難になるため、直交変調器出力の時点で、送信スプリアス、特に受信周波数帯に発生するスプリアスを低減することが重要となる。直交変調器の90°移相器を構成する1/2周波数分周器には、送信（Tx）波の2倍の周波数成分を持つTx用LO信号とともに、図5-13のスイッチ回路のアイソレーション特性で規定される低電力レベルの受信（Rx）波の2倍の周波数成分を持つRx用LO信号がスプリアス成分として混入することになるが、この周波数分周器から出力される信号に含まれるスプリアス成分には、Rxの周波数成分が含まれないという特性がある。このため、1チップRFICに集積するため比較的低いアイソレーション特性しか実現できない条件下でも、$2f_{LO}$の周波数でLO切り替えスイッチングを行うことにより、この特性を生かして、FDD時に受信周波数に生じる送信スプリアスを十分に抑圧することができ、受信特性の劣化を防ぐことができる。

図5-14に試作したコグニティブ無線用マルチバンド送受信ダイレク

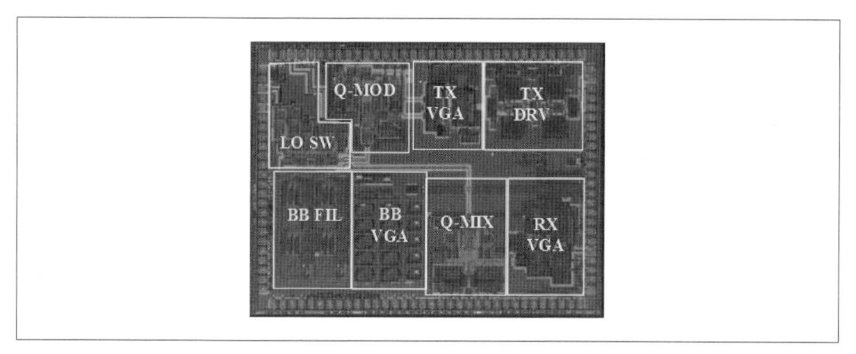
Q-MOD
TX
VGA
TX
DRV
LO SW
BB FIL
BB
VGA
Q-MIX
RX
VGA

〔図5-14〕送受信SiGe-RFICのチップ写真

トコンバータ SiGe-RFIC のチップ写真を示す。受信系の直交ミクサの 1/f 雑音低減のため、ミクサ回路には CMOS-FET に比べて 1/f 雑音の低い SiGe-HBT を用いており、このため、本 RFIC は 0.18 μm SiGe BiCMOS プロセスを用いて試作された。チップエリアは 4×3mm である。チップ写真右上側が送信系、下側が受信系となっており、チップ右側に RF 入出力、左側下部にベースバンド入出力、左側中央に LO 入力の端子がそれぞれ配置されている。電源電圧は 3.3V であり、消費電流は TDD モードの送信時 90mA、受信時 86mA、FDD（送受信）モード 112mA である。

図 5-15 に送受信 RFIC の送信時における出力飽和電力（OP1dB）の RF 周波数依存性を示す。図より 0.4GHz～5.8GHz の広帯域にわたって 0dBm 程度と、ほぼ一定な出力飽和電力が得られている。W-CDMA の条件における送信出力のスペクトルを図 5-16 に示す。RF の周波数の 2 倍の周波数帯で LO 信号を切り替える $2f_{LO}$ 切り替え構成を採用することで、f_{LO} で切り替えた場合に問題となる受信用局発リークが、受信周波数帯とは大きく異なる周波数に移動し、受信特性に影響を与えないことが確認できる。図 5-17 に送受信 RFIC の受信直交ミクサ部の電圧変換利得および NF の RF 周波数依存性を示す。図より 0.4GHz～2GHz の広帯域にわたり動作していることがわかる。0.4GHz～2GHz であれば、ほぼ平坦な周波数特性が得られているが、2GHz を超えると、トランジスタの高周波特性が不足するとともに、回路の寄生容量の影響により、変換利得が低下するとともに、NF が増加してしまう傾向がある。このため、利

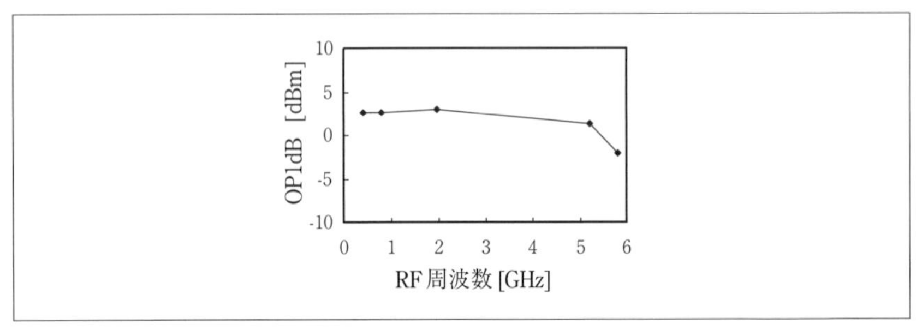
10
5
0
-5
-10
OP1dB [dBm]
0
1
2
3
4
5
6
RF周波数 [GHz]

〔図 5-15〕送受信 RFIC の送信出力飽和電力（OP1dB）の RF 周波数依存性

得の低下する高い周波数帯では、可変利得 LNA の利得を上げて、特性を補償している。図 5-18 に受信時における電圧変換利得のベースバンド周波数依存性を示す。図より、100MHz のベースバンド帯域において帯域内利得偏差が 3dB 以下であり、将来システムの広帯域な変調信号にも対応可能であることがわかる。

EVM 評価では、実際のアプリケーションを想定し、0.4GHz の UHF 帯での利用を想定したアプリケーション（OFDM/16QAM）、0.8GHz/2.1GHz の W-CDMA（送信：HPSK、受信：QPSK）、5.2GHz/5.8GHz の無線 LAN（OFDM/64QAM）の信号で評価を行っている。いずれの条件においても、変復調動作を確認している。

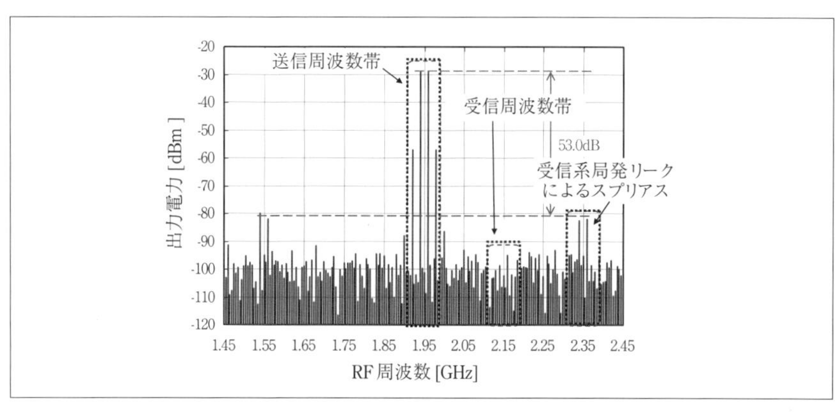
送信周波数帯
受信周波数帯
53.0dB
受信系局発リーク
によるスプリアス
出力電力 [dBm]
RF 周波数 [GHz]
-20
-30
-40
-50
-60
-70
-80
-90
-100
-110
-120
1.45
1.55
1.65
1.75
1.85
1.95
2.05
2.15
2.25
2.35
2.45

〔図 5-16〕W-CDMA 送信条件における送信出力スペクトル

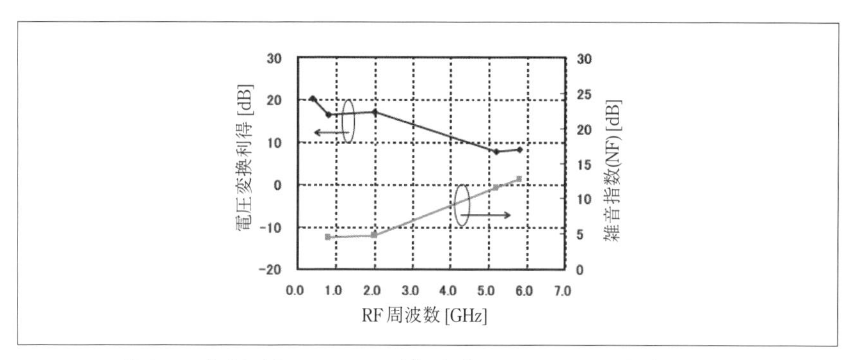
電圧変換利得 [dB]
雑音指数(NF) [dB]
RF 周波数 [GHz]
30
20
10
0
-10
-20
30
25
20
15
10
5
0
0.0
1.0
2.0
3.0
4.0
5.0
6.0
7.0

〔図 5-17〕送受信 RFIC の受信直交ミクサの RF 周波数特性

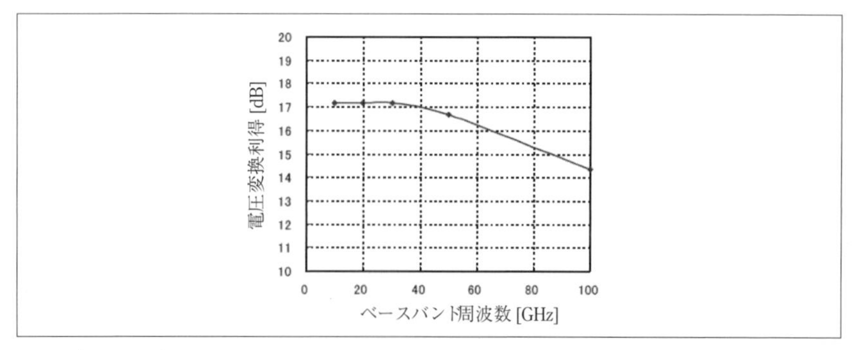
電圧変換利得 [dB]
ベースバンド周波数 [GHz]
20
19
18
17
16
15
14
13
12
11
10
0
20
40
60
80
100

〔図 5-18〕送受信 RFIC の受信直交ミクサのベースバンド周波数特性

3. 可変フィルタ

3－1　可変 RF フィルタ

1節でも述べたように、送信系においては、スプリアス発射の規定、ACP/NACP の規定のため、回路構成によっては、通過周波数帯域を可変でき、かつその通過帯域が狭帯域なチューナブル RF フィルタが必須となる。現在は、このようなチューナブル RF フィルタの実現が難しいため、様々な研究開発が進められている。また、図 5-11 に示した送受信機において必要となるチューナブルな増幅器 [33] の整合回路も一種の可変フィルタ回路として捉えることができる。ここでは、RF スイッチを用いた可変フィルタ回路、可変容量素子を用いた可変フィルタ回路のそれぞれについて、概説する。

(1) RF スイッチを用いた可変フィルタ回路

インダクタ、キャパシタとからなるフィルタの L、C の値を RF スイッチで切り替えることで、通過帯域の中心周波数、帯域幅を変化させることができる。RF スイッチは、ON と OFF の 2 状態しかないため、後で述べる可変容量素子を用いたものに比べて線形性が高く、比較的高い RF 電力を扱うことができる。

導体を用いた RF スイッチとしては、FET スイッチ、pin ダイオード、ショットキーダイオードなどがある [34]。FET スイッチは図 5-19 に示すように、ゲート電圧により、ドレイン－ソース間を ON 状態あるいは

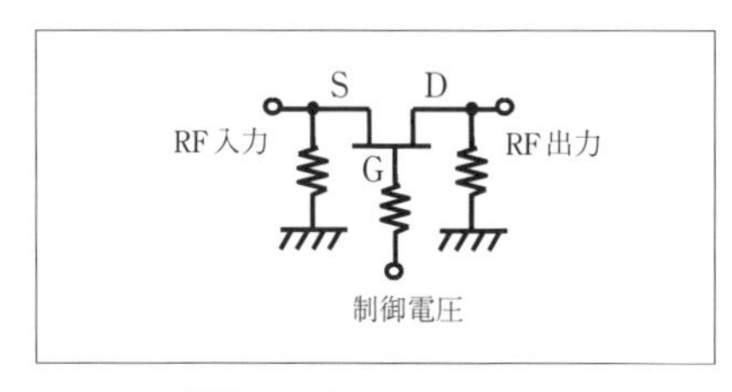
S
D
RF 入力
G
RF 出力
制御電圧

〔図 5-19〕FET スイッチ

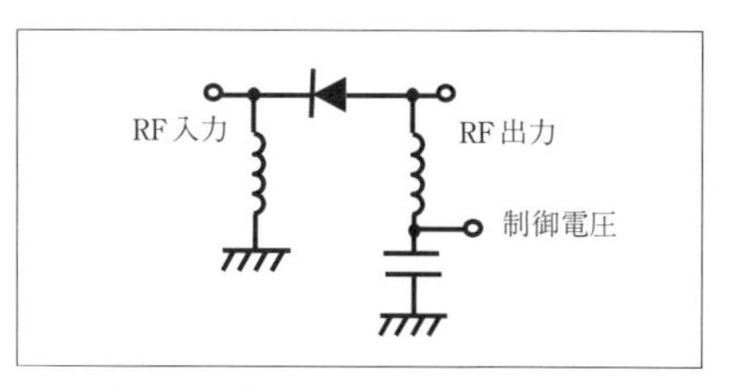
RF 入力
RF 出力
制御電圧
〔図 5-20〕ダイオードスイッチ

OFF 状態に制御するものである。FET の耐圧が高いほど高い RF 電力まで取り扱うことができる。CMOS プロセスの MOSFET は比較的低電力のスイッチとして、ワイドバンドギャップデバイスの GaN HEM（High Electron Mobility Transistor）は 1W を超える比較的高電力スイッチとして使われる。ショットキーダイオード、pin ダイオードはいずれも 2 端子素子であるため、図 5-20 に示すように、アノード－カソード間の電圧を制御して ON 状態（順方向バイアスをかけ、導通状態にした状態）と OFF 状態（逆方向バイアスをかけ、遮断状態にした状態）を切り替えるものである。一般的に、FET スイッチに比べて、ON 状態の直列抵抗成分が比較的低く、低損失であり、高 Q のフィルタを実現することができる。ショットキーダイオードに比べて、pin ダイオードは OFF 容量が小さく、かつ OFF 時の制御電圧を高くすることができるため、1W を超える高電力スイッチとして使われる。ただし、pin ダイオードは ON 状態から OFF 状態に切り替える際、i 層に蓄積されたキャリヤが消滅しないと OFF 状態にならないため、スイッチングに時間がかかる問題がある。高速スイッチングを実現するためには、ON から OFF に切り替える際、逆方向に大きなパルス状の電圧を印加して i 層のキャリヤを引き抜く方法が取られる。スイッチング速度は、FET、ショットキーダイオードの場合おおよそ nS オーダーであり、pin ダイオードの場合おおよそ mS オーダーである。

MEMS（Micro Electro Mechanical Systems）を用いた RF スイッチ [35] も注目されている。図 5-21 にカンチレバー構造 MEMS スイッチの構造を示す。カンチレバーを制御電圧によって上下させるなどして、機械的にスイッチングするため、半導体スイッチに比べて、低損失、高アイソレーション、高電力な特性が得られる。将来的にはRFICのポストプロセスでMEMSデバイスが作成できるようになれば、1チップ送受信機実現の可能性もある。一方、MEMSの駆動のためには、比較的高い制御電圧が必要であり、高い制御電圧を発生させるための回路が必要になることがある。また、機械的にON状態とOFF状態の切り替えを行うため、半導体スイッチに比べて、スイッチング速度は比較的遅く、信頼性の問題も発生しやすい。

(2) 可変容量素子を用いた可変フィルタ回路

RF回路では、インダクタは、高インピーダンス線路あるいは、スパイラルインダクタやコイルなどで実現するため、L値を可変させることは難しい。したがって、連続可変な特性を持つ可変フィルタ回路を実現するためには、可変容量素子が用いられる。半導体を用いた可変容量素子としては、バラクタダイオードがよく知られている。バラクタダイオードは逆方向電圧をかけた際のpn接合での空乏層厚みの変化により、容量変化を実現するものである。逆方向にバイアスしたショットキーダイオードや、FETのゲート容量を用いた可変容量素子も使われることがあるが、容量変化率は、バラクタダイオードに比べて小さい。ダイオードのアノード－カソード間の電圧によって、容量値を変化させているため、RF信号による電圧振幅が、制御電圧に無視できなくなると、ひずみが発生してしまう問題がある。一般的に、(1) のスイッチ素子に比べて、小振幅のRF信号に適用される。

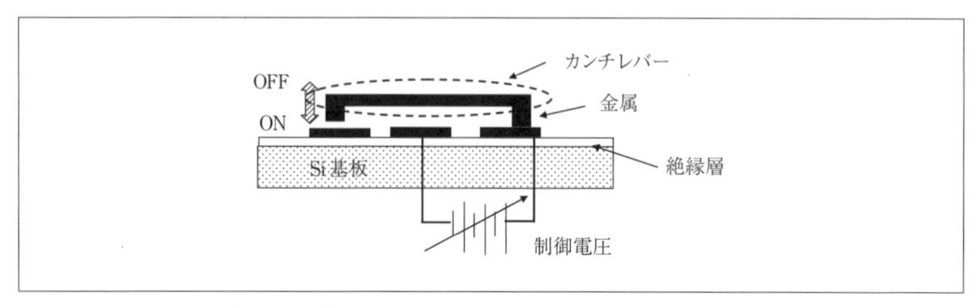
カンチレバー
OFF
金属
ON
Si基板
絶縁層
制御電圧

〔図5-21〕カンチレバー構造MEMSスイッチ

MEMSを用いた可変容量素子も報告されている。図5-22はMEMSを用いた可変容量素子の一例であり、制御電圧によって、上部電極を吸引することにより、上部電極と下部電極間の容量を可変させている。比較的大きな容量変化率を実現でき、かつ、制御電圧も高いので、大振幅のRF信号にも適用できる。

3－2　可変BBフィルタ

アナログベースバンドフィルタに関しては、ダイレクトコンバージョン方式の送受信機においても必要であり、変調帯域幅が異なるマルチモード特性を実現するためには、チューナブルな特性が求められる。ベースバンド周波数帯では、RFフィルタ同様Cをスイッチなどで可変させる方法もあるが、RFICに内蔵する場合には、図5-12に示したようにgm-Cフィルタで実現することができる。図5-12に示したチューナブルなベースバンドフィルタの構成を図5-23に示す。3次の逆チェビシェフ形のLFPを2段接続した構成となっている。gm-Cフィルタにおいて、カットオフ周波数は、gmセルのトランスコンダクタンスgmと、容量Cの比で決まる。Cのプロセスばらつきをgmを調整することで、カッ

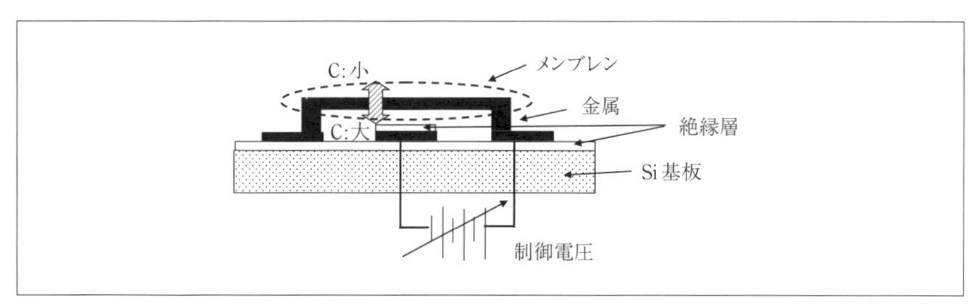
C:小
メンブレン
金属
C:大
絶縁層
Si基板
制御電圧

〔図5-22〕メンブレン構造MEMSを用いた可変容量素子

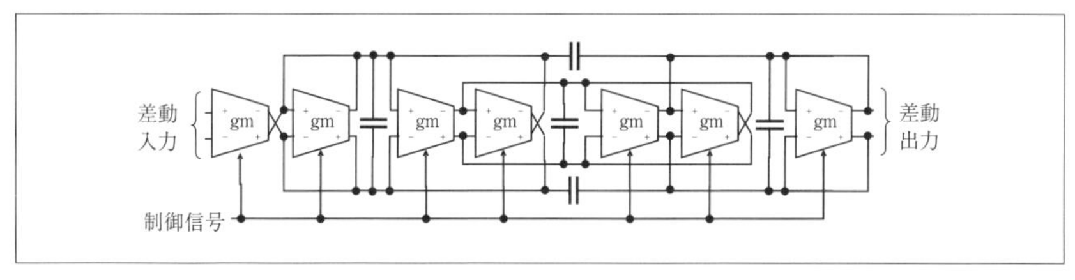
差動
入力
gm
差動
出力
制御信号

〔図5-23〕チューナブルベースバンドフィルタの構成例

トオフ周波数を正確に調整することが可能である。さらに、Cの値、gmの値を変更する、あるいは、gm-Cセルを切り替えることで、通過帯域幅1MHz～20MHzの可変フィルタ特性を実現している。

4. 広帯域マルチモード受信機への応用

ここでは、実際に製品化された短波用広帯域マルチバンド、マルチモード受信機[36]を例に取り、主にそのフロントエンドの具体的設計手法を紹介する。日本無線（株）において開発されたNRD-383受信機（図5-24）は、RFサンプリング方式を用い、HF帯の35MHzまでのRF信号をADCで直接処理し、最少150Hz～最大10MHzの帯域において、受信周波数の選択、AGC、復調処理などのすべてをデジタル信号処理可能なマルチバンド、マルチモード受信機である。

近年のデジタル受信機は信号処理過程の多くをデジタル信号処理で実現しているものの、回路構成を見ると、従来のアナログ受信機の一部分をデジタル処理に置替えたにすぎない受信機が多く、一般的には受信機一台で一チャンネル受信が基本だった。本機はアンテナで受信されたHF帯の信号すべてをデジタル部に取り込み、信号処理を行うことにより、一度に複数チャネル（マルチバンド）、複数のモード（マルチモード）を同時に受信、処理し出力することが可能である。一方で、従来の受信機では、RFフィルタ、IFフィルタで除去可能であった妨害波などもすべて受信信号として取込まれるため、実効感度とインターセプトポイント（IP）（Ⅳ章2-5参照）などの設計が難しくなる。この節では、これら

JRC
NRD-383
PHONES

〔図5-24〕NRD-383受信機[36]

の設計を適切に行うための受信機フロントエンド設計手法を紹介する。

４－１　RF ダイレクトサンプリング HF 受信機

４－１－１　概要

現在の SDR は、100MHz 以上のサンプリング周波数と 16bit 以上の分解能を持った ADC の登場により、アナログミクサやローカルシンセサイザを有しない、RF からのダイレクトサンプリング SDR の設計が可能となってきた。RF サンプリング方式は理想の SDR システムに近く、性能、機能においても大きな優位性が期待できる。コスト的にも、ミクサとローカルシンセサイザをなくせるメリットは大きい。それにも関わらず、RF サンプリング方式を採用している SDR システムは多くない。

理由の一つは、RF サンプリング方式の場合、フロントエンドの利得が小さくなる傾向があり、受信機の NF 性能が、ADC を含むデジタル段の NF に左右される可能性があること、IP 設計において、インバンド IP で考慮する必要があることなどが、RF フロントエンドの設計を複雑にし、敬遠されていると推測される。

IF サンプリング方式の場合、ある程度周波数の離れた干渉波は IF 段のフィルタにて除去可能であるために、そのフィルタ前段まででIP を考えればよかったが、RF サンプリング方式の場合、干渉波を含むすべての信号が ADC に入力される。ADC の IP が有限であることを考えると、フロントエンドの利得はできる限り最小に抑えることが必要である。しかし、フロントエンドの利得が小さいと言うことは、ADC を含むデジタル段の NF が受信機の NF に大きく関係することになる。つまり、RF サンプリング方式の受信機を考える場合、フロントエンドとバックエンド（ADC を含むデジタル段）の両方で正確な NF 分析と設計が必要になる。ここではフロントエンドの設計に関し、ADC の選択や、レベルチャートの設定、NF、IP3 などの性能を含む、的確な仕様の決定方法と、段階的アプローチによる、適切なフロントエンド設計に関して解説を行う。

４－１－２　理想的アーキテクチャと現実的アーキテクチャ

理想的な SDR は、図 5-25（a）のようなアンテナからの受信 RF 信号を直接デジタル変換する構成である。しかし、現在の ADC の性能では、多くの無線機に要求される受信感度の要求を充分に満たすことができないため、実現は難しい。

図5-25 (b) の方式は、現在の技術で実現可能な、理想的なSDRに最も近いアーキテクチャである。受信したRF信号は、初段のRFフィルタでADCのエイリアス妨害を除去し、RF帯域を制限した後、受信機としての要求感度を実現するためのRFアンプを経て、RF信号のままADCでデジタル化される。スーパーヘテロダイン方式、ダイレクトコンバージョン方式に比べ、アナログ段での周波数変換のためのミクサ処理や、それに伴うローカルシンセサイザが存在しないため、それらの回路に起因する性能劣化を排除することが可能である。ただし、DCに近い周波数からのすべてのRF信号をADCで取込むと、希望波以外の強力な妨害波による性能劣化 (実効感度低下など) の影響が出るので、RFで可能な限りの帯域制限を施すことが望まれる。本機は、このRFサンプリング方式を採用している。

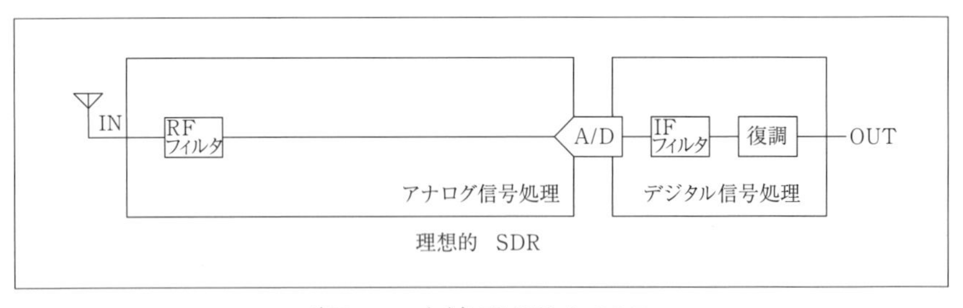
IN
RF
フィルタ
A/D
IF
フィルタ
復調
OUT
アナログ信号処理
デジタル信号処理
理想的 SDR

〔図5-25 (a)〕理想的なSDR

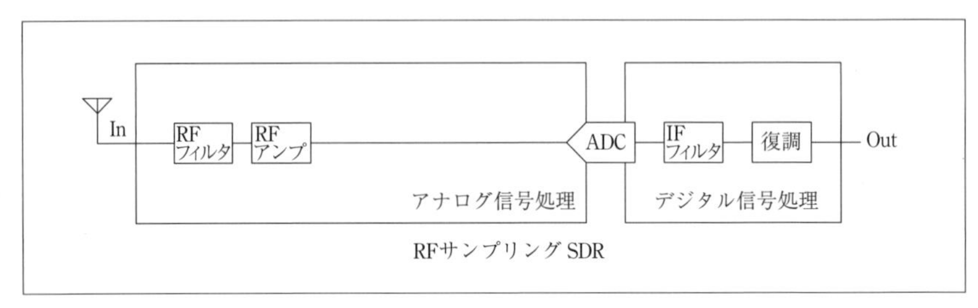
In
RF
フィルタ
RF
アンプ
ADC
IF
フィルタ
復調
Out
アナログ信号処理
デジタル信号処理
RFサンプリング SDR

〔図5-25 (b)〕RFサンプリング方式SDR

4－2　真のマルチチャネル、マルチモード受信機への挑戦

4－2－1　従来方式の問題と本方式の利点

従来方式（スーパーヘテロダイン方式、ダイレクトコンバージョン方式）のSDRでは、下記の問題を抱えていた。

①チャネル選択（受信周波数選択）はアナログ（Loを使用したIFもしくはBBへの周波数変換）。

②ミクサおよびローカルシンセサイザに起因するイメージ受信、レシプロカルミキシング、スプリアス受信の発生。

③ ADC取り込み帯域全域での感度コントロール。（アナログAGC動作時の強力近接妨害信号による所望信号感度劣化）（ブロッキング）

④実質はシングルチャンネル、マルチモード動作。

本方式（RFサンプリング方式）では、従来の問題点を排除し、完全なマルチチャネル、マルチモード処理を実現した。

① 35MHzまでの全チャネル一括取り込み可能。

②イメージ受信、レシプロカルミキシング、スプリアス受信の排除。

③完全なチャネル毎の感度コントロール（完全デジタルAGC）により近接妨害信号によるブロッキングの根絶。

④完全なマルチチャネル、マルチモード動作。

4－2－2　感度と実効感度[37],[38]

受信機の性能を示す大きな指標は、感度（NF特性）とインターセプトポイント（IP3、IP2特性）である。受信機の二信号ダイナミックレンジは、この二つの指標から計算される。一般に『感度』とは、「どれだけ弱い電波まで受信可能か」を示す指標だが、これはカタログなどの受信機の仕様で示されている「感度」性能と一致する訳ではないことを理解しておくことが重要である。設計時に使用されるNF特性は受信機のカタログなどで示されている「感度」と同意であり、NF特性は受信機のMDS：minimum detectable signal levelを決定する。つまり、MDSは感度測定条件下において、入力信号がこのレベル以上であれば信号を検出することが可能となるノイズフロアを意味する。そのため、通常このレベルは、受信機で選択可能な最少受信帯域幅で定義する。

一方、受信機をアンテナに繋いだ状態では、目的信号以外にも空間のあらゆる電波が受信機に入力される。実際の受信環境では、その多くの目的信号以外の電波（以下、妨害波）により、NFで設定されたノイズフロアを上回る受信障害による感度低下を招く。これらの影響をも考慮した受信機の感度を「実効感度」と呼ぶ。受信機の感度測定では、通常は妨害波を伴わず、信号発生器から入力される一波のみで測定を行うため、妨害波による感度劣化はなく見落とされやすい部分であるが、アンテナを接続した実質的な使用状況においては、所望波一波のみの受信状況はありえず、少なからず妨害波による感度劣化を生じる。故に設計では、常に「感度」と「実効感度」の両方を考慮して設計することが大切である。

SDRの実効感度を劣化させる要因は、主として以下の要因がある。

①イメージ受信
②レシプロカルミキシングとスプリアス受信
③アナログAGCによる実効感度抑圧（ブロッキング）
④混変調歪み（クロスモジュレーション）および相互変調歪み（インターモジュレーション）
⑤ADCのサンプリングクロックジッタ

上記の中でSDR特有の問題である③、④、⑤について解説を加える。

4－2－3　SDRのアナログ自動利得制御（AGC）についての問題

ADC搭載のSDRでは、通常、ADCへの過入力を防止するため、アナログ段にAGC回路、もしくは利得を制御する回路が搭載されている。この場合、近傍に強力な妨害波が存在すると、この妨害波に対し利得制御が動作し、所望信号の（実効）感度抑圧が発生する。図5-26に、その動作と影響を図解する。

IFフィルタを通過した所望信号とレベルの大きい妨害波の両方がADCに入力されると、レベルの大きい妨害波がADCを飽和させる。デジタル部のAGC回路でADCの飽和を検出すると、ADC前段のAGCアンプに対し利得を下げる制御が働く。すると所望信号のレベルも同時に低下するため、所望信号のSNRも低下してしまい、実効感度劣化が発生する。

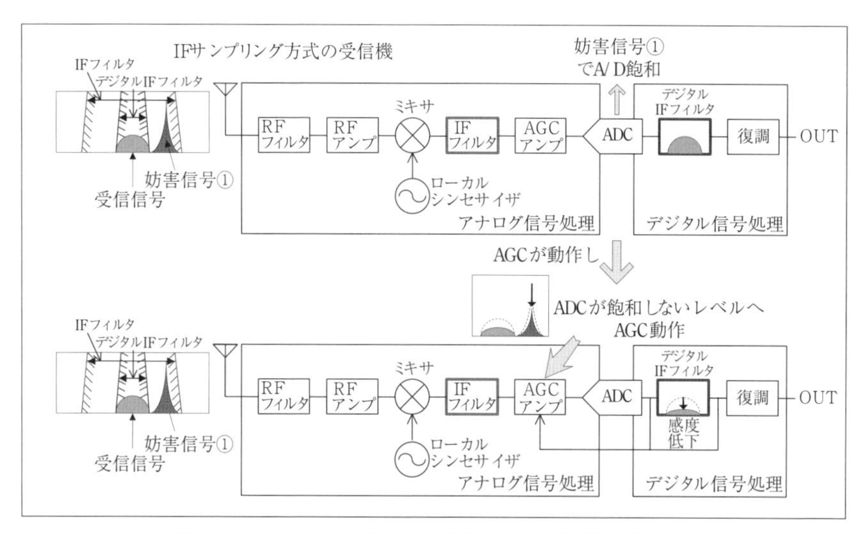
IFサンプリング方式の受信機
IFフィルタ
デジタルIFフィルタ
妨害信号①
受信信号
妨害信号①
でA/D飽和
RF
フィルタ
RF
アンプ
ミキサ
IF
フィルタ
AGC
アンプ
ADC
デジタル
IFフィルタ
復調
OUT
ローカル
シンセサイザ
アナログ信号処理
デジタル信号処理
AGCが動作し
ADCが飽和しないレベルへ
AGC動作
感度
低下

〔図 5-26〕アナログ AGC 動作による実効感度抑圧

通常の感度測定では、妨害波を伴わず所望波のみで評価するため、こうした感度抑圧は発生せず見落とされやすいが、実質的な使用状況下で発生する妨害波による感度抑圧を考慮した設計が重要である。

4－2－4　インターセプトポイント（IP3、IP2）の問題

通常 IP は、3 次（IP3）と 2 次（IP2）の IP の両方を意味する場合が多いが、IP2 は RF 段のフィルタ（プリセレクタ）やアンプ回路により改善が可能なため、ここでは IP3 を中心に考える。従来方式の受信機では、IP3 はアウトバンド（処理帯域外の妨害波）で考慮され、3 次 IMD[1] の原因となる妨害波は、RF 段や IF 段のフィルタにより、ある程度以上除去され、発生する IMD が緩和されるため、ADC の IMD 特性が問題になることは多くなかった。

また、インバンド（処理帯域内の妨害波）で IP を考慮する場合も、入力された妨害波に対して AGC が動作し、受信機全体の利得が下がるため、AGC が低入力レベルから動作するような受信機ほどインバンドの IP が見かけ上よくなる現象があり、正確な指標にはならなかった。

[1] Inter Modulated Distortion：2 波以上の妨害波入力に対し発生する相互変調歪。

本機のRFサンプリング方式では、3次IMDの原因となる妨害波も利得制御なくすべてADCに入力されるため、従来方式と違い非常に厳しい条件になる。このため、フロントエンドには非常に高い性能を要求され、RFアンプの設計も高い技術が要求される。

4－2－5　ADCのサンプリングジッタの問題

ADCのサンプリングクロックに含まれるジッタは、ADCの最大SNRを悪化させ、強力な妨害波を伴う環境においては、実効感度を悪化させる原因の一つになり得る。サンプリングジッタによるADCのSNR劣化は、サンプリングクロックのジッタ性能と、ADCへの入力周波数に依存するので、入力周波数が高くなるアンダーサンプリングなどを用いる場合は、注意が必要である[39]。

本機では、ADCへの入力最大周波数が35MHzであり、使用サンプリングクロックジッタが十分に低いため、ジッタによるSNR制限はないものとして設計する。

4－3　システムプランと設計 [36],[40]-[43]

4-2で述べたとおり、RFサンプリング方式SDRは、従来方式での設計以上に、フロントエンドと呼ばれるRF段を含むアナログ段の性能やレベル配分に注意が必要になる。ここでは仕様決定と設計方法について解説する。

4－3－1　仕様の決定

初めに、設計するSDRの仕様を決定する。設計開始時に、少なくとも以下の項目の仕様値を決めておくと、スムーズな設計が可能になる。

①受信RF周波数範囲
②受信方式
③受信感度（NF、MDS）
④インターセプトポイント（IIP2&IIP3）
⑤最小受信帯域幅
⑥最大受信入力レベル

ここでは実際に設計された本機の仕様を基に設計の流れを説明する。

①受信周波数範囲：1MHz～35MHz

②受信方式：RF サンプリング（オーバーサンプリング）
③受信感度（NF、MDS）：NF<8dB（MDS<－144dBm@150HzBW）
④ IIP3：>+25dBm
⑤最小受信帯域幅：150Hz
⑥最大受信入力レベル（Pimax）：－13dBm（100dBu/EMF）（CW）

次いで、図 5-27 にブロック図を示す。

4-2-3 で説明した実効感度を劣化させる要因の多くを回避できる、RF サンプリング方式を採用する。この方式を採用することで、従来はアナログベースであった受信周波数選択機能（チャネル選択機能）や AGC 機能のすべてをソフトウェアベースにすることが可能になり、真のマルチチャネル、マルチモードの受信が可能となる。

ここでは、RF 入力から、ADC の手前までをフロントエンド、ADC から後段をバックエンドと定義する。

４－３－２　レベルプラン1（受信機のMDS計算）

ADC の選定とフロントエンド回路の設計のためにフロントエンドのレベルプランを考える。

最初に最小受信帯域幅（150Hz）における MDS を求める。MDS と雑音指数（NF）の関係は次式で与えられる。

$$MDS[dBm] = -174[dBm/Hz] + NF + 10\log(BWI)[dBHz] \quad \cdots \quad (5\text{-}1)$$

BW：帯域幅、NF：雑音指数

最小受信帯域（150Hz）における MDS は、

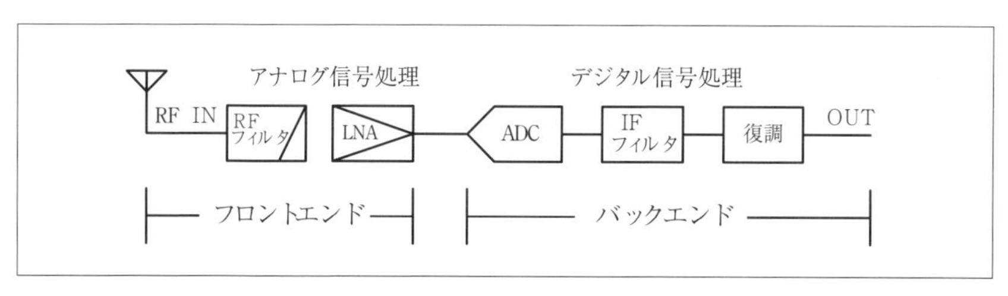

アナログ信号処理
デジタル信号処理
RF IN
RF
フィルタ
LNA
ADC
IF
フィルタ
復調
OUT
フロントエンド
バックエンド

〔図 5-27〕受信機ブロック図

$$\begin{aligned}\mathrm{MDS[dBm]} &= -174\mathrm{[dBm/Hz]} + NF + 10\log(\mathrm{BWI})\mathrm{[dBHz]} \\ &= -174 + 8 + 10\log 150 = -144\mathrm{[dBm]}\end{aligned} \quad \cdots \quad (5\text{-}2)$$

上記の結果より、本機のMDSは−144dBm（@BW：150Hz）と計算される。

最大受信入力レベル（Pimax）を−13dBmとしたので、RF端で必要な一信号ダイナミックレンジは、

$$DRrf = -13\mathrm{[dBm]} - (-144\mathrm{[dBm]}) = -131\mathrm{[dB]} \quad \cdots\cdots\cdots\cdots\cdots \quad (5\text{-}3)$$

と計算される。

図5-28に本機のフロントエンド部のレベルプランを示す。アナログAGCを排除したSDRでは、(5-3)式で計算されたダイナミックレンジをADC以降のデジタル部でも維持できるような設計をする必要がある。この場合、デジタル部でも131dBのダイナミックレンジを確保しなければならないことがわかる。

一方で、PimaxとADCのフルスケールレベルの差が、フロントエンド部に許される最大利得となる。この場合、25.8dBがフロントエンド

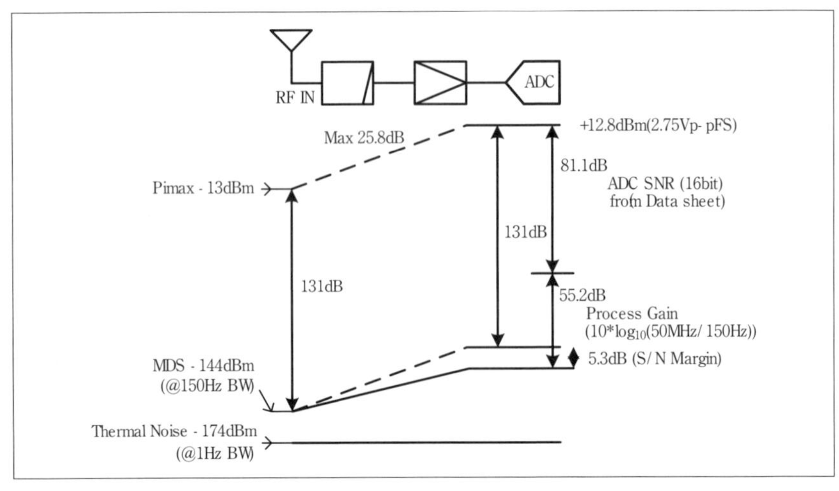
RF IN
ADC
Max 25.8dB
+12.8dBm(2.75Vp- pFS)
81.1dB
ADC SNR (16bit)
from Data sheet)
Pimax - 13dBm
131dB
131dB
55.2dB
Process Gain
(10*log10(50MHz/ 150Hz))
5.3dB (S/ N Margin)
MDS - 144dBm
(@150Hz BW)
Thermal Noise - 174dBm
(@1Hz BW)

〔図5-28〕レベルプラン

部に許される最大利得となる。言い換えると25.8dBの利得で、受信機のNF<8dBを満足させるアンプを含むフロントエンドを設計する必要がある。

4－3－3　レベルプラン2（ADC選択とプロセスゲイン）

レベルプランで重要な検討の一つに、ADC後のSNRがある。一般に、ADCのSNRはbをビット数として(5-4)式で定義されるが、実際のSNRは諸処の性能により制限される。実際に得られるSNRはADCのデータシートにENOB[2]などの値で記載されており、これを用いるのがよい。

$$SNR = 6.02b + 1.76[\mathrm{dB}] \quad \cdots\cdots\cdots\cdots \quad (5\text{-}4)$$

ADCのSNRやダイナミックレンジは「ナイキスト帯域幅＝サンプリング周波数の半分の帯域」で規定される。これに対し受信機でのダイナミックレンジは最少処理帯域幅である150Hzの帯域幅で規定される。

所望帯域の2倍以上のサンプリング周波数でサンプリングを行うオーバーサンプリングは、ADC後のSNRを改善する手法としてよく用いられる手法である。この手法により、プロセスゲイン（以下PG）と呼ばれるSNR改善効果が得られ、所望帯域でより大きなSNRを得ることができる[44]。オーバーサンプリング後のSNRの改善処理はその後のデジタル処理により実現する。表5-5に本機のADCのスペックシートの一部を示す。

本機ADCのサンプリング周波数は表5-5より100MHzであるので、最小受信帯域幅で得られるPGは(5-5)式で計算することができる。

〔表5-5〕ADCのスペックシート例

Resolution [bits]	16bits
Full-scale inputswing voltage [V p-p]	2.75 [V p-p]
Sampling frequency [MHz]	100 [MHz]
Signalto quantization noise ratio S/N [dB]	81.1 [dB]
2tone SFDR 30MHz-7dBFS 2-tone input [dB]	100 [dBc]
Maximum RF input Frequency	400 [MHz]

[2] Effective Number of Bit：ADCのSNRより導かれる実効ビット数。

$$PG = -10\log(150[\mathrm{Hz}]/50[\mathrm{MHz}]) = 55.2[\mathrm{dB}] \quad \cdots\cdots\cdots\cdots\cdots\cdots \quad (5\text{-}5)$$

上記ADCのナイキスト帯域幅でのSNRは81.1dBだが[3]、最少処理帯域まで帯域幅を制限することによるPGが生じる。上記（5-5）式の結果より、本機の最小受信帯域幅であるBW=150[Hz]時において、PGにより55.2dBのSNRの改善が可能である。よってBW=150[Hz]時におけるADC後の実質SNRは（5-6）式で計算することができる。

$$ADC\ SNR = 81.1[\mathrm{dB}] + 55.2[\mathrm{dB}] = 136.3[\mathrm{dB}] \quad \cdots\cdots\cdots\cdots\cdots\cdots \quad (5\text{-}6)$$

図5-29にADC後の150Hz帯域幅時のSNRを示す。ここで、（5-6）式で導かれた最小受信帯域幅でのADC後の実質SNRがRF端でのダイナミックレンジ以上になっていることを確認する。

上限値の+12.8[dBm]は、ADCの最大入力電圧（ADmax）2.75[Vp−p]を50Ω終端時のレベルに換算したものである。この結果より、フロントエンド部にAGC回路がなくても、RF信号すべてをデジタル信号処理部へ取り込むことができることがわかる。言い換えれば、ADC選択の際、

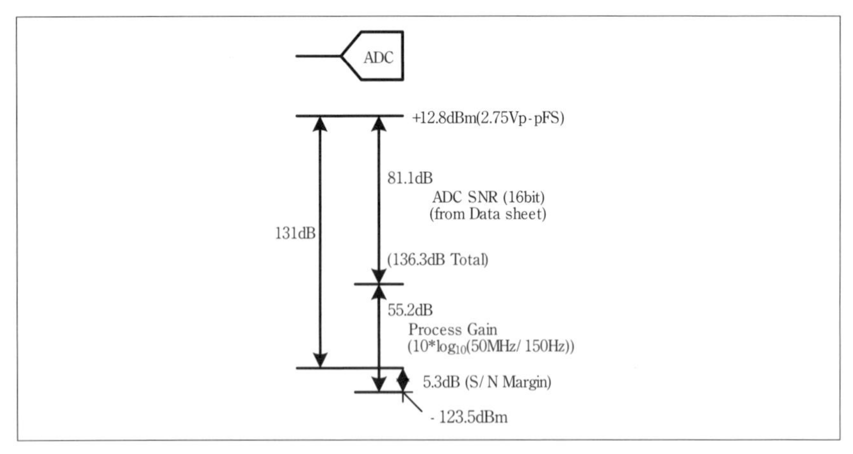
ADC
+12.8dBm(2.75Vp-pFS)
81.1dB
ADC SNR (16bit)
(from Data sheet)
131dB
(136.3dB Total)
55.2dB
Process Gain
(10*log10(50MHz/150Hz))
5.3dB (S/N Margin)
-123.5dBm

〔図5-29〕ADCの150Hz帯域幅時のSNR

[3] サンプリングクロックジッタが問題になるような場合、そのSNR劣化分も考慮してナイキスト帯域あたりの最大SNRを算出する必要がある。

PGを含めた実質SNRがRF端でのダイナミックレンジを上回るようなADCを選択することが重要である。

図5-29に示すように、RF入力端のダイナミックレンジ131[dB]に対して、ADCのSNRは136.3[dB]となるので、SNRのマージンが5.3[dB]あることがわかる。このSNRマージンが大きければ、その分だけフロントエンドの利得を少なくすることが可能となり、IP3、IP2の性能を確保しやすくなる。

次に、PGを含めたADCの最小検出レベル(MDS)を(5-7)式で計算する。

$$ADCのMDS=12.8[dBm]-136.3[dB]=-123.5[dBm] \quad \cdots\cdots \quad (5\text{-}7)$$

上記(5-7)式より、150Hz帯域時のADCのMDSは−123.5dBmと算出される。

4−3−4　レベルプラン3(フロントエンドの利得計算)

受信機のMDSとADCのMDSの差からフロントエンドで必要な最少利得(Gmin)が計算できる。フロントエンドで必要な最少利得(Gmin)は(5-8)式で表される。

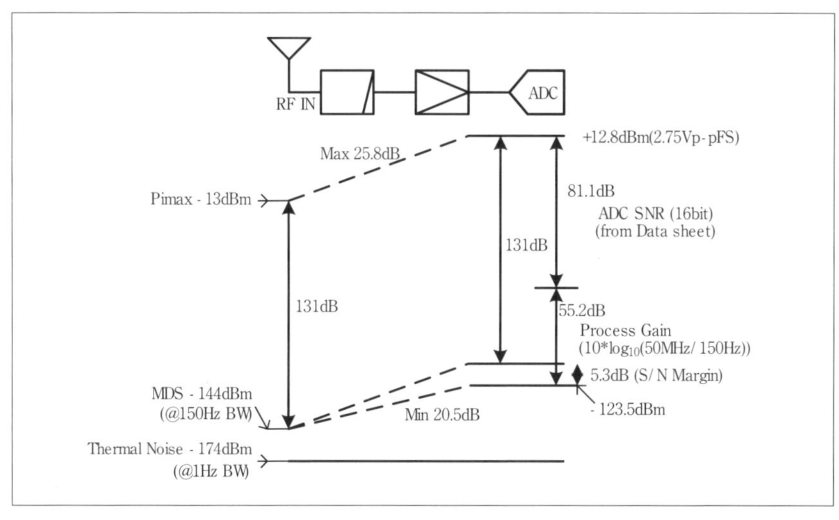
RF IN
ADC
+12.8dBm(2.75Vp-pFS)
Max 25.8dB
Pimax - 13dBm
81.1dB
ADC SNR (16bit)
(from Data sheet)
131dB
131dB
55.2dB
Process Gain
(10*log10(50MHz/150Hz))
5.3dB (S/N Margin)
MDS - 144dBm
(@150Hz BW)
- 123.5dBm
Min 20.5dB
Thermal Noise - 174dBm
(@1Hz BW)

〔図5-30〕RF入力端とADC入力後のダイナミックレンジの比較

$$G_{min}=(-144[\mathrm{dBm}])-(-123.5[\mathrm{dBm}])=20.5[\mathrm{dB}] \quad \cdots\cdots\cdots\cdots \quad (5\text{-}8)$$

また、4-3-2で求めたフロントエンドで確保可能な最大利得（Gmax）は（5-9）式で表される。

$$G_{max}=(12.8[\mathrm{dBm}])-(-13[\mathrm{dBm}])=25.8[\mathrm{dB}] \quad \cdots\cdots\cdots\cdots\cdots\cdots \quad (5\text{-}9)$$

よって、フロントエンドの利得（GF）は、20.5[dB]<GF<25.8[dB]の範囲で設計すればよいことがわかる。

4－3－5　バックエンドのノイズフィギュア[40]-[43]

従来方式（図5-31）では、ADC以前で50～80[dB]の利得を得ていたため、バックエンドのNFは大きな問題にならなかった。しかしアナログAGCを排除したRFサンプリング方式（図5-32）では、利得が20～30dB程度しか得られないため、バックエンドのNFが重要になる。それ故バックエンドのNFを求めた後にフロントエンドに必要なNFを計

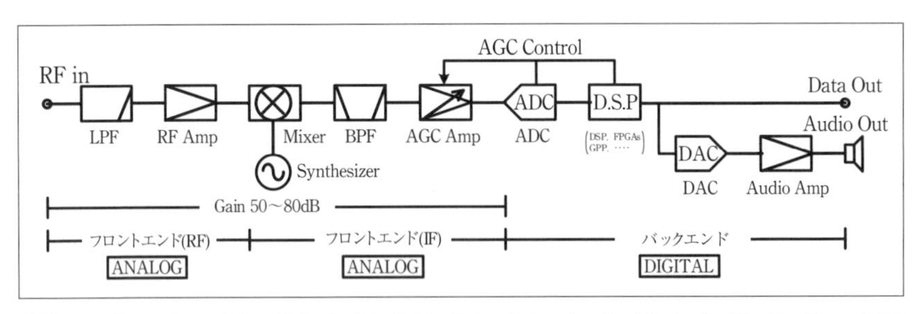
AGC Control
RF in
Data Out
Audio Out
ADC
D.S.P
LPF
RF Amp
Mixer
BPF
AGC Amp
ADC
DSP, FPGAs
GPP, ・・・・
DAC
Synthesizer
DAC
Audio Amp
Gain 50～80dB
フロントエンド(RF)
フロントエンド(IF)
バックエンド
ANALOG
ANALOG
DIGITAL

〔図5-31〕IFサンプリング方式（またはダイレクトコンバージョン方式）のブロック図

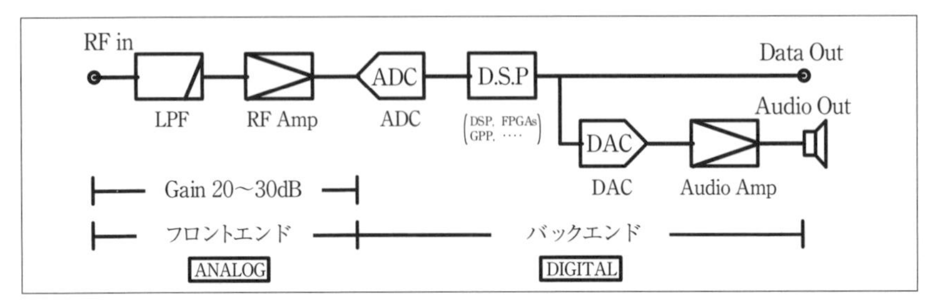
RF in
ADC
D.S.P
Data Out
LPF
RF Amp
ADC
DSP, FPGAs
GPP, ・・・・
Audio Out
DAC
Gain 20～30dB
DAC
Audio Amp
フロントエンド
バックエンド
ANALOG
DIGITAL

〔図5-32〕RFサンプリング方式のブロック図

算する必要がある。また、フロントエンドの利得を多くとると、受信機のIP3、IP2の性能を劣化させるので、フロントエンドの利得を必要以上にとらない設計が併せて必要になる。

4－3－6　ADCのノイズフィギュア

ADCのNFをADCのフルスケール電圧とSNRから計算する。表5-5に示されたSNRはナイキスト周波数帯域でのSNRなので、これを1Hz帯域のSNRに換算する。本機ADCのナイキスト周波数帯域である50MHz帯域を1Hz帯域に換算したときの補正値（CF）は（5-10）式で表される。

$$CF = 10\log(50\times10-6) = 77[dB] \quad\cdots\cdots\cdots\cdots\cdots\cdots\cdots\cdots\cdots\cdots\cdots \quad (5\text{-}10)$$

また、補正値（CF）を加味した1Hz帯域でのADCのSNRは（5-11）式により計算できる。

$$SNR(dB/Hz) = 81.1[dB] + 77[dB] = 158.1[dB] \quad\cdots\cdots\cdots\cdots\cdots\cdots \quad (5\text{-}11)$$

ADCのフルスケールレベルである12.8dBmからADCの出力に現れるノイズレベル（N_{adc}）が（5-12）式により算出できる。

$$N_{adc} = 12.8[dBm] - 158.1[dB] = -145.3[dBm] \quad\cdots\cdots\cdots\cdots\cdots\cdots \quad (5\text{-}12)$$

一方、NFとはADCの1Hzあたりのノイズ出力レベル（N_{adc}）と、1Hzあたりの熱雑音（N_t）（5-13）式との差で表すことができるので、ADCのNF（NF_{adc}）は（5-14）式から算出できる。

$$N_t = 10\log(kT) = 10\log(4.11\times10-18) = -173.9[dBm/Hz] \quad (5\text{-}13)$$

$$NF_{adc} = -145[dBm] - (-173.9[dBm]) = 28.6[dB] \quad\cdots\cdots\cdots\cdots \quad (5\text{-}14)$$

k（ボルツマン定数）：1.38×10−23、T（絶対温度）：2.98×102

よって、このA/DのNFは28.6[dB]と計算される。

4－3－7　デジタル信号処理部でのノイズ

ADCは単純なアナログーデジタル変換器として動作し、利得は1のため、その後段に接続されるデジタル信号処理による量子化ノイズにも注意が必要である。図5-33にデジタルフィルタのブロック図の例を示す。

ADCのNFを超えないようにこれらのデジタル信号処理によるノイズを考慮する必要がある。量子化ノイズによるノイズフロアの上昇を計算し、結果をNFに換算して、ADCのNFを超えないような信号処理部の出力ビット長を決定する。信号処理ビット長に対する、デシメーションフィルタとFIRフィルタのNFの計算結果例をそれぞれ図5-34および図5-35に示す。

図5-34および図5-35より、デシメーションフィルタのビット長を22ビット以上､FIRフィルタのビット長を25ビット以上とすることにより、ADC入力端から見たバックエンドのNFをADC単体のNFと同値である28.6[dB]に維持できることがわかる。図5-36に上記ビット数におけるADCのみのNFとADC以降のバックエンドのNFを示す。

ここまでで、バックエンドのNFを確定することができる。結果を図5-37に示す。

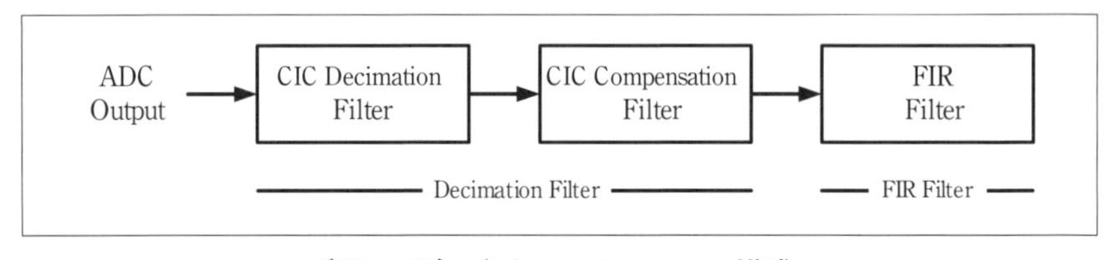
ADC
Output
CIC Decimation
Filter
CIC Compensation
Filter
FIR
Filter
Decimation Filter
FIR Filter

〔図5-33〕デジタルフィルタの構成

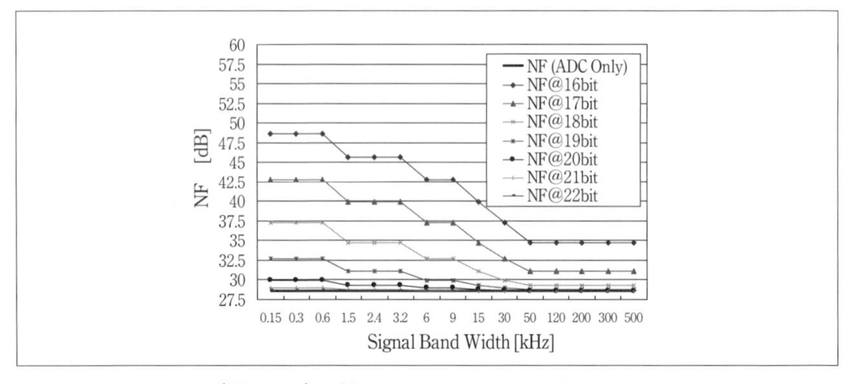
60
57.5
55
52.5
50
47.5
45
42.5
40
37.5
35
32.5
30
27.5
NF [dB]
NF (ADC Only)
NF@16bit
NF@17bit
NF@18bit
NF@19bit
NF@20bit
NF@21bit
NF@22bit
0.15
0.3
0.6
1.5
2.4
3.2
6
9
15
30
50
120
200
300
500
Signal Band Width [kHz]

〔図5-34〕デシメーションフィルタのNF

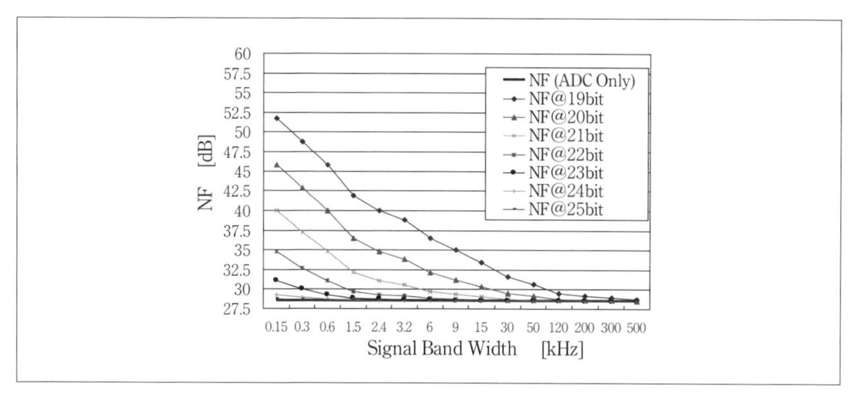
NF [dB]
60
57.5
55
52.5
50
47.5
45
42.5
40
37.5
35
32.5
30
27.5
0.15 0.3 0.6 1.5 2.4 3.2 6 9 15 30 50 120 200 300 500
Signal Band Width [kHz]
NF (ADC Only)
NF@19bit
NF@20bit
NF@21bit
NF@22bit
NF@23bit
NF@24bit
NF@25bit

〔図 5-35〕FIR フィルタの NF

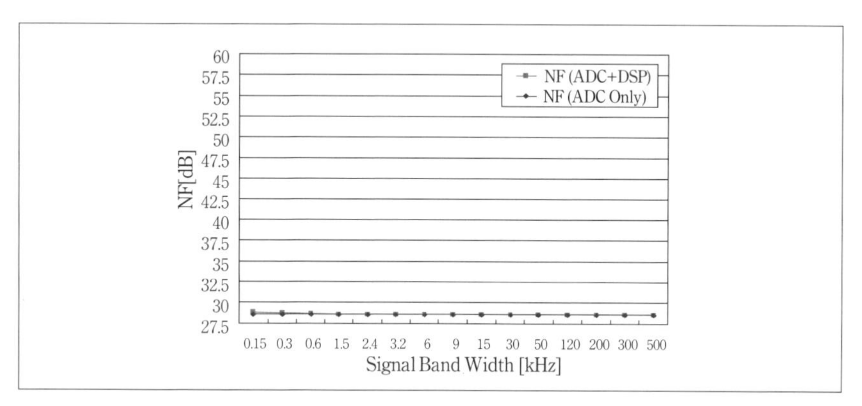
NF[dB]
60
57.5
55
52.5
50
47.5
45
42.5
40
37.5
35
32.5
30
27.5
0.15 0.3 0.6 1.5 2.4 3.2 6 9 15 30 50 120 200 300 500
Signal Band Width [kHz]
NF (ADC+DSP)
NF (ADC Only)

〔図 5-36〕ADC のみの NF と ADC 以降の NF

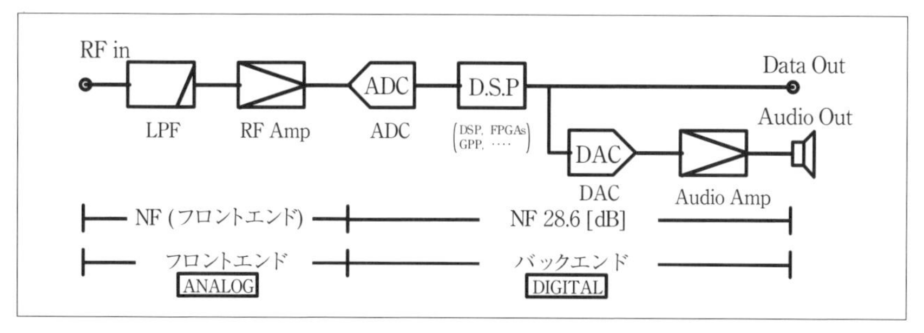
RF in
LPF
RF Amp
ADC
ADC
D.S.P
DSP, FPGAs
GPP, ････
Data Out
Audio Out
DAC
DAC
Audio Amp
NF (フロントエンド)
NF 28.6 [dB]
フロントエンド
ANALOG
バックエンド
DIGITAL

〔図 5-37〕バックエンドの NF

4－3－8　ADCのインターセプトポイント

ADCの2toneSFDR値を用いてADCのIIP3を計算する。表5-5の値を用い、下記の通り計算する。

$$\text{ADC IIP3} = 100[\text{dBc}]/2 + 5.8[\text{dBm}] = +55.8[\text{dBm}] \quad \cdots\cdots\cdots (5\text{-}15)$$

ADCのIIP3は（5-15）式より、+55.8dBmと計算される。デジタルフィルタを含むデジタル処理部でのIIP3の劣化は、無視できる範疇なので、バックエンドのIIP3は+55.8dBmと考えることができる（図5-38）。

4－3－9　フロントエンドのノイズフィギュア

ADC以降のバックエンドにおけるNFが計算できたので、フロントエンドに必要なNFと利得を計算する。本機のNF仕様値は8dBであるので、バックエンドのNFを加味してフロントエンドに必要なNFと利得を算出したのが表5-6である。

表5-6は、本機のNF<8dBが実現可能なフロントエンド（フィルタ＋アンプ）のNFと利得の組み合わせを示している。

4－3－10　インターセプトポイント（IP3）のデザイン

本機のIIP3の目標値はIIP3：+25dBmである。4-3-8でバックエンドにおけるIIP3が算出できたので、フロントエンドに必要なIP3と利得を計算する。受信機のIIP3は、フロントエンドの利得とのトレードオフとなる。この場合、バックエンドのIIP3から計算すると本機のIIP3を+25dBm得るためには、フロントエンドのOIP3をおよそ+53dBm以上、

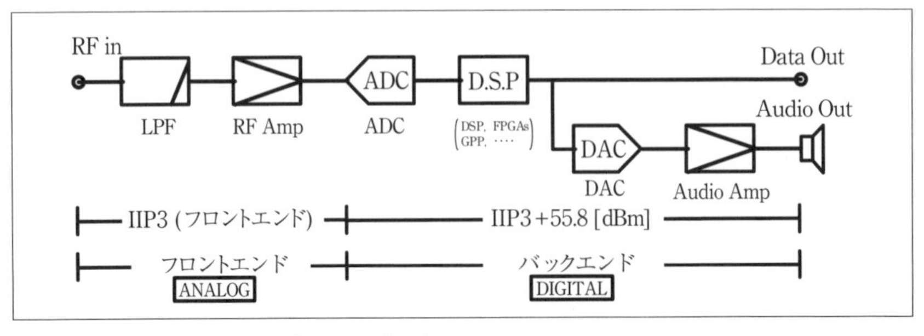
RF in
LPF
RF Amp
ADC
ADC
D.S.P
DSP, FPGAs
GPP, ・・・・
Data Out
Audio Out
DAC
DAC
Audio Amp
IIP3（フロントエンド）
IIP3＋55.8［dBm］
フロントエンド
ANALOG
バックエンド
DIGITAL

〔図5-38〕バックエンドのIIP3

利得を26dB以下にすることが必要である。

4－3－11　フロントエンドのデザイン

ここまでに得られた結果を整理してみる。

①本機の受信感度（NF）仕様値：<8[dB]
②本機のインターセプトポイント（IIP3）仕様値：>+25[dBm]
③バックエンドのNF：28.6[dB]
④バックエンドのインターセプトポイント（IIP3）：+55.8[dBm]
⑤本機のMDS：−144[dBm]@150HzBW
⑥ ADCのフルスケール：+12.8[dBm]
⑦ ADCのMDS：−123.5[dBm]@150HzBW（ADC後のPGを含む）

本機のNF、IP3性能の両方を達成するためには、フロントエンドのアンプを含むIP性能を飛躍的に高め、加えて受信RF帯域をフラットな特性で実現しなければならないため、アンプの設計が非常に重要なことがわかる。4-3-4の結果より、フロントエンドに許容される利得（GF）範囲は

20.5[dB]<GF<25.8[dB]

加えて4-3-10で求められた、受信機のIIP3を達成するためのフロントエンドに求められる最大利得は、およそ26dBであった。

〔表5-6〕フロントエンドのNFと利得

NF for front-end [dB]	Necessary gain for front-end [dB]
0	21.3434046
1	21.5605299
2	21.8502767
3	22.2448863
4	22.7988092
4.5	23.1642654
5	23.6146253
5.5	24.1826455
6	24.9232352
6.5	25.9393661
7	27.4622541
7.5	30.2297457

上記の結果より、アンプの実現性やIIP3への影響を考え、表5-6の計算結果より、NFを6dB以下、利得を25dBでフロントエンドの設計を行う。

4－3－12　アンプのデザイン

4－3－12－1　ベースアンプのデザイン

RFアンプ（LNA）の基本となるベースアンプの回路例を図5-39に、諸特性の実測値を図5-40および図5-41にそれぞれ示す。

上記プロットより、ベースアンプのIIP3およびIIP2は下記のように計算される。

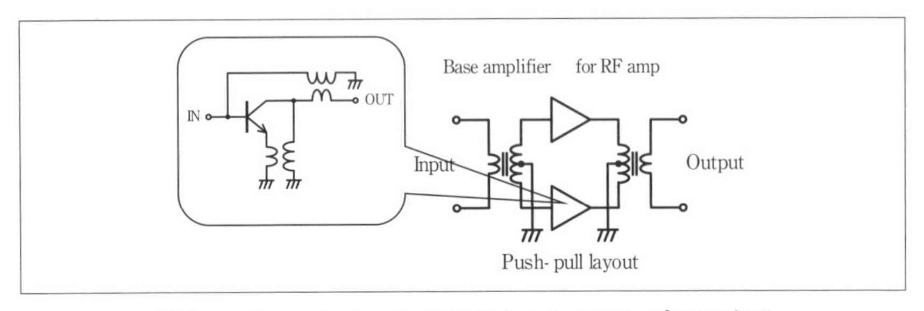
IN
OUT
Base amplifier
for RF amp
Input
Output
Push- pull layout

〔図5-39〕フロントエンドの基本となるアンプの回路図

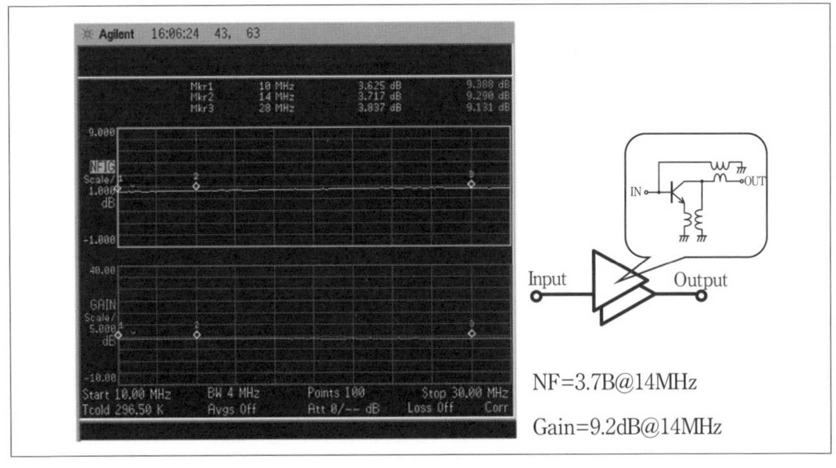
Agilent 16:06:24 43, 63
Mkr1 10 MHz 3.625 dB 9.388 dB
Mkr2 14 MHz 3.717 dB 9.290 dB
Mkr3 28 MHz 3.837 dB 9.131 dB
9.000
NFIG
Scale/
1.000
dB
-1.000
40.00
GAIN
Scale/
5.000
dB
-10.00
Start 10.00 MHz
Tcold 296.50 K
BW 4 MHz
Avgs Off
Points 100
Att 0/-- dB
Stop 30.00 MHz
Loss Off
Corr
IN
OUT
Input
Output
NF=3.7B@14MHz
Gain=9.2dB@14MHz

〔図5-40〕ベースアンプのNF特性実測値

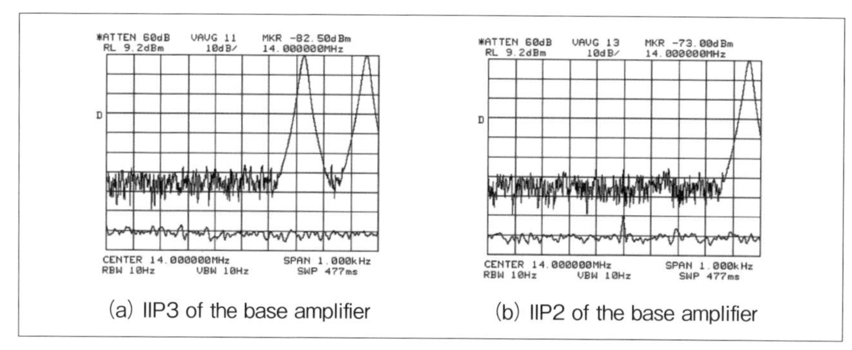
*ATTEN 60dB VAVG 11 MKR -82.50dBm
RL 9.2dBm 10dB/ 14.000000MHz
D
CENTER 14.000000MHz SPAN 1.000kHz
RBW 10Hz VBW 10Hz SWP 477ms
(a) IIP3 of the base amplifier
*ATTEN 60dB VAVG 13 MKR -73.00dBm
RL 9.2dBm 10dB/ 14.000000MHz
D
CENTER 14.000000MHz SPAN 1.000kHz
RBW 10Hz VBW 10Hz SWP 477ms
(b) IIP2 of the base amplifier

〔図 5-41〕ベースアンプの IP 特性実測値

〔表 5-7〕ベースアンプの特性

Gain	9.2dB@14MHz
NF	3.7dB@14MHz
IIP3	45.9dBm@14MHz
OIP3	55.1dBm@14MHz
IIP2	82.2dBm@14MHz
OIP2	91.4dBm@14MHz

$$IIP3=(9.2[dBm]-(-82.5[dBm]))/2+0[dBm]=45.9[dBm] \quad (5\text{-}16)$$

$$IIP2=9.2[dBm]-(-73.0[dBm])+0[dBm]=82.2[dBm] \quad \cdots\cdots \quad (5\text{-}17)$$

上記の測定､計算結果より得られたベースアンプの特性を表 5-7 に示す。

4－3－12－2　RFアンプのデザイン

4-3-12-1 で設計したベースアンプを利用して RF アンプのデザインに移る。ベースアンプの利得は 9.2dB なので、RF アンプが必要とする利得を得るためにベースアンプを多段接続して、目的の利得を得ることにする。RF アンプのブロック図を図 5-42 に、特性の実測値を図 5-43、図 5-44 にそれぞれ示す。

$$IIP3=(15.8[dBm]-(-60.0[dBm]))/2-10[dBm]=27.9[dBm] \quad (5\text{-}18)$$

$$IIP2=15.8[dBm]-(-65.3[dBm])-10[dBm]=71.1[dBm] \quad \cdots \quad (5\text{-}19)$$

上記の測定、計算結果より得られた RF アンプの特性を表 5-8 に示す。

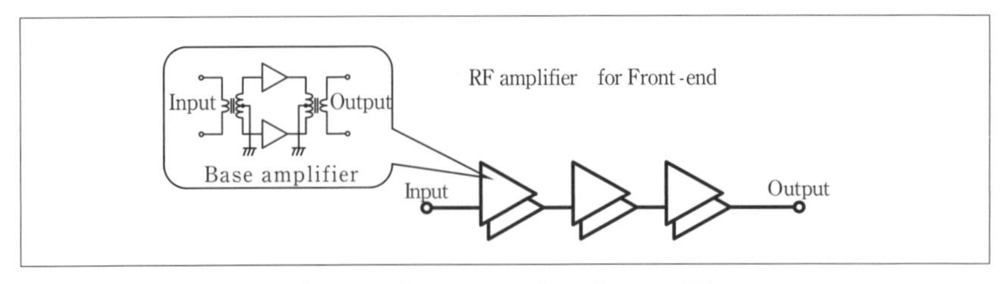
Input
Output
Base amplifier
RF amplifier for Front-end
Input
Output

〔図 5-42〕RF アンプのブロック図

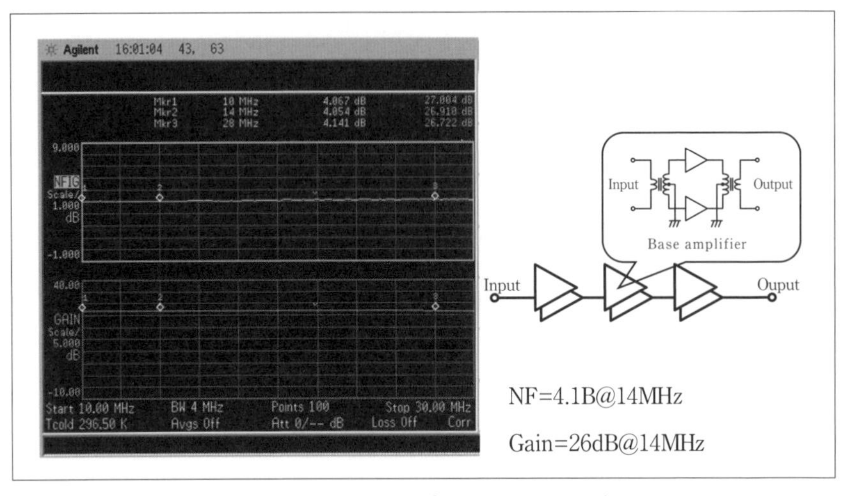
Agilent 16:01:04 43, 63
Mkr1 10 MHz 4.067 dB 27.004 dB
Mkr2 14 MHz 4.054 dB 26.918 dB
Mkr3 28 MHz 4.141 dB 26.722 dB
NFIG
GAIN
Start 10.00 MHz BW 4 MHz Points 100 Stop 30.00 MHz
Tcold 296.50 K Avgs Off Att 0/-- dB Loss Off Corr
Input
Output
Base amplifier
Input
Ouput
NF=4.1B@14MHz
Gain=26dB@14MHz

〔図 5-43〕RF アンプの NF 特性実測値

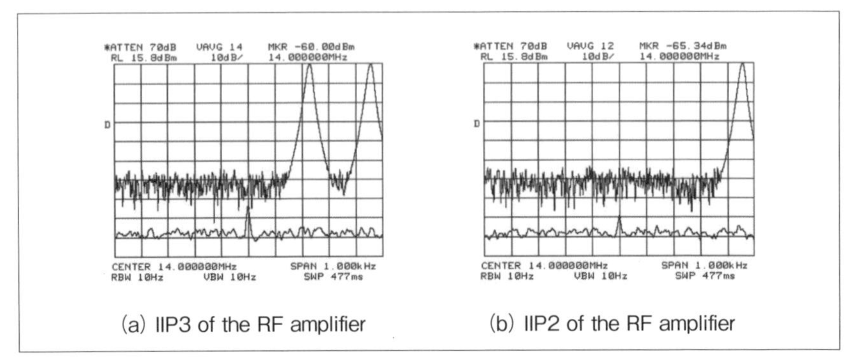
*ATTEN 70dB VAVG 14 MKR -60.00dBm
RL 15.0dBm 10dB/ 14.000000MHz
CENTER 14.000000MHz SPAN 1.000kHz
RBW 10Hz VBW 10Hz SWP 477ms
*ATTEN 70dB VAVG 12 MKR -65.34dBm
RL 15.0dBm 10dB/ 14.000000MHz
CENTER 14.000000MHz SPAN 1.000kHz
RBW 10Hz VBW 10Hz SWP 477ms

(a) IIP3 of the RF amplifier (b) IIP2 of the RF amplifier

〔図 5-44〕RF アンプの IP 特性実測値

４－３－13　設計検証と確認

RF アンプの設計が完了したので、本機の総合 NF と IIP3 を計算して性能を確認する。仕様値は、NF<8[dB]、IIP3>+25[dBm] であった。

RF アンプの実測値を基に、本機の総合 NF を算出した結果を表 5-9 に示す。

上記より、仕様値である NF:<8dB を達成できていることがわかる。次に、本機の総合 IIP3 を算出した結果を表 5-10 に示す。

上記より､仕様値である IIP3>+25[dBm] を達成できていることがわかる。

４－４　総合性能の確認

開発した本機の諸特性を表 5-11 に紹介する。

〔表 5-8〕RF アンプの特性

Gain	26dB@14MHz
NF	4.1dB@14MHz
IIP3	27.9dBm@14MHz
OIP3	53.9dBm@14MHz
IIP2	71.1dBm@14MHz
OIP2	97.1dBm@14MHz

〔表 5-9〕総合の NF 計算

STAGE	LPF	RF Amp	ADC	Jitter（ADC）
				Optional
Gain[dB]	－1.0	26.0	0	0
NF[dB]	1.0	4.1	28.6	0
Total Gain[dB]				25.0
Total NF[dB]				7.4

〔表 5-10〕総合の IIP3 の計算

STAGE	LPF	RF Amp	ADC	Jitter（ADC）
				Optional
Gain[dB]	－1.0	26.0	0	0
IIP3[dB]	45.0	27.9	55.8	0
Total Gain[dB]				25.0
Total IIP3[dB]				26.6

〔表 5-11〕本機の諸性能

Frequency Range	1MHz to 35MHz
NF	8dB (typ)
IIP3 (in-band)	+27dBm (typ)
IIP2 (in-band)	+70dBm (typ)
受信帯域幅	150Hz to 10MHz
最大受信入力レベル	−13dBm
ブロッキングダイナミックレンジ	>130dB
IQ データ出力 (Max)	24 bit each

※本性能は開発試作機の性能であり、製品の性能と異なる場合がある。

5．ソフトウェア無線機のための高周波回路技術

5－1　アンテナ設計の基本的考え方

まず、ソフトウェア無線機に用いるアンテナを設計する際に考慮すべき点について考える。アンテナは電気回路や同軸ケーブルなどの伝送路と自由空間との橋渡しを行う電磁波の伝送モード変換器であり、その特性は物理的構造によって決まり信号の波長に大きく依存する。したがって、ソフトウェア無線無線機の構成要素の中で、特にアンテナはフレキシビリティを高くすることが難しい部分である。ベースバンド信号処理回路は、ソフトウェアで記述しプログラマブルにすることが可能であるが、アンテナのフレキシビリティを高めるには、ベースバンド部とはまったく違った考え方やアプローチが必要となる。ソフトウェア無線機は、様々な無線システム・無線方式に対応可能な無線機であり、様々な周波数帯域で動作することが求められる。望ましくは、単一のアンテナで様々な無線システムや周波数に対応したい。第一の候補となるのは広帯域アンテナあるいはマルチバンドアンテナであり、これらを実現するための様々な研究開発がなされ、実用化・製品化されている例もある。本章では、「広帯域アンテナ」をある特定の性能（たとえば、絶対利得と反射損失）がある特定の広範囲な連続した周波数帯域（たとえば、VHF 帯から 6GHz 帯まで）にわたり所要の規格を満足するアンテナと定義し、一方、「マルチバンドアンテナ（複数周波数共用アンテナ）」をある複数の離散的な周波数帯域（たとえば、800MHz 帯、2GHz 帯、および 5GHz 帯の各

帯域）において、ある特定の性能が所要の規格を満足するアンテナと定義する。マルチバンドアンテナでは、ソフトウェア無線機で利用する複数無線方式に対応した複数周波数帯域において、各々所要の性能を満足するように設計されることになる。

用途に応じてアンテナに求められる性能は大きく異なってくる。実験的な用途では、たとえばVHF帯から6GHz帯までをカバー可能な広帯域アンテナを用い、一般的に利用されている大部分の無線方式を受信することはできるであろう。しかし実システムに用いることを考えた場合、要求される性能は各無線方式毎に特化されたものであり、帯域、効率、利得、指向性パターン（サイドローブ特性やバックローブ特性なども含む）、偏波などの各特性、ダイバーシチ方式、設置条件などについても異なってくる。広帯域アンテナやマルチバンドアンテナを用いる場合でも、これらの諸特性は各々の無線方式に特化した専用アンテナ（シングルバンドアンテナ）と同等の特性が必然的に求められることなる。

実システムのアンテナに要求される性能の例をいくつか述べる。セルラ通信方式では、複信方式にFDD方式が多く用いられており、この場合にはアップリンクとダウンリンクに別々の周波数帯域（たとえば、800MHz帯と900MHz帯）が用いられ、一般的には両周波数帯域に対応した周波数共用アンテナが用いられている。基地局と携帯端末でアンテナの要求性能は異なり、一般的に基地局アンテナでは特殊な指向性が用いられており、水平面指向性は限られた周波数を繰り返して用い有効利用するための3セクタ扇形ビーム、垂直面指向性はセルサイズを制限するためのチルトビームが用いられている場合が多い。アンテナ高もセル設計と密接に関係する。一方、携帯端末用アンテナは、従来はヘリカルアンテナを装荷したホイップアンテナなどが主流であったが、現在は端末筐体内部に内蔵されたプレスヘリカルアンテナや逆Fアンテナ、また筐体自身の電流分布を用いた筐体アンテナなどを組み合わせて各無線方式に対応している。さらに基地局でも携帯端末でも、複数のアンテナを空間相関を低くできる距離に離して配置し、空間ダイバーシチを行っている場合が多い。また近年、セルラ通信方式や無線LANでは、MIMO

技術を用いて高速化・大容量化を実現しており、複数のアンテナが実装されている。ビームフォーミングを行う基地局アンテナの構成は複数の素子アンテナを並べたフェーズドアレーアンテナであり、素子アンテナの間隔は電波の波長に依存した長さとなる。さらに偏波特性も様々であり、多くの移動通信方式には垂直偏波が、テレビ放送には水平偏波が、一部の衛星通信方式では円偏波が一般的に用いられている。

これらのことから、水平面無指向性（オムニ指向性）のホイップアンテナがあれば問題なく利用（受信）できる無線方式も多いが、一方でアンテナを広帯域化あるいはマルチバンド化しただけでは実用に供することができない場合も多いことを理解しておく必要がある。特に、成型ビームアンテナやアレーアンテナなどは構造が波長に大きく依存するため、原理的に広帯域化・マルチバンド化することが困難である。以上を踏まえて、目的・用途・使用環境・伝搬環境などに応じて適切なソフトウェア無線機用アンテナを設計することが必要である。現状で考えられる実現手法を表5-12にまとめる。

5－2　アンテナの基本原理と広帯域化・マルチバンド化手法

前述の通り、アンテナの特性は物理的構造によって決まり、波長に大きく依存する。アンテナの動作原理は物理法則を逸脱することはない。アンテナ理論の詳細は[45]などの専門書を参照されたいが、基本事項として、アンテナは空間領域のフィルタとして捉えることができ、長さLの一様開口照度分布のアンテナのビーム幅（角度分解能）はλ/Lである。また、アンテナの効率η・利得G・帯域Bの積は、アンテナの電気的体積V_eに比例する[46]。

〔表5-12〕ソフトウェア無線機用アンテナの実現手法

①アンテナ構造の工夫による広帯域化
②アンテナ構造の工夫によるマルチバンド化（複数周波数共用化）
③能動回路と組み合わせ、またはアンテナ電気長や整合回路の電子制御・機械制御による広帯域化・マルチバンド化
④手動切替・差替方式
⑤上記の組み合わせ

$$\eta GB \propto V_e \quad \cdots\cdots (5\text{-}20)$$

したがって一定の効率と利得の元で帯域を拡大しようとするとそれに比例してアンテナを大きくする必要がある。実用の観点から特に端末用アンテナは物理的に小型であることが求められ、$V_e/\eta GB$ の指標を小さくするための数々の研究開発が行われてきている。最も基本的なアンテナであるダイポールアンテナの比帯域（= 帯域幅／帯域の中心周波数× 100（%））は約 10% 程度、代表的な平面アンテナであるマイクロストリップアンテナの比帯域は通常数 % 程度であるのに対し、現状地上デジタルテレビ放送に割り当てられている UHF 帯の周波数（470 ～ 710MHz）の比帯域は約 41%、多くの無線方式で用いられている VHF 帯の 30MHz から SHF 帯（マイクロ波帯）の 6GHz までをフルカバーする場合には約 200% という比帯域が必要ということになる。

表 5-12 ①の広帯域化手法に関し、入力インピーダンスが周波数に依らず一定であるアンテナは、定インピーダンスアンテナと呼ばれる。平面スパイラルアンテナやその変形であるコニカルスパイラルアンテナなどの自己補対構造のアンテナは（厳密には無限長の場合）定インピーダンスアンテナの一種である。原理的には、その入力インピーダンス Z は、虫明の関係式より、

$$Z = \frac{Z_0}{2} \approx 60\pi = 188\ [\Omega] \quad \cdots\cdots (5\text{-}21)$$

と周波数に無関係に一定となる。ここで Z_0 は自由空間の固有インピーダンスである。また、ボウタイアンテナ、バイコニカルアンテナなど、アンテナの寸法を任意に拡大・縮小してもその形がまったく変わらない自己相似構造のアンテナも（厳密には無限長の場合）定インピーダンスアンテナである。前述のスパイラルアンテナは、自己補対でかつ自己相似構造のアンテナであり、入力インピーダンスも放射指向性も周波数に無関係である。自己補対構造のログペリオディックアンテナ（対数周期アンテナ）は、構造上ある一定の長さの比率で自己相似にもなっている。したがって、周波数がこの比率倍になるごとに、すべての特性が同じに

なる。ログペリオディックアンテナは、理論上の無限平面構造に変形を加え、実用的な線状の広帯域アンテナとして多く利用されている。動作周波数の下限はアンテナの最大寸法で決まり、一方、上限は給電点付近の構造（波長に対する寸法）で決まる[47]。周期的な構造を有するメアンダライン、スパイラルライン、ノーマルモードヘリックスなどは、電磁波の位相速度が自由空間における速さよりも遅くなる遅波構造であり、ある与えられたアンテナ寸法において、電流経路をできるだけ長くすることによって広帯域化を図る手法であるとも言える。これらの他にも広帯域化手法として、放射モードを増やす方法やメタマテリアルなどの電磁材料を利用する技術なども知られており、研究開発が進められている[48]。

表5-12②のマルチバンド化手法の代表的な例としては、アンテナ素子の途中に反共振回路（トラップ）を装荷することにより電流分布を制御し、強制的に複数の周波数で共振させる技術（図5-45）や、アンテナ素子の近傍に無給電素子（寄生素子）を配置し、複数の周波数で反射損失を小さくする技術などがある。

5－3　広帯域アンテナ・マルチバンドアンテナの実例

近年、数多くの広帯域アンテナが実現され学会などで報告されており、素子長が0.6波長程度の小型のアンテナでも約170%以上の比帯域が実現されている[49]。ただし、統一的に比帯域を規定するアンテナ特性の

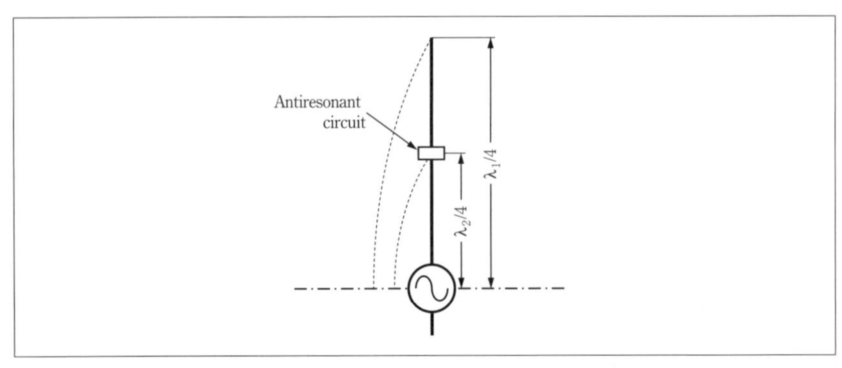
Antiresonant
circuit
$\lambda_1/4$
$\lambda_2/4$

〔図5-45〕トラップ装荷ホイップアンテナの構成

基準（たとえば、絶対利得や反射損失）は学会でも明確にはなっておらず、性能比較を行うための評価基準を定める必要がある [49] とともに、用途に応じた諸性能の所要比帯域が得られることを十分確認する必要がある。広帯域受信用アンテナ（表 5-12 ①）として、ディスコーンアンテナ（図 5-46）が電波強度分布測定やアマチュア無線などの分野で広く利用されている。ディスコーンアンテナは有限長バイコニカルアンテナの上半分を円錐（コーン）を円盤（ディスク）で置き換え小型化した水平面無指向性のアンテナである。さらにディスク上に垂直素子を追加し、いくつかの特定の周波数帯域において反射損失を小さくし送信アンテナとしても用いることができる改造型もある（表 5-12 ①と②の組み合わせ）。ホイップアンテナや八木・宇田アンテナにトラップを装荷したマルチバンドアンテナ（表 5-12 ②、図 5-45）は、アマチュア無線などで広く利用されている。ホイップアンテナにトランジスタなどの能動回路を装荷し広帯域化・高感度化したアクティブ受信アンテナや、電気的にアンテナと送受信機のインピーダンス整合をとるアンテナチューナーも製品化されている（表 5-12 ③）。セルラ通信基地局用のマルチバンドアンテナとして、700/800MHz 帯および 1.5/1.7/2GHz 帯の五つの周波数帯に対応した 3 および 6 セクタのマルチバンドアンテナが実用化されている（表 5-12 ②、図 5-47）。700/800MHz 帯用アンテナと 1.5/1.7/2GHz 帯用アンテナとの間の相互干渉をスリット構造付き素子により抑圧し、700MHz 帯

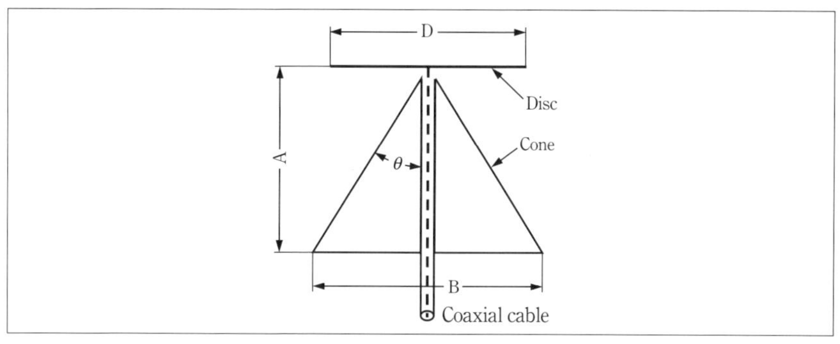
D
Disc
Cone
A
θ
B
Coaxial cable

〔図 5-46〕ディスコーンアンテナの構成

〔図 5-47〕セルラ通信基地局用マルチバンドアンテナの例
（5 周波数帯対応・3 セクタ、寸法：約 2.7mH × 200mm φ）[50]

を除く従来の 4 バンドアンテナと同等の大きさを実現している [50]。スペクトラムアナライザなどを用いた電界強度測定用のアンテナも市販されているが、この用途には絶対利得の精度が必要であるため、各バンド毎に用意された比帯域 4 ～ 10% 程度のホイップアンテナを差替えて測定を行う方式が用いられている（表 5-12 ④）。今後、たとえばアンテナ素子に装荷した RF-MEMS スイッチ [51] などを用いてベースバンド信号処理部の再構築と連動しアンテナ特性も適応的に調整・切替ができるようなソフトウェア無線機用アンテナ（表 5-12 ③）が実用化されていくであろう。

参考文献

[1] R.Kohno, M.Abe, N.Sasho, S.Haruyama, R.M-Zaragoza, E.Sousa, F.Swarts, P.V.Rooyen, Y.Sanada, L.B.Michael, H.A-Alikhael, and V. Brankovic, "Universal platform for software defined radio," 2000 IEEE International Symposium on Intelligent Signal Processing and Communication Systems (ISPACS2000), pp.523-526, (2000).

[2] N.Nakajima, R. Kohno, S.Kubota, "Research and developments of software-defined radio technologies in Japan," Communications Magazine, IEEE Volume 39, Issue 8, pp.146-155, (2001-08).

[3] 鈴木康夫，荒木純道，“ソフトウェア無線機とその国内における開発の現状,” 信学論 (B)，J84-B,7,pp.1120-1131, (2001).
[4] 原田博司，“コグニティブ無線機の実現に向けた要素技術の研究開発,” 信学論 (B)，J91-B,11,pp.1320-1331, (2008).
[5] 荒木純道：“RF アナログ可変機能デバイス・回路とその応用” , 信学論 (C), J87-C,1,pp.3-11, (2004).
[6] 末松憲治，原田博司，“マルチバンド・マルチモード送受信機用 Si-RFIC 技術,” 信学論 (B)，J91-B,11,pp.1339-1350, (2008).
[7] Wendell B. Sander, Stephan V.Schell, Brian L.Sander, “Polar Modulator for Multi-mode Cell Phones,” 2003 IEEE Custom Integrated Circuits Conference, pp.439-445, (2003).
[8] J.Groe, “Muti-Mode Polar Transmitters,” 2006 IEEE MTT-S International Microwave Symposium Workshop, WSJ-9, (2006-06).
[9] 村上圭司 , 末松憲治 , 堤恒次 , 金沢学志 , 関根友嗣 , 久保博嗣 , 礒田陽次：“ソフトウェア無線受信機用 0.8-5.2GHz 帯広帯域 SiGe-MMIC 直交ミクサ” , 電学論 (C), 126,9, pp.1093-1100, (2006-09).
[10] R.Koller, T.Ruhlicke, D.Pimingsdorfer, B.Adler, “A single-chip 0.13um CMOS UMTS W-CDMA multi-band transceiver,” 2006 IEEE Radio Frequency Integrated Circuits (RFIC) Symposium, (2006-06).
[11] S.Shinjo, F.Onoma, K.Tsutsumi, N.Suematsu, M.Shimozawa, H.Harada, “0.4-5.8GHz band SiGe-MMIC Quadrature Modulator Employing Self Current Controlled Mixer for Cognitive Radio,” Trans. IEICE Communication, E92-B, 12, pp3701-3710, (2009-12).
[12] Xiaowei Zhu, Wei Hong, Liu Jin, Jianyi Zhou, “The RF module design for W-CDMA/GSM dual band and dual mode handset,” 2001 IEEE MTT-S International Microwave Symposium, pp.2215-2218, (2001-05).
[13] S.Tanaka, T.Yamawaki, K.Takikawa, N.Hayashi, I.Ohno, T.Wakuta, S. Takahashi, M.Kasahara, B.Henshaw, “GSM/DCS1800 dual band direct-conversion transceiver IC with a DC offset calibration system,” IEEE Proc. 27th. European Solid-State Circuits Conference (ESSCIRC), pp.494-497,

(2001-09).

[14] T.Maeda, N.Mstsyno, S.Hori, T.Yamase, T.Tikairin, K.Yanagisawa, H.Yano, R.Walkington, K.Numata, N.Yoshida, Y.Takahashi, H.Hida, "A low-power dual-band Triple-mode WLAN CMOS transceiver," IEEE Journal of Solid-State Circuits, 41, 11, pp.2481-2490, (2006-11).

[15] Wu Jianhui, Chen Zuotian, Huang Cheng, Yun Tinghua, Sun Wen, "A 3-band CMOS DTV tuner IC for DVB-C receiver," IEEE Trans. Consumer Electronics, 53, 4, pp.1560-1568, (2007-11).

[16] S.Lerstaveesin, M.Gupta, D.Kang, Bang-Sup Song, "A 48–860 MHz CMOS Low-IF Direct-Conversion DTV Tuner," IEEE Journal of Solid-State Circuits, 43, 9, pp.2013-2024, (2008-9).

[17] A.A.Abidi, "Direct-conversion radio transceiver for digital communications," IEEE J. Solid-State Circuits, 30,12, pp.1399-1410, (1995-12).

[18] M.Shimozawa, K.Maeda, E.Taniguchi, K.Sadahiro, T.Ikushima, T.Nishino, N.Suematsu, K.Itoh, Y.Isota, T.Takagi, "An even harmonic mixer with a simple filter configuration and an integrated LTCC module for W-CDMA direct conversion receiver," IEICE Trans. Electron., E89-C, 4, pp.473-481, (2006-04).

[19] E.Taniguchi, K.Maeda, C.Sawaumi, N.Suematsu, "A 2GHz-Band Even Harmonic Type SiGe Direct Conversion CECCTP Mixer," IEICE Trans. Electon., E85-C, 7, pp.1412-1418, (2002-07).

[20] H.Komurasaki, T.Heima, T.Miwa, K.Yamamoto, H.Wakada, I.Yasui, M.Ono, T.Sano, H.Sato, T.Miki, N.Kato, "A 1.8V Operation RFCMOS Transceriver for Bluetooth," 2002 Symposium on VLSI CIrcuits, 17.2, pp230-233, (2002-06).

[21] D.K.Weaver, "A third method of generation and detection of single-sideband signals," Proc. of IRE, 44, pp.1703-1705, (1956-12).

[22] A.Abidi, "RF CMOS comes of age," IEEE Journal of Solid-State Circuits, 39, 4, pp.549-561, (2004-04).

[23] J. Mitola, “The software radio architecture,” IEEE Com. Mag., 33, 5, pp.26-38, (1995-05).
[24] D. Akos, J.Tsui, “Design and Implementation of a Direct Digitization GPS Receiver Front End,” IEEE Trans. MTT., 44, 12, pp 2334-2339, (1996-12).
[25] R.Okuizumi, T.Namiki, M.Muraguchi, “Novel RF Direct Under-Sampling Technique and its Application to OFDM Systems,” Proceedings of the 39th European Microwave Conference, pp. 1227-1230, (2009-09).
[26] D. Banda, O.Wada, T.T.Ta, S.Kameda, N.Suematsu, K.Tsubouchi, “Direct RF undersampling reception with lower sampling frequency,” 2013 Asia Pacific Microwave Conference (APMC), pp.500-502, (2013-11).
[27] N.Suematsu, C.Kageyama, K.Nakajima, K.Tsutsumi, E.Taniguchi, K. Murakami, “0.8-5.2GHz Band SiGe-MMIC Q-MOD for Multi-Band Multi-Mode Direct Conversion Transmitter,” 2005 Asia Pacific Microwave Conference (APMC), pp.1600-1603, (2005-12).
[28] L.R.Kahn, “Single sideband transmission by envelope elimination and restoration,” Proc. IRE, 40, 7, pp.803-806, (1952-07).
[29] R.Schreier, M.Snelgrove, “Bandpass delta-sigma modulation,” Electronics Letters, 25, 23, pp.1560-1561, (1989).
[30] T.Maehata, S.Kameda, N.Suematsu, “High ACLR 1-bitdirect radio frequency converter using symmetric waveform,” Proceedings of the 42nd European Microwave Conference, pp. 1227-1230, (2012-09).
[31] A. Jerng, C. G. Sodini, “A wideband ΔΣ digital-RF modulator for high data rate transmitters,” IEEE J. Solid-State Circuits, 42, 8, pp.1710-1722, (2007-08).
[32] 和田 , 亀田 , 末松 , 平 , 高木 , 坪内 , “0.8-5.7GHz 帯マルチバンドダイレクトディジタル RF 直交変調器 ,” 2014 年信学総大 , C-2-31, 2014.
[33] A. Fukuda, H.Okazaki, S.Narahashi, T.Hirota, Y.Yamao, “A 900/1500/2000-MHz Triple-Band Reconfigurable Power Amplifier Employing RF-MEMS Switches,” 2005 IEEE MTT-S International Microwave Symposium, WE2E-4, (2005-06).

[34] 末松，檜枝，“半導体による可変手段,” 2004年信学総大 TBC-1, (2004-03).

[35] 曽田，李，出尾，西野，吉田，正福，“小型・低損失 RF MEMS スイッチの開発,” IIP 情報・知能・精密機器部門講演会講演論文集 2007, pp.49-51, (2007-03).

[36] S. Yokono and M. Hanyuda, “Tutorial for fundamental hardware system design for SDR system,” in Proc. Wireless Innovation Forum Conf. Wireless Commun. Technol. Software Defined Radio (SDR-WInnComm 2013), Jan. 2013.

[37] 木賀忠雄，受信機の設計と製作，CQ 出版，1968.

[38] C. Sayre, Complete Wireless Design, 2nd ed., McGrow-Hill, 2008.

[39] D. Redmayne, “Understanding the effect of clock jitter on high speed ADCs,” Design Notes, 1013, Linear Technology, 2006.

[40] U. Rohde and J. Whitaker, Communications Receivers: DPS, software radios, and design, 3rd ed. McGrow-Hill, 2000.

[41] T. Haque and A. Demir, “A direct conversion: all digital gain control radio receiver suitable for user equipment applications,” MTT Society lectures, Microwave Theory & Techniques (MTT) Society of the IEEE Long Island Section, Feb. 2005. (http://www.ieee.li/pdf/viewgraphs/direct_ conversion.pdf)

[42] Y. N. Papantonopoulos, “High-speed ADC technology paves the way for SDR,” EETimes, Design How-To, Aug. 2007. (http://www.eetimes.com / document.asp?doc_id=1272384)

[43] S. Pithadia, “Smart selection of ADC/DAC enables better design of software-defined radio,” Application Report, SLAA407, Texas Instruments, Apr. 2009.

[44] H. Grewal, “Oversampling the ADC12 for higher resolution,” Application Report, SLAA323, Texas Instruments, July 2006.

[45] “アンテナ工学ハンドブック 第2版 ,” 電子情報通信学会編 , オーム社 .

[46] 新井宏之 , “新アンテナ工学 ,” 総合電子出版社 .

[47] 安達三郎 , “電磁波工学 ,” 電子情報通信学会編 , コロナ社 .

[48] 藤本京平 , “解説 小型アンテナ ,” 電子情報通信学会誌 , vol. 96, no. 1, pp. 30-35, Jan. 2013.

[49] 堀俊和 , “超広帯域アンテナの特性評価法 ,” 電子情報通信学会技術研究報告 , A・P2009-17, May 2009.

[50] NTT ドコモ報道発表資料 ,http://www.nttdocomo.co.jp/info/news_release/2013/02/19_01.html>, Feb. 19, 2013.

[51] 浦田育彦 , 他 , “RF-MEMS スイッチ装荷帯域可変アンテナ ,” 2006 年電子情報通信学会ソサイエティ大会 , B-1-83, Sept. 2006.

VI

ソフトウェア無線機の具体例と設計上の留意点

1. 電気通信大学　藤井 威生
2. 京都大学（元 情報通信研究機構）　原田 博司
3. マイクロウェーブファクトリー㈱（元 日本電業工作㈱）　宮本 健宏
4. ノキアソリューションズ&ネットワークス㈱　小島　浩

1．GNU Radio－オープンソースによるソフトウェア無線機

1－1　GNU Radio とは

GNU Radio とはソフトウェア無線機を構成する信号処理ブロックを提供するオープンソースのソフトウェア開発ツールキットである。本ソフトウェアはGNU プロジェクトの一環として開発されているものであり、GNU ライセンスにしたがってオープンソフトウェアとして配布されている [1]。従来、ソフトウェア無線機の開発にはFPGA を備えた専用のハードウェアを用意し、VHDL やVerilog といった初心者にはハードルの高いハードウェア記述言語を用いてハードウェア設計する必要があった。これに対して、GNU Radio は、無線周波数を扱うRF ハードウェア部とベースバンドの信号処理部を切り離し、複雑なベースバンド信号処理の機能をGNU Radio のライブラリとしてオープンソースで提供し、RF 部は機能を特化した外部の無線装置を用いることで、無線ハードウェアの知識をあまり持たない人でも、多様なソフトウェア無線機を開発することをできるようにしたものである。GNU Radio 自体にはRF の送受信機能は持たず、PC に接続するソフトウェア無線プラットフォームと併せて利用することにより、無線機として動作することになる。

GNU Radio はソフトウェア無線機に必要となる信号処理ブロックをライブラリとして提供することで、パーソナルコンピュータ（PC）のCPU を使ったベースバンド信号処理を行う機能を持つものであり、GNU Radio で処理された信号をソフトウェア無線プラットフォームとやり取りすることで、無線信号の送受信が可能となる。図 6-1 にGNU Radio がインストールされたコンピュータと、接続する無線ハードウェアとの間

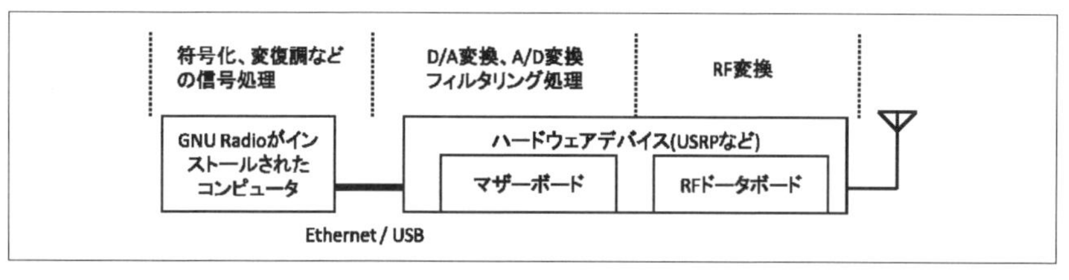
符号化、変復調などの信号処理
D/A変換、A/D変換
フィルタリング処理
RF変換
GNU Radioがインストールされたコンピュータ
ハードウェアデバイス(USRPなど)
マザーボード
RFドータボード
Ethernet / USB

〔図 6-1〕GNU Radio におけるベースバンド処理と無線信号処理

での信号の流れを示す。GNU Radioはオープンソースであり、無線機として動作するためには、特定の無線機ハードウェアが必要となるものではないが、ほとんどのユーザは図6-2に示す米国Ettus Research社から発売されているUSRP（Universal Software Radio Peripheral）をGNU RadioがインストールされているPCにイーサネットもしくはUSB経由で接続して利用している[2]。USRPは比較的安価なソフトウェア無線ハードウェアであり、大学など研究機関でのソフトウェア無線機の研究プラットフォームとして重宝されている。近年ではさらに安価なデジタルテレビのワンセグ受信機を利用したソフトウェア受信機をGNU Radioで動かす事例も報告されており、無線機設計をより身近にしている。

GNU Radioは、Windows、MAC、Linuxなど様々なOSで動作するように設計されているが、インストールが容易なのはLinuxベースのOSであり、中でもGNU Radioのバイナリ配布のあるUbuntuが、最も手軽にGNU Radioをインストールして使うことができる。

1－2　GNU Radioの構造

GNU Radioは、職人的な設計が必要となる無線ハードウェア部と、設計が複雑でも設計した通りに動作するベースバンドディジタル信号処理部を分離し、複雑なベースバンド処理機能はソフトウェアライブラリ化することで、最低限の専門知識でも安価にソフトウェア無線機の実装が楽しめるところに特徴がある。

GNU Radioは信号のフローを制御するPython言語とディジタル信号処理ライブラリを記述するC++言語で構成される。スクリプト言語で

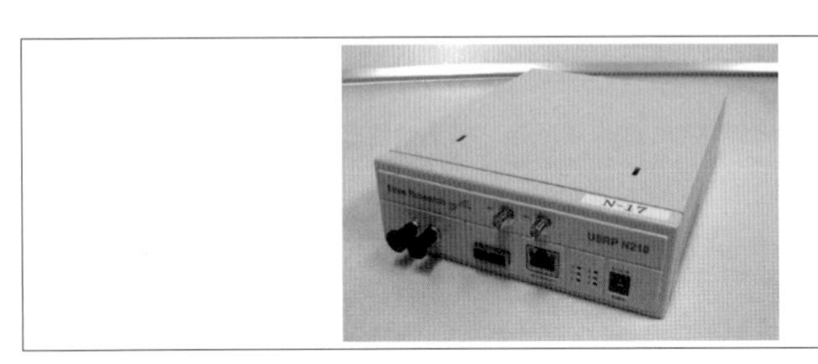
USRP N210
N-17

〔図6-2〕USRP N210

ある Python は簡易なコンピュータ言語であり、全体の信号のフローを手順よく記述することが可能である。一方、C++ 言語はコンパイラ言語であり、信号処理機能を記述したプログラムをコンパイルしたものをソフトウェアライブラリとして保持することで、複雑なディジタル信号処理をパッケージ化し、ユーザが使いやすい形で提供することが可能となる。この、C++ 言語で準備されたソフトウェアライブラリを GNU Radio では、API（Application Programming Interface）と呼び、Python 言語で API 互いに接続したフローグラフを構成することで、直感的に無線機の機能を設計することが可能となる。

図 6-3 に GNU Radio のプログラミング構造の概要を示す。C++ 言語で記述されたライブラリブロック（API）を Python 言語で書かれたフローグラフで相互に接続することで、一連の無線信号処理を行うことができる。通常、このようなフローグラフの記述は Python 上で、図 6-4（a）で示すように、キャラクタベースでプログラミングすることになるが、さらにユーザフレンドリな方法として、図 6-4（b）に示すような GNU Radio Companion（GRC）と呼ばれるグラフィカルなツールも準備されており、ブロックで記述された信号処理プログラムをウィンドウ上でつないでいくことで、一連の無線信号処理機能を実現することが可能である。さらに USRP などのソフトウェア無線ハードウェアのドライバを記述したブロックを接続することで、ハードウェアとの連携動作を実行することができるため、本格的なソフトウェア無線機実装を簡単に実現することが可能である。ここで、API は GNU Radio として標準で準備されたも

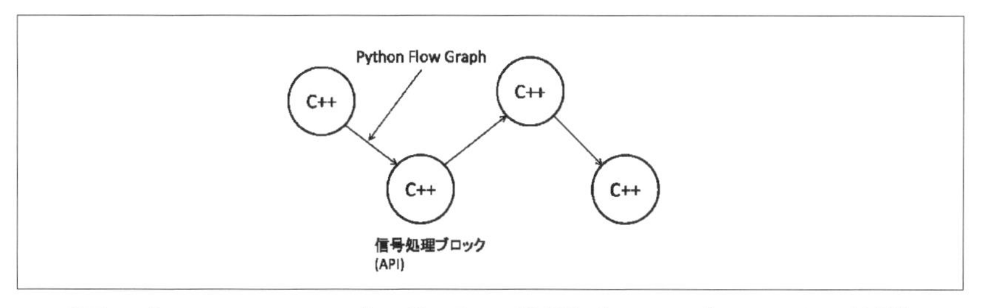
Python Flow Graph
C++
C++
C++
C++
信号処理ブロック
(API)

〔図 6-3〕GNU Radio のプログラミング構造（フローグラフによる接続）

のだけでなく、利用者自身がc++言語により作ることも可能である。

ここで、簡単な例として、出力を無線ではなくPCのオーディオ端子とした場合について、Python上のconnect関数を用いて信号処理ブロックを接続したフローグラフの例（図6-4（a））と、GRC上で信号処理ブロックを接続してその機能を実現する例（図6-4（b））を示す。これらのプログラムは、400Hzの正弦波信号を発生し、PCのオーディオを出力端子

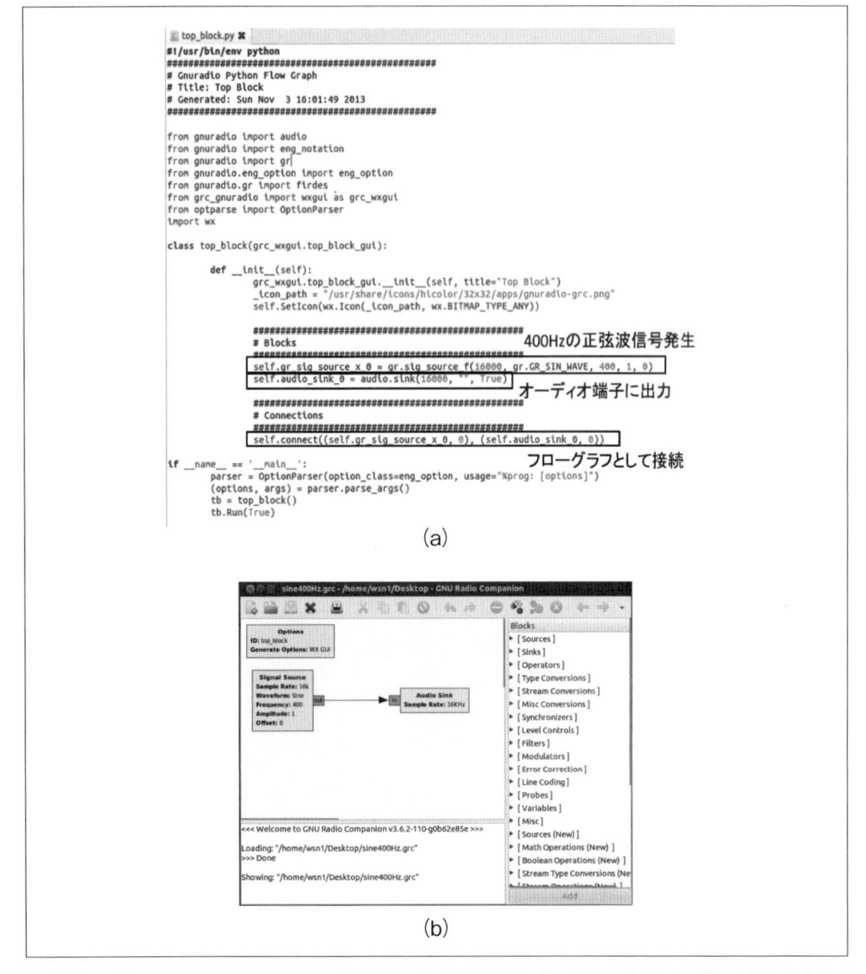
top_block.py
#!/usr/bin/env python
# Gnuradio Python Flow Graph
# Title: Top Block
# Generated: Sun Nov 3 16:01:49 2013
from gnuradio import audio
from gnuradio import eng_notation
from gnuradio import gr
from gnuradio.eng_option import eng_option
from gnuradio.gr import firdes
from grc_gnuradio import wxgui as grc_wxgui
from optparse import OptionParser
import wx
class top_block(grc_wxgui.top_block_gui):
def __init__(self):
grc_wxgui.top_block_gui.__init__(self, title="Top Block")
_icon_path = "/usr/share/icons/hicolor/32x32/apps/gnuradio-grc.png"
self.SetIcon(wx.Icon(_icon_path, wx.BITMAP_TYPE_ANY))
# Blocks
400Hzの正弦波信号発生
self.gr_sig_source_x_0 = gr.sig_source_f(16000, gr.GR_SIN_WAVE, 400, 1, 0)
self.audio_sink_0 = audio.sink(16000, "", True)
オーディオ端子に出力
# Connections
self.connect((self.gr_sig_source_x_0, 0), (self.audio_sink_0, 0))
フローグラフとして接続
if __name__ == '__main__':
parser = OptionParser(option_class=eng_option, usage="%prog: [options]")
(options, args) = parser.parse_args()
tb = top_block()
tb.Run(True)
(a)
sine400Hz.grc - /home/wsn1/Desktop - GNU Radio Companion
Options
Signal Source
Audio Sink
Blocks
[Sources]
[Sinks]
[Operators]
[Type Conversions]
[Stream Conversions]
[Misc Conversions]
[Synchronizers]
[Level Controls]
[Filters]
[Modulators]
[Error Correction]
[Line Coding]
[Probes]
[Variables]
[Misc]
[Sources (New)]
[Math Operations (New)]
[Boolean Operations (New)]
<<< Welcome to GNU Radio Companion v3.6.2-110-g0b62e85e >>>
Loading: "/home/wsn1/Desktop/sine400Hz.grc"
>>> Done
Showing: "/home/wsn1/Desktop/sine400Hz.grc"
(b)

〔図6-4〕PythonのConnect関数による正弦波オーディオ出力プログラム例

から出力するプログラムの処理をGNU Radioで実現している例である。

1－3 GNU Radioの動作するハードウェア

GNU RadioはPC上でベースバンド信号処理をソフトウェアモジュールの接続により実現する機能を持ち、多様な変調方式や通信方式をPC上で処理し、ベースバンドの複素IQ信号を生成する機能と、PCに入力されたベースバンドの複素IQ信号に対して、復調やデータ復号の処理を行う機能を持つ。対して無線信号として送信するにはこのように生成された複素IQ信号をD/A変換して、特定の周波数にアップコンバートし、アンテナから通信路に送信する必要がある。逆に受信時にはアンテナで受信した信号をダウンコンバートしてベースバンド信号に変換し、A/D変換したIQ信号を生成するためのハードウェアが別途必要になる。このような機能を実現するハードウェアとして、GNU Radioとの連携を考慮して設計された米国Ettus Research社のUSRP（Universal Software Radio Peripheral）がある。USRPは機種によってGNU RadioがインストールされたPCと、ギガビットEthernetもしくはUSBケーブルで接続し、送信時にはUSRP側でベースバンドの複素IQベースバンド信号を取り込み、無線信号の送信を実現する。一方、受信時には無線信号をUSRPで受信し、それをベースバンドの複素IQベースバンド信号に戻してPCに取り込むことで、GNU Radioで復調の信号処理を行うことになる。USRPは、FPGA（Field Programmable Gate Array）を備え、主に高速な信号処理およびDA/AD変換を行うマザーボードと、異なる無線周波数に対応するため、特定の周波数範囲に対応したRF処理を行う取り外し式のドータボードを組み合わせて利用する。図6-5には代表的なタイプであり、マザーボードと入出力端子を備えたUSRP N210と50MHz～2200MHzまで対応するドータボードWBXの写真を示している。USRPの価格はその性能と適応可能な周波数に依存して変化するが、ドータボードとのセットでも日本円で25万円程度にて手に入れることが可能であり、現在世界中の研究者がこの装置を使ってソフトウェア無線、コグニティブ無線の研究を行っている。

USRPは複数のシリーズで構成されており、それぞれの用途によって使い分けることができる。一つはUSRP Networkシリーズであり、ギガビットイーサネットを介してPCと接続することで、GNU Radioを動作させることができる。PCの計算能力を活かして複雑な変復調や信号処理を行うのに適しており、最も広く使われているシリーズである。代表的な機種であるUSRP N210は、表6-1のようなスペックを持つ。もう一つがUSRP Embeddedシリーズであり、組み込み装置として動作し、内部にCPUを備え、Linuxがプリインストールされているのが特徴である。運用時にはPCとの接続を必要とせず、単体でGNU Radioを動作させることが可能となるため、一度ソフトウェアを組み込んでしまえば、PCなしで無線機として動作が可能である。一方、ドータボードはサポートする周波数と、その機能（送受信が可能なもの、受信のみのものなど）によって複数の種類に分けることができる。標準的なドータボードとして、WBXと呼ばれる50-2200MHzの送受信をサポートするドータボードや、SBXと呼ばれる400-4400MHzの送受信をサポートするドータボードなどが準備されている。適切なドータボードとUSRPを組み合

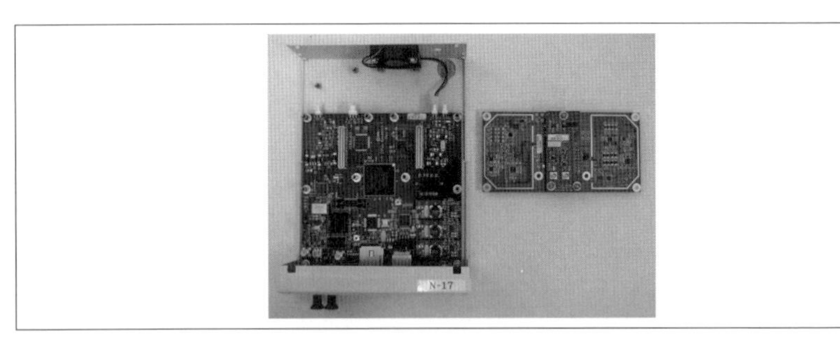
N-17

〔図6-5〕USRP N210の内部構造およびドータボード（WBX）

〔表6-1〕USRP N210のスペック

周波数	DC-6 GHz（ドータボードを変更することで対応）
AD変換	100 MS/s、14-bit×2
DA変換	400 MS/s、16-bit×2
インタフェース	ギガビットイーサネット
FPGA	Spartan 3A-DSP 3400
メモリ	1MB High-Speed SRAM

わせることでDC-6GHzの送受信を実現する無線機を構成することが可能となる。

ここまでUSRPをGNU Radioと連携して動作する無線装置として紹介してきたが、USRP自体はGNU Radioとの接続でしか動作しないものでなく、そのドライバがあれば別のプラットフォームでも動作は可能である。現在、商用的に販売されているものとしては、計測用の信号処理記述ソフトウェアであるNational Instruments社のLabVIEWや制御や通信用の信号処理シミュレータとして使われているMathworks社のMATLABなどがあり、USRPを動作させるドライバを利用することで、GNU Radioの代わりに高性能な無線変復調や信号処理をわかりやすいユーザインタフェースで実現することが可能となる。これらのソフトウェアでは、機能ブロックを並べていくことで、直感的に無線システムが構成できるようになっており、初心者でも簡単に無線機を構成することが可能である。

一方、USRPにはその汎用性の高さと、低価格化のため、いくつか利用時に注意すべきことがある。まず、内部の発振器の安定性が高くなく、時間的に位相が変化してしまう問題が報告されている。これは、GPSモジュールを内蔵することで解決可能であるが、位相変調などを高速で行おうとした場合などに注意する必要がある。また、アナログのフィルタが標準では備わっていないため、非常に強い無線信号が近傍で送信された場合などに、その影響で、受信性能が劣化する可能性がある。これは、外側にアナログフィルタを挿入することである程度解決が可能であるが、特に隣接チャネルで強い信号が入力される可能性がある場合などには注意が必要となる。このようなハードウェアに起因する制限だけでなく、信号処理をPC側で行うことによる時間的な制御遅延についても注意が必要となる。GNU RadioとUSRPを組み合わせることで、複雑な信号処理を施した信号の送受信が簡単に可能となるが、逆に無線アクセスプロトコルの実装が難しいという課題がある。無線LANなどで活用されているCSMA/CA (Carrir Sense Multiple Access with Collision Avoidance)など、キャリアセンスにより、チャネルの空き状況を確認したうえで、通信可否を判断するような無線システムの場合、μs オーダーでのチャネル空き確認が必要になる。一方で、USRP はギガビットイーサネットを経由して、PC 側でその信号有無を判定することになるため、少なくとも ms オーダーの制御遅延が発生してしまう。そのため、リアルタイムの無線 LAN システムの実装ができないなどの課題がある。これらの課題は、今後の製品開発状況によっては、改善する可能性も高く、今後の動きに着目したい。

GNU Radio の動作する無線ハードウェアとして、USRP を紹介してきたが、GNU Radio 自身はオープンソースのソフトウェア無線開発ツールであるため、動作するハードウェアは USRP に限らない。近年では、GNU Radio が利用可能な複数のソフトウェア無線プラットフォームが発売されており、今後も様々な製品が登場する可能性が高い。その中で、簡単にソフトウェア無線受信機を試すことができることから、インターネット上などで話題となっている無線デバイスに、図 6-6 に示すワンセグ放送受信用の USB チューナーがある（FC0013 という RF チップと、RTL2832U という AD 変換と復調機能を持つチップを使ったものの動作報告が多い。受信周波数範囲は 22～1100MHz）。これは、PC 上で、テレビのワンセグ放送を受信するために準備されている USB 接続の受信機であり、数千円程度で販売されている。これらはハードウェアの機能を、テレビ放送帯域の信号をベースバンドのディジタル IQ 信号に変換し、復調する機能のみに特化し、テレビ信号の再生はコンピュータの

〔図 6-6〕ソフトウェア無線機能を実装可能な USB ワンセグ受信機

CPUを活用するものである。RTL2832Uはテレビ放送信号の復調機能に加えてFMラジオをソフトウェア側で復調するため、8bitでAD変換されたベースバンドの複素IQ信号をUSB経由でPCに出力することが可能であり、デバイスドライバを作成すれば、GNU Radioで無線受信機の機能を実装することが可能となる。残念ながら、これらのデバイスは、受信機能しかもたないため、送信機能を実装することはできないが、ラジオ受信や、簡易なスペアナ機能などをGNU Radioで構築することが可能である。ノイズフロアが高いなど実用上の問題はあるものの、一般の人がまずソフトウェア無線に触れてみたいというような場合には面白いデバイスである。

1－4　GNU Radioによるソフトウェア無線機の実装

ここで、GNU Radioによるソフトウェア無線機の実装例を示していきたい。ただし、GNU RadioおよびUSRPは頻繁にアップデートが行われており、今後もここで紹介する機能が永続的に実装できる保証はないため、実際に実装される場合はGNU Radioのポータルサイト[1]やEttus社のサイト[2]を参照していただきたい。ここでは、USRP N210をGNU Radioから動作させるためのドライバであるUHD（USRP Hardware Driver）を使ってソフトウェア無線機として動作させた場合の動作確認ツールの紹介を行う。

はじめに紹介を行うのが、スペクトラム表示を行うサンプルプログラムであるuhd_fft.pyである。これは、簡易なスペクトラムアナライザとしても利用することができる。このサンプルプログラムはPython言語で書かれており、GNU RadioがインストールされているPCでは、/gnuradio/gr-uhd/apps/uhd_fft.pyのディレクトリに置かれている。起動時は、観測したい中心周波数と、サンプルレートを指定することで起動することができ、% uhd_fft -f 545.143M -s 10Mと指定することで、545.143MHzを中心周波数として、10MHz帯域の信号のスペクトラムが図6-7のように表示される。図を見るとわかるように一度起動してしまえば、中心周波数やサンプルレートをGUI上で変更することも可能である。ここで注意する点は、縦軸のdB値は絶対的な電力を表すdBm

とは異なり、あくまで相対的な電力を表していることである。実際のスペクトラムアナライザのように正確なdBm値を求めたいときには、信号発生器とスペクトラムアナライザとを接続して、USRP N210の受信信号レベルのキャリブレーションを行う必要がある。

一方、送信側の試験を行うツールとして、簡易な信号発生機能を持つサンプルプログラムであるuhd_siggen_gui.pyがあるuhd_fft.pyと同様に、GNU Radioがインストールされている PC では、/gnuradio/gr-uhd/apps/uhd_siggen_gui.py にサンプルプログラムとして置かれている。本プログラムは図6-8に示すように、GUIの操作で信号発生が可能なプログラムであり、正弦波、ガウス雑音、スイープ信号などを中心周波数や、送信ゲインなどを変化させて生成することができる。

このようなサンプルプログラムで、GNU Radioでの送受信の様子を観察するには、USRPとPCを2台ずつ準備し、図6-9に示すように間にアッテネータを挟んで相互接続し、送信側でuhd_siggen_gui.pyを起動し、受信側でuhd_fft.pyを起動することで、無線信号の送受信の試験を行うことが可能となる。アッテネータはUSRPの受信部を保護するために必要なものであり、USRPへの入力信号電力が−10dBm以下になることが求められている。

さて、ここまではサンプルプログラムを使った接続試験機能について

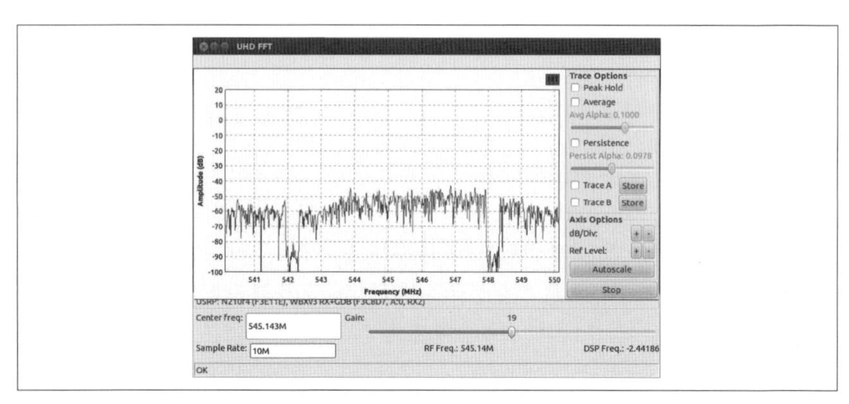
UHD FFT
Trace Options
Peak Hold
Average
Avg Alpha: 0.1000
Persistence
Persist Alpha: 0.0978
Trace A
Store
Trace B
Store
Axis Options
dB/Div:
Ref Level:
Autoscale
Stop
Amplitude (dB)
20
10
0
-10
-20
-30
-40
-50
-60
-70
-80
-90
-100
541
542
543
544
545
546
547
548
549
550
Frequency (MHz)
Center freq:
545.143M
Gain:
19
Sample Rate:
10M
RF Freq.: 545.14M
DSP Freq.: -2.44186
OK

〔図6-7〕uhd_fft.pyの出力表示（ディジタルテレビ信号の受信）

記述してきたが、実際に複雑な送信機や受信機をGNU Radioを使って構成するには、1-2で説明したフローグラフによって、モジュールを接続することで、高度な信号処理を実現する必要がある。GNU Radioにはこのような信号処理を実装するための標準モジュールが多数準備されている。これらのモジュールはC++で記述されたAPIとして準備されており、USRPやファイルとの入出力から、誤り訂正符号、フィルタ、変復調、パケット構成、OFDMキャリア生成など様々なブロックが準備されており、これらをフローグラフとしてPythonもしくはGRC上つなぎ合わせることで無線機の設計が可能となる。

たとえばOFDMの送信機を作成したい場合は、図6-10のようにフローグラフを構成すればよい。sourceから入力されたバイナリデータはサブキャリアの割り当てを行うcarrier allocator (gr::digital::ofdm_carrier_allocator_cvc) に入力され、パイロットシンボルの配置とデータのサブキャリアへの配分を行う。その後FFTのブロックを配置し、逆フーリエ変換を行うことで、サブキャリアへ配分された複素信号を時間軸信号に変換する。そ

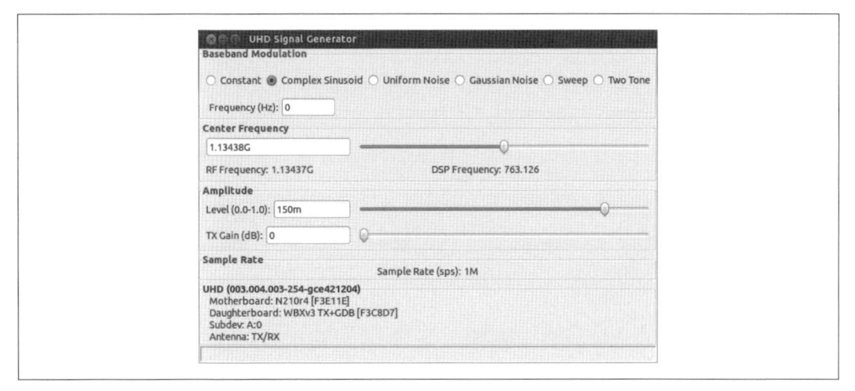
UHD Signal Generator
Baseband Modulation
Constant
Complex Sinusoid
Uniform Noise
Gaussian Noise
Sweep
Two Tone
Frequency (Hz): 0
Center Frequency
1.13438G
RF Frequency: 1.13437G
DSP Frequency: 763.126
Amplitude
Level (0.0-1.0): 150m
TX Gain (dB): 0
Sample Rate
Sample Rate (sps): 1M
UHD (003.004.003-254-gce421204)
Motherboard: N210r4 [F3E11E]
Daughterboard: WBXv3 TX+GDB [F3C8D7]
Subdev: A:0
Antenna: TX/RX

〔図6-8〕uhd_siggen_gui.pyの起動画面

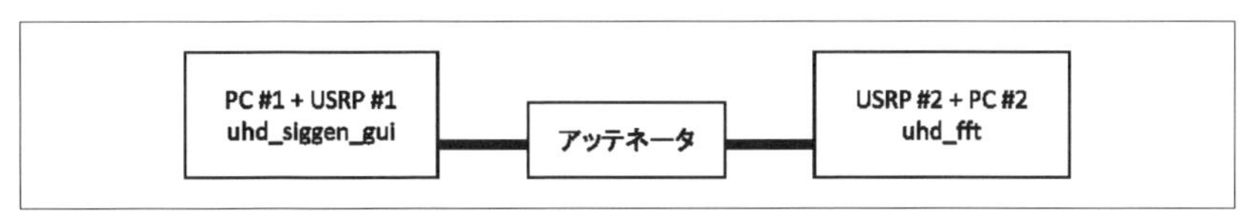
PC #1 + USRP #1
uhd_siggen_gui
アッテネータ
USRP #2 + PC #2
uhd_fft

〔図6-9〕2台のUSRPを接続した相互通信試験

の後、OFDM cyclic prefixer（gr::digital::ofdm_cyclic_prefixer）により、時間軸信号にサイクリックプリフィックスを挿入することで、マルチパスに強いOFDM信号を生成することになる。このように、標準モジュールを活用することで、簡単にOFDM信号を生成することが可能であることがわかる。実際の送信時には、これを特定の周波数へUSRPなどでアップコンバートして伝送されることになる。

同様にOFDM受信機も、図6-11のようにフーリエ変換ブロック（FFT）、OFDMチャネル推定機能ブロック（OFDM Channel Estimation）、OFDM等化ブロック（OFDM Frame Equalizer）、OFDMシリアル変換ブロック（OFDM Serializer）、復調のための信号点配置検出ブロック（Constellation decoder）をフローグラフで接続することで、OFDM信号の受信を行うことが可能である。

このようなOFDM復調を実際に実装し、802.11a/g/pに準拠した無線LAN受信機を構築した報告もなされている[3]。

1－5　GNU Radioを使った研究開発事例

GNU Radioは、世界中で研究向けの用途を中心として様々な場面で活用されている。その性能に関しては、実用的な無線機を構築するには不足する点も多いが、大学を始めとする研究機関により意欲的な取り組み

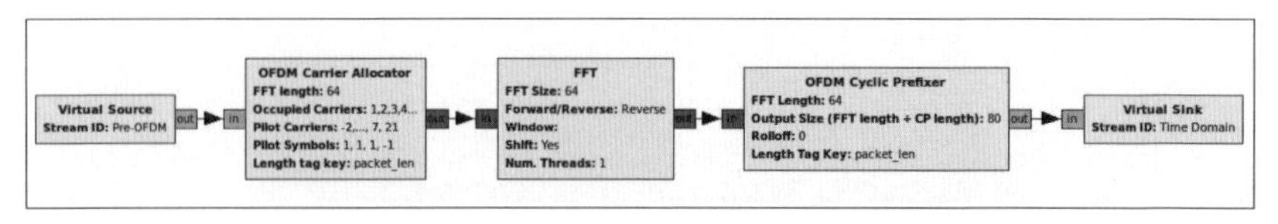
Virtual Source
Stream ID: Pre-OFDM
out
in
OFDM Carrier Allocator
FFT length: 64
Occupied Carriers: 1,2,3,4...
Pilot Carriers: -2,..., 7, 21
Pilot Symbols: 1, 1, 1, -1
Length tag key: packet_len
out
in
FFT
FFT Size: 64
Forward/Reverse: Reverse
Window:
Shift: Yes
Num. Threads: 1
out
in
OFDM Cyclic Prefixer
FFT Length: 64
Output Size (FFT length + CP length): 80
Rolloff: 0
Length Tag Key: packet_len
out
in
Virtual Sink
Stream ID: Time Domain

〔図6-10〕GNU RadioによるOFDM変調器の構成

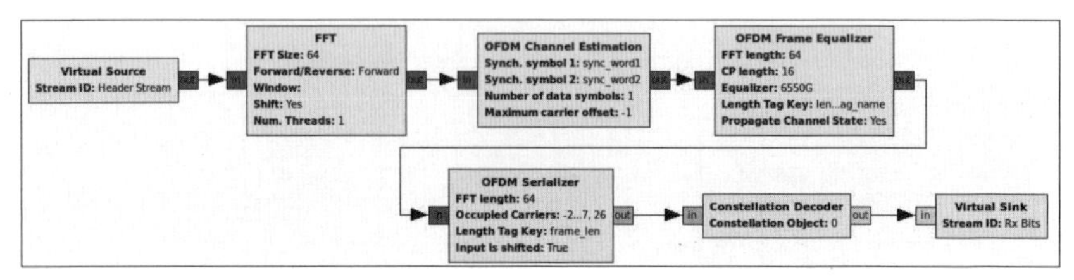
Virtual Source
Stream ID: Header Stream
out
in
FFT
FFT Size: 64
Forward/Reverse: Forward
Window:
Shift: Yes
Num. Threads: 1
out
in
OFDM Channel Estimation
Synch. symbol 1: sync_word1
Synch. symbol 2: sync_word2
Number of data symbols: 1
Maximum carrier offset: -1
out
in
OFDM Frame Equalizer
FFT length: 64
CP length: 16
Equalizer: 6550G
Length Tag Key: len...ag_name
Propagate Channel State: Yes
out
in
OFDM Serializer
FFT length: 64
Occupied Carriers: -2...7, 26
Length Tag Key: frame_len
Input is shifted: True
out
in
Constellation Decoder
Constellation Object: 0
out
in
Virtual Sink
Stream ID: Rx Bits

〔図6-11〕GNU RadioによるOFDM復調器の構成

が多く報告されている。

実用的な無線規格をGNU Radioで実証する取り組みとしては、まず、無線センサネットワークの標準規格の一つであるIEEE802.15.4をGNU Radioにより実装する例が2006年にUCLAより報告されている[4]。近年では、2013年にインスブルック大学によるテストベットの実装報告が行われている[5]。本テストベットでは、USRPの遅延制約により実装の難しいMACレイヤの一部機能を除き上位レイヤのプロトコルスタックの実装まで検証している。インスブルック大学はセンサネットワーク以外にもOFDMベースの無線LAN IEEE802.11a/g/pの受信機の実装報告を2013年に行っている[3]。ここでは、802.11a/gに対応する20MHz帯域幅の無線LAN信号の受信に成功したことが報告されている。802.11の送信機能については、スペクトラム拡散を用いた802.11bやOFDM方式で車両間無線ネットワーク用に伝送速度を遅くした802.11pの検証が報告されている[6]。

一方、携帯電話の基地局をGNU Radioで実装しようという動きもある。その一つとして、GSMの基地局機能をGNU RadioとUSRPにより実現しようというOpen BTSという試みがある。Open BTSのソースコードはオープンソースとして公開されており、誰でもGSMの基地局機能の実装を行うことが可能である。一部の商用ネットワークでもソースコードが使われ始めたことが報告されている[7]。さらに、2012年からは、第四世代の携帯電話規格であるLTEをGNU Radioにより実装しようというOpen LTEと呼ばれる試みも始められている。また、LTEの受信機能に特化した実装の報告が、2013年にKarlsruhe Institute of Technologyより行われている[8]。

このような実用的な検討に加えて、自由に無線機能を実装できることを活かした事例も多数報告されている。日本での動きとしては、地球電離圏の状態観測のための受信機にGNU Radioを活用する例が、京都大学より報告されている[9]。これは、人工衛星からのビーコン信号をGNU RadioとUSRPで構築されたディジタル受信機で受信し解析することで電離圏の状態を観察する取り組みである。送信は行わず受信に特化した無線機はソフトウェア無線での対応が容易であり、今後もその適用範囲が拡大してくるものと考えられる。

さらに、トヨタIT開発センターなどでは車両間無線ネットワークにコグニティブ無線を活用して周波数共用を目指すプロジェクトの無線機実装に、GNU RadioとUSRPを活用している。2010年度以降、宮崎県美郷町において、実際のテレビ放送用周波数を使って、既存システムとの相互干渉回避機能を持つマルチホップ車両間無線ネットワークの実証実験を行っている[10]。

そのほかに、日本では東京工業大学、静岡大学、東京大学、京都大学などで、GNU RadioとUSRPを活用した研究活動に取り組んでいるグループがあり、様々な観点からソフトウェア無線機を研究活動に活かしている[11],[12]。

1－6　おわりに

本節では、ソフトウェア無線機を、一般のパーソナルコンピュータにインストールしたGNU Radioと呼ばれるオープンソースのソフトウェアとUSRPと呼ばれる安価なハードウェアで実現する取り組みについてまとめた。この分野はオープンソースでプログラムが頻繁にアップデートされるため、情報が古くなってしまうことが考えられるため、本書では、その概念と全体像の話を中心に据え、具体的なプログラミング手法などの紹介は行わなかった。興味のある読者は、参考文献やウェブサイトを参考にして、各自調べていただければと思っている。このようなオープンソースによるソフトウェア無線機の開発は今後も様々な研究場面に活用されると考えられ、ハードウェアの性能向上とともに、今後の展開が楽しみである。

2．コグニティブ無線へのSDRの応用

2－1　概要

2015～2020年頃の移動通信システムにおいて非常に大きな問題として考えられるのはブロードバンド化に伴う周波数不足の問題である。現状では、移動通信に適したVHF/UHF帯から6GHz帯までの周波数にお

いて、今後標準化されていく数百 MHz 以上のブロードバンドワイヤレス通信システムなどを収容していくのに十分な周波数帯域があるとはいえない。この周波数帯で現状数十 MHz 帯以上の空き周波数があるのは、①2011 年 7 月のアナログ TV サービス終了に伴い開放される周波数帯(90～108MHz、170MHz～222MHz、710～770MHz)、もしくは、②2.3～2.4GHz、3.4～3.6GHz などであるが、前者については放送系システム(90～108MHz)、公共ブロードバンドシステム(170～205MHz)、放送系システム(205～222MHz)、ITS(715～725MHz)および移動通信システム(730～770MHz)に使用する方針が決定されており[13]、後者は第 4 世代移動通信に使用されることが決定されている。このような状況を鑑みると今後、周波数不足が一層深刻になることは明らかである。

この周波数不足の問題に対処するために、現在、相異なる事業者(利用者)による周波数共用技術(Dynamic Spectrum Sharing)について検討が行われている。特に「無線機が周囲の電波利用環境を認識し、その状況に応じて適宜学習などを行い、ネットワーク側の協力を得ながら複数の周波数帯域、タイムスロットなどの無線リソースならびに通信方式をシステム内、システム間問わず適宜使い分け、ユーザが所望する通信容量を所望する通信品質で周波数の有効利用をはかりつつ実現する無線通信技術」であるコグニティブ無線技術[14]-[17]は、この周波数共用を行う有力な技術として、内外を問わず検討が行われている。

コグニティブ無線技術の概要を図 6-12 に示す。現状は同図(a)に示すようにいくつかのシステムがある時間にある周波数を占有して運用を行っている。そして、これらのシステムが使用する周波数の間には、システム間の干渉を防ぐために未割り当ての周波数が存在している。このような現状に対して新規のブロードバンドワイヤレス通信システムが使用する周波数を割り当てるには次の二つの方法が考えられる。一つは、既存のシステムに別の周波数を割り当て直し、必要な帯域幅を確保する方法である。しかし、既存システムの使用周波数帯の移行は非常に困難を極める。もう一つは新しいシステムに既存のシステムと同一の周波数を割り当てるとともに、その出力電力を低く制限することにより既存のシステムに干渉を与えないよう共存させる方式である。この代表例がUWB（Ultra Wideband）システムである。しかし、この方式では、既存システム毎に干渉に対する許容電力が異なるため、その条件を守ることが非常に難しく、また出力電力を低く抑える必要があるため近距離通信に限定される。

これに対してコグニティブ無線技術では同図（b）および（c）に示す割り当て法により周波数の共用を行う。いずれのシステムとも無線機に電波利用環境の認識技術（センシング技術）を具備することが特徴である。（b）の方式では、既存の通信システムをセンシングし、ユーザの希望する周波数帯域を確保可能な、通信システムを選択、多重する。これを実現するためには、ネットワーク上に蓄積されている各ユーザのセンシング情報を元に構築されたデータベースからの情報（これをポリシーと呼ぶ）を必要に応じて加味しつつ、センシング結果をもとに学習を行い、ユーザの情報の送付に適した無線システムを選択（意志決定）して、選択したシステムを実現できるよう無線機を再構築する必要がある。また（c）の方式では、ユーザが必要とする周波数帯域を確保するために、利用されていない周波数、時刻をセンシングし、その周波数と時刻におい

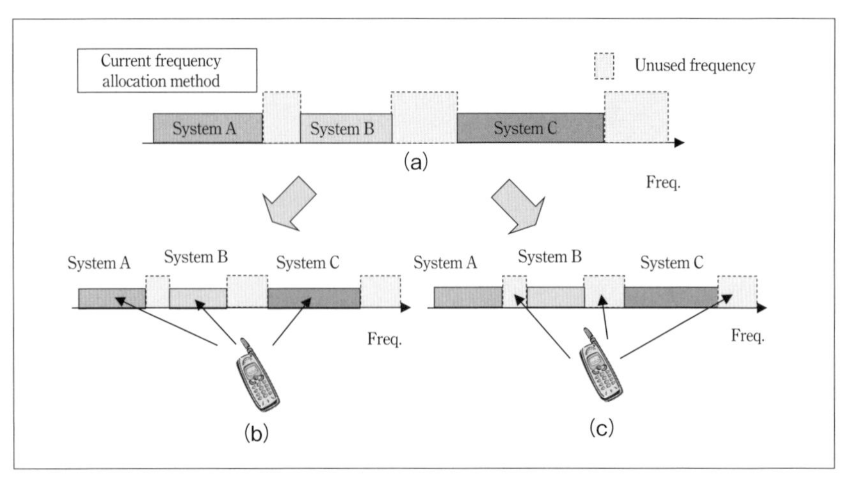
Current frequency allocation method
Unused frequency
System A
System B
System C
(a)
Freq.
System A
System B
System C
Freq.
System A
System B
System C
Freq.
(b)
(c)

〔図 6-12〕コグニティブ無線技術の概要

て、コグニティブ無線技術を具備した端末同士が決めた通信方式で通信を行う。また、この (b) 方式をヘテロジニアス型コグニティブ無線技術、(c) 方式を周波数共用型コグニティブ無線技術と呼ぶ。両方式ともに、各周波数の電波の利用状況をセンシング技術により認識する必要性があり、また (b) 方式では、利用可能な通信システムが認識できた結果、無線機をその通信システムが実現可能な状態に再構築する必要性があり、SDR 技術が不可欠となる。

2－2　ヘテロジニアス型コグニティブ無線技術の開発事例

図 6-13 にヘテロジニアス型コグニティブ無線端末機の基本構成を示す。本コグニティブ無線端末機はソフトウェア無線 (Software Defined Radio：SDR) 技術を用いることを前提に構成したソフトウェアコグニティブ無線機 (Software Defined Cognitive Radio：SDCR) である [18]。この SDCR 無線機は、広帯域に各種通信システムの送受信を行うことができる RF ユニット (RF unit：RFU) および信号処理ユニット (Signal Processing Unit：SPU) からなる。そして各種通信システムを実現するための信号処理を行うソフトウェアならびに RFU に対する設定パラメータ (図中では Software and parameters for communication system) を読み込むことにより所望の通信システムを実現させる。ここでは各種通信シス

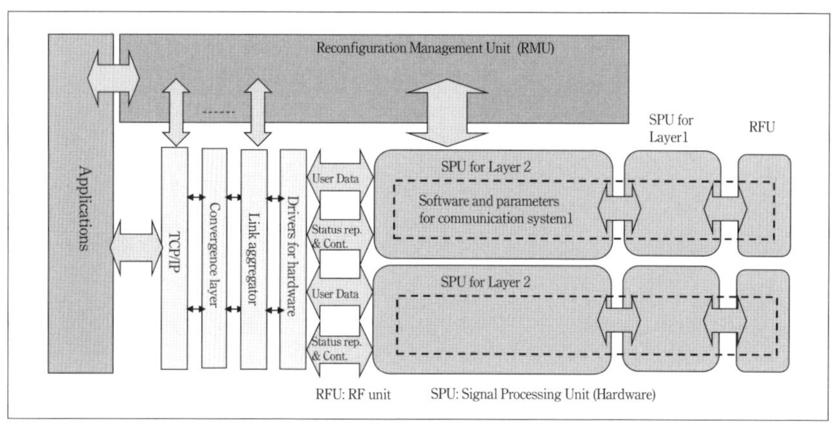
Reconfiguration Management Unit (RMU)
Applications
TCP/IP
Convergence layer
Link aggregator
Drivers for hardware
User Data
Status rep. & Cont.
User Data
Status rep. & Cont.
SPU for Layer 2
Software and parameters for communication system1
SPU for Layer 2
SPU for Layer1
RFU
RFU: RF unit
SPU: Signal Processing Unit (Hardware)

〔図 6-13〕コグニティブ無線端末機の基本構成例

テムを実現するためのLayer 1およびLayer 2の信号処理を行うソフトウェアならびにRFUに対する設定パラメータを総称してWaveform[19]と呼ぶ。

このWaveformが利用されているときには、その無線システムにおいて取得可能な情報が直接RFU、SPUもしくは、通信リンクを管理しているLink aggregatorまたはConvergence layerを経由して、再構築管理ユニット（Reconfiguration Management Unit：RMU）に取得される。また、ネットワーク側より伝えられる、たとえば無線機のいる位置に応じて推奨される通信システムリストなどのポリシーがある場合はTCP/IP経由でRMUに取得される。そして、これらの情報をもとにRMUは使用すべき通信システムを選択し、SPUならびにRFUに対して選択した通信システム構築を指示する。

コグニティブ無線を実現するための研究課題を図6-14に示す。まず、RFUにおけるマルチバンド／周波数可変デバイスである。コグニティブ無線を実現するためには、一つのデバイスを用いてできるだけ広い周波数帯域にわたってセンシングを行うことが望ましい。そしてSPUにおける各種Waveformの構成方法である。このWaveformには各通信システム間で共通な部分と各通信システム間で異なる部分がある。この共

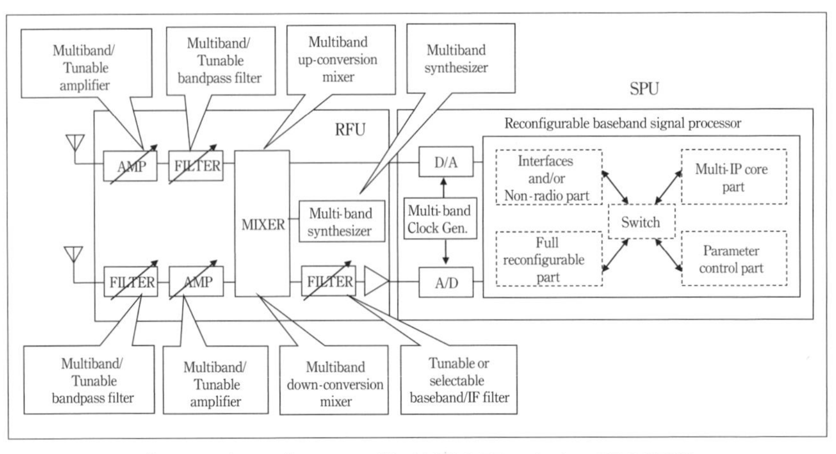
Multiband/
Tunable
amplifier
Multiband/
Tunable
bandpass filter
Multiband
up-conversion
mixer
Multiband
synthesizer
SPU
RFU
Reconfigurable baseband signal processor
AMP
FILTER
MIXER
Multi-band
synthesizer
D/A
Multi-band
Clock Gen.
A/D
Interfaces
and/or
Non-radio part
Multi-IP core
part
Switch
Full
reconfigurable
part
Parameter
control part
FILTER
AMP
FILTER
Multiband/
Tunable
bandpass filter
Multiband/
Tunable
amplifier
Multiband
down-conversion
mixer
Tunable or
selectable
baseband/IF filter

〔図6-14〕コグニティブ無線機実現のための研究課題

通な部分は、専用回路として持たせ（図6-14中Multi-IP core part）、外部からパラメータ（Parameter）を指定することにより、各種システムに対応させる。また、各通信システム間で異なる部分は、完全再構築部（図6-14中Full reconfiguration part）を構成させ、その中で完全再構築させる。

図6-15から図6-17にハードウェアプラットフォームの開発事例を示す。まずRFUとして、(1) 広帯域受信ダイレクトコンバージョンミキサ（800MHz ～ 5.2GHz）を用いたRFU、および、(2) 複数のスイッチング回路を用いたマルチバンドRFUの開発を行った。

(1) 広帯域受信ダイレクトコンバージョンミキサ（800MHz ～ 5.2GHz）を用いたRFU

図6-15に開発したRFUを示す[20]。RFUはUHF帯に加え、文献[21]に示す構成の広帯域受信ダイレクトコンバージョンミキサ（800MHz ～ 5.2GHz）を用いることにより、2GHz帯および5GHz帯において動作する。ミキサはベースバンド帯域幅100MHzを有するもので、図6-15に入力信号周波数に対する利得と、IQの位相誤差を示す。また表6-2にこのRFUの仕様を示す。

(2) 複数のスイッチング回路を用いたマルチバンドRFU

図6-16に開発したRFUのブロック図を、図6-17にRFUの写真を示

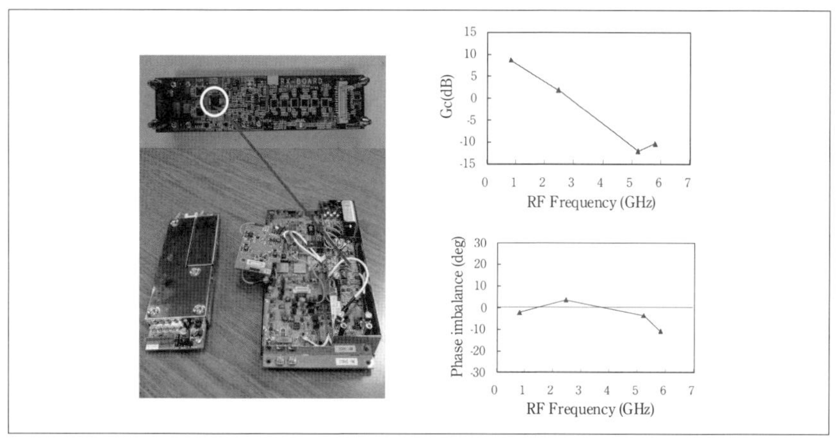
15
10
5
0
-5
-10
-15
Gc(dB)
0 1 2 3 4 5 6 7
RF Frequency (GHz)
30
20
10
0
-10
-20
-30
Phase imbalance (deg)
0 1 2 3 4 5 6 7
RF Frequency (GHz)

〔図6-15〕広帯域受信ダイレクトコンバージョンミキサを用いたRFU

す [22]。試作した RFU の大きさは 90mm × 135mm である。また、送信側においては信号系統を 32MHz 帯と 380MHz 帯に、受信側においては信号系統を 190MHz 帯と 32MHz 帯に集約し、部品数を減らしている。また、図 6-17 中の右下の基板は、この RFU 内のプログラマブル PLL に各周波数帯の信号を供給するシンセサイザユニットである [22]。このユニットは 10MHz から 130MHz までの信号の生成をプログラマブルに行うことができる。表 6-3 にその仕様を示す。

また、SPU として図 6-18 に示す FPGA を搭載した基板と CPU を搭載した基板を開発した。表 6-4 にその仕様を示す。

図 6-19 にハードウェアプラットフォーム上で動作させるコグニティ

〔表 6-2〕広帯域ダイレクトコンバージョンミキサを用いた RFU の仕様

	UHF band	2GHz band	5GHz band
Freq.	(TX) 430MHz, 470-770MHz (RX) 430MHz, 470-770MHz	(TX) 1920-1980MHz (RX) 2110-2170MHz	(TX) 5160-5240MHz
TX power	+10dBm	+21 ± 2dBm/3.84MHz	+10dBm/16.6MHz
RX Output	IQ output, -10dBm		

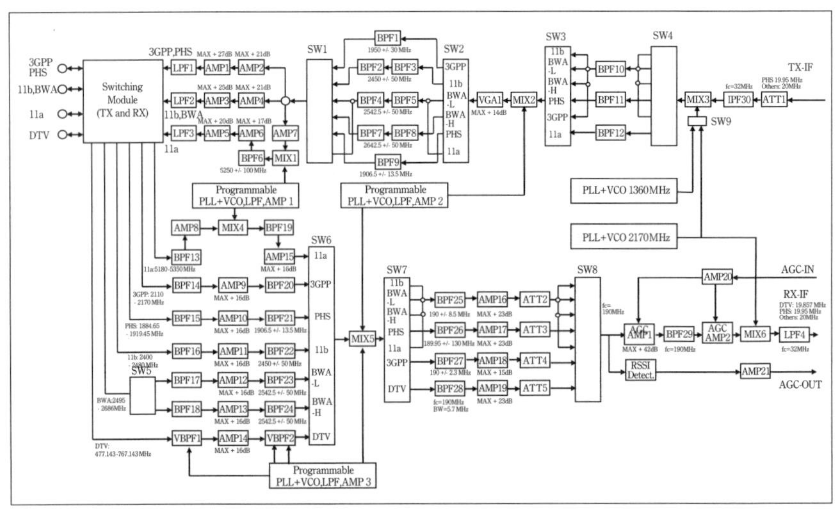
3GPP
PHS
11b,BWA
11a
DTV
Switching
Module
(TX and RX)
3GPP,PHS
11b,BWA
11a
MAX + 27dB
MAX + 21dB
MAX + 25dB
MAX + 21dB
MAX + 20dB
MAX + 17dB
LPF1
AMP1
AMP2
LPF2
AMP3
AMP4
LPF3
AMP5
AMP6
AMP7
BPF6
MIX1
5250 +/- 100 MHz
SW1
BPF1
1950 +/- 30 MHz
BPF2
BPF3
2450 +/- 50 MHz
BPF4
BPF5
2542.5 +/- 50 MHz
BPF7
BPF8
2642.5 +/- 50 MHz
BPF9
1906.5 +/- 13.5 MHz
SW2
3GPP
11b
BWA
-L
BWA
-H
PHS
11a
VGA1
MAX + 14dB
MIX2
SW3
SW4
BPF10
BPF11
BPF12
MIX3
IPF30
ATT1
fc=32MHz
PHS 19.95 MHz
Others: 20MHz
TX-IF
SW9
Programmable
PLL+VCO,LPF,AMP 1
Programmable
PLL+VCO,LPF,AMP 2
PLL+VCO 1360MHz
PLL+VCO 2170MHz
AMP8
MIX4
BPF19
SW6
BPF13
11a:5180-5350 MHz
AMP15
MAX + 16dB
BPF14
AMP9
BPF20
3GPP: 2110
- 2170 MHz
MAX + 16dB
BPF15
AMP10
BPF21
PHS: 1884.65
- 1919.45 MHz
MAX + 16dB
1906.5 +/- 13.5 MHz
BPF16
AMP11
BPF22
11b: 2400
- 2480 MHz
MAX + 16dB
2450 +/- 50 MHz
SW5
BPF17
AMP12
BPF23
MAX + 16dB
2542.5 +/- 50 MHz
BWA:2495
- 2686MHz
BPF18
AMP13
BPF24
MAX + 16dB
2542.5 +/- 50 MHz
VBPF1
AMP14
VBPF2
MAX + 16dB
DTV:
477.143-767.143 MHz
Programmable
PLL+VCO,LPF,AMP 3
MIX5
SW7
BPF25
AMP16
ATT2
190 +/- 8.5 MHz
MAX + 23dB
BPF26
AMP17
ATT3
189.95 +/- 130 MHz
MAX + 23dB
BPF27
AMP18
ATT4
190 +/- 2.3 MHz
MAX + 15dB
BPF28
AMP19
ATT5
fc=190MHz
BW=5.7 MHz
MAX + 23dB
SW8
fc=
190MHz
AGC-IN
AMP20
RX-IF
DTV: 19.857 MHz
PHS: 19.95 MHz
Others: 20MHz
AGC
AMP1
MAX + 42dB
BPF29
fc=190MHz
AGC
AMP2
MIX6
LPF4
fc=32MHz
RSSI
Detect.
AMP21
AGC-OUT

〔図 6-16〕開発した複数のスイッチング回路を用いた RFU のブロック図

ブ無線用ソフトウェアプラットフォーム（図6-13中のReconfigurable Management Unit）のアーキテクチャを示す。このソフトウェアプラットフォームは(a) SDCR Viewer、(b) SDCR administrator、(c) SDCR manager、の三つの機能ブロックにより構成される。各ブロックは以下の機能を有する。

(a) SDCR Viewer

ソフトウェアプラットフォームのユーザーインターフェース部である。機器の構成の表示、無線状態の表示、バージョンの表示、インストーラの表示、センシング情報を整理するためのファイル（これをプロファイルと呼ぶ）の設定用画面表示を行う。

〔図6-17〕開発した複数のスイッチング回路を用いたRFU

〔表6-3〕複数のスイッチング回路を用いたマルチバンドRFUの対応通信システム

	IEEE802.11a	IEEE802.11b	IEEE802.11g	IEEE802.16e (BWA)	Digital terrestrial TV	W-CDMA	PHS
Freq. band	5160～5350MHz	2400～2480MHz	2400～2480MHz	2495～2686MHz	470～770MHz	UL：1920～1980MHz DL：2110～2170MHz (±0.1PPM)	1884.65～1919.45MHz (300KHz step)
RF bandwidth	190MHz	80MHz	80MHz	191MHz	300MHz	60MHz (10MHz)	34.8MHz
Transmission power	10dBm	10dBm	10dBm	10dBm		21dBm	10dBm
Num of channels	8ch	14ch	13ch		13ch～62ch (49ch)	277ch (200KHz step)	117ch (300KHz step)
IF bandwidth	20MHz	20MHz	20MHz	20MHz	6MHz	5MHz	0.26MHz
Baseband bandwidth	16.6MHz	26MHz以下 (5, 10, 15, 20, 26MHz)	26MHz以下 (5, 10, 15, 20, 26MHz)	16.6MHz	5.7MHz	3.84MHz	250MHz

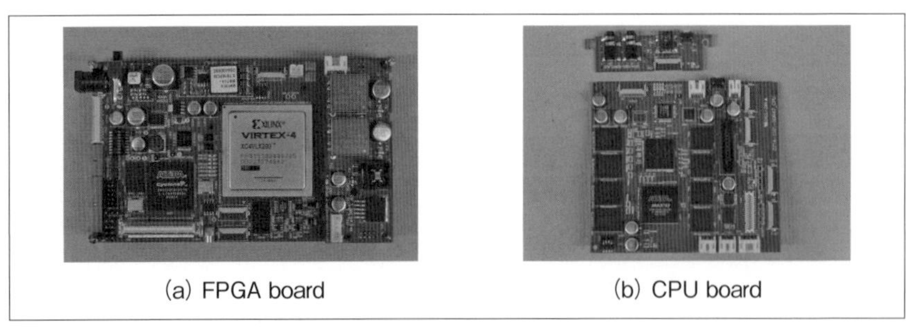
(a) FPGA board
(b) CPU board

〔図 6-18〕開発した SPU

〔表 6-4〕SPU の仕様

Item	Specification
FPGA board	135 mm × 80 mm
ADC	2ch / 170 Msps / 12 bit / 4dBm input
DAC	2ch / 500 Msps / 12 bit / 4dBm output
FPGA	XC4VLX200-10FF1513C
IF to RF board	Analog in (1ch) / Analog out (2ch) /Cont in (1bit) / Cont out (16bit)
CPU board	90 mm × 80 mm
CPU	MCIMX31VKN5B
OS	LINUX
Memory	Flash memory, DDR memory: 256 Mbyte
I/O	RS232C, USB

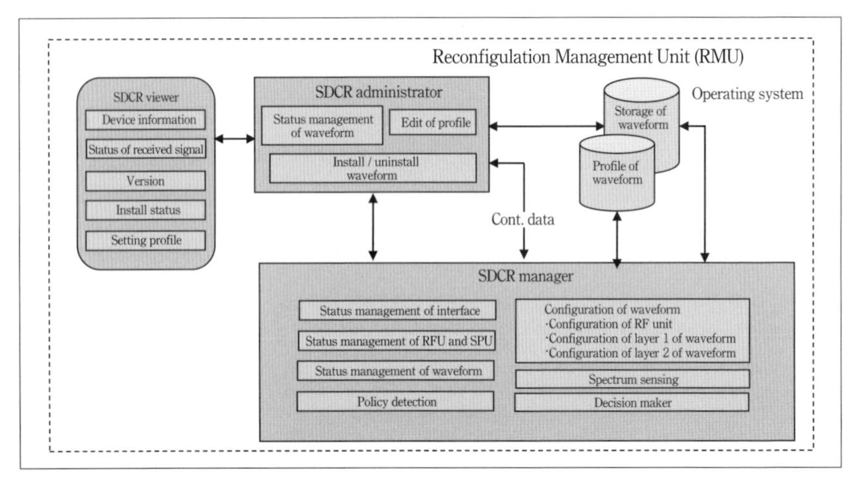
Reconfigulation Management Unit (RMU)
SDCR viewer
Device information
Status of received signal
Version
Install status
Setting profile
SDCR administrator
Status management of waveform
Edit of profile
Install / uninstall waveform
Storage of waveform
Profile of waveform
Operating system
Cont. data
SDCR manager
Status management of interface
Status management of RFU and SPU
Status management of waveform
Policy detection
Configuration of waveform
·Configuration of RF unit
·Configuration of layer 1 of waveform
·Configuration of layer 2 of waveform
Spectrum sensing
Decision maker

〔図 6-19〕ソフトウェアプラットフォーム

(b) SDCR administrator

無線機中の Waveform の管理、ならびに Waveform のインストールおよびアンインストール、Waveform のプロファイルの編集などを行う。

(c) SDCR manager

SPU、RFU とのインターフェースと管理、Waveform の管理、周波数のセンシング、ネットワーク側からのポリシーの検出、学習、使用する通信システムの決定と決定後の SPU、RFU の再構築の機能を有する。

基本動作としてはまず、SPU、RFU の管理を行う SDCR manager が周波数センシングを行い、信号の有無を確認する。見つけた信号の詳細情報を入手したい場合は、SDCR manager が有する SPU、RFU の再構築の機能と無線機内に有する Waveform を用いて通信システムを構築する。そして周波数センシングの結果とネットワーク側からのポリシーを利用して、適用する通信システムを決定する。そして再度、SPU、RFU に対して所望の Waveform を入力し、通信システムを構築する。表 6-5 に各機能ブロックの容量を示す。また、このソフトウェアプラットフォームでは第 3 世代携帯電話システムの W-CDMA、IEEE802.11a、11b、地上デジタル放送の Waveform が搭載されている。各 Waveform に関しては、物理層部は FPGA で MAC 層部より上位は CPU で設計、開発されている。IEEE802.11a の物理層の Waveform のブロック図と FPGA で開発したときの FPGA の容量を図 6-20、表 6-6 に示す。

図 6-17 に示す RFU と図 6-18 に示す SPU およびソフトウェアプラットフォームを用いてコグニティブ無線機の試作を行った。図 6-21 (a) に試作したコグニティブ無線機を、図 6-21 (b) に基本動作画面を示す。まず基本動作画面上のセンシングのアイコンをクリックすると、無線機は

〔表 6-5〕ソフトウェアプラットフォームの各機能の容量

	LINUX
SDCR manager	1.4MB
SDCR administrator	1.3MB
SDCE viewer	10MB*

* 2.5 MB の画面デザイン，TV 電話の GUI, SIP プロトコル部，video codec, voice codec, デジタルテレビ用の GUI を含む

RFUがカバーする周波数帯のセンシングを開始する（図6-21 (c)）。そして、センシング結果を示すとともに、この無線機にあらかじめ用意されている通信システムの機能を実現するソフトウェアのリストを表示する（図6-21 (d)）。この段階では、受信信号電力にもとづいたセンシングを行っているだけであり、各周波数帯の信号がどの通信システムによるのか、かつ、接続可能かどうかがわからない。そこで、信号が見つかった周波数帯において各通信システムのWaveformをSPUとRFUに入力し、

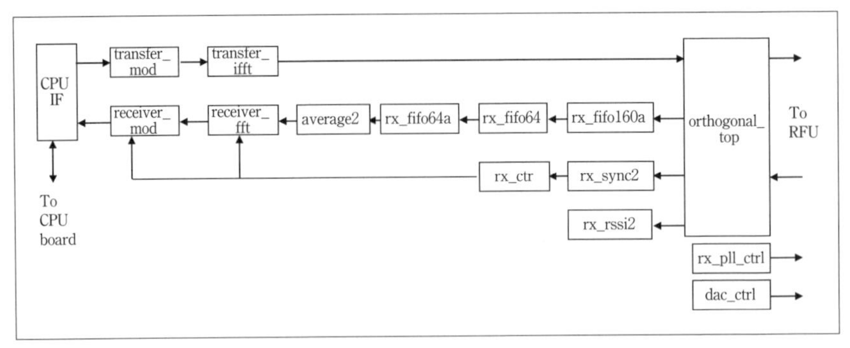
CPU IF
transfer_ mod
transfer_ ifft
receiver_ mod
receiver_ fft
average2
rx_fifo64a
rx_fifo64
rx_fifo160a
orthogonal_ top
To RFU
rx_ctr
rx_sync2
rx_rssi2
To CPU board
rx_pll_ctrl
dac_ctrl

〔図6-20〕IEEE802.11a Waveform（物理層部）の構成

〔表6-6〕IEEE802.11a Waveform（物理層部）に対するFPGA使用容量

機能	ブロックの名前	スライス数（Xilinx社XC2V相当）
CPUインターフェース	cpu_if	655
一次変調器（TX）	transfer_mod	429
一次復調器（RX）	receiver_mod	2943
二次変調器（TX）	transfer_ifft	453
二次復調器（RX）	receiver_fft	4017
受信機制御部	rx_ctr	35
同期部（RX）	rx_sync2	6221
RSSI測定部	rx_rssi2	496
RX FIFO	rx_fifo160a	28
	rx_fifo64	25
	rx_fifo64a	27
	average2	30
PLL制御部	rx_pll_ctrl	48
DA制御部	dac_ctrl	80
直交変調器	orthogonal_top	7134
Total		22621

接続の可能性を含めて各周波数帯の信号の同定を行う（図 6-21（e））。そして通信可能なシステムがセンシング結果としてユーザに通知される（図 6-21（f））。この通信可能なシステムについて、ユーザが必要とする通信速度、料金体系などの希望情報を無線機にあらかじめ入力していた場合、この情報をもとに、ソフトウェアプラットフォームが学習し、ユーザにとって最適な通信システムに接続する。また、ユーザに対して、通信可能なシステムをセンシング結果として示し、この情報をもとにユーザが通信システムを選択して、通信を始めることも可能である。各周波数帯に対して受信信号電力に基づいたセンシングを行う時間は個別に設定可能であり、数秒程度まで平均化して、プロファイルとして蓄積することができる。また、信号を同定するために必要な無線機の再構築時間は、IEEE802.11b、IEEE802.11a、W-CDMA の各方式においてそれぞれ、414ms、452ms、896ms である。これらのセンシング時間と同定に要する時間の和が、図 6-21（f）に示す詳細なセンシング結果が出力されるまでの時間となる。

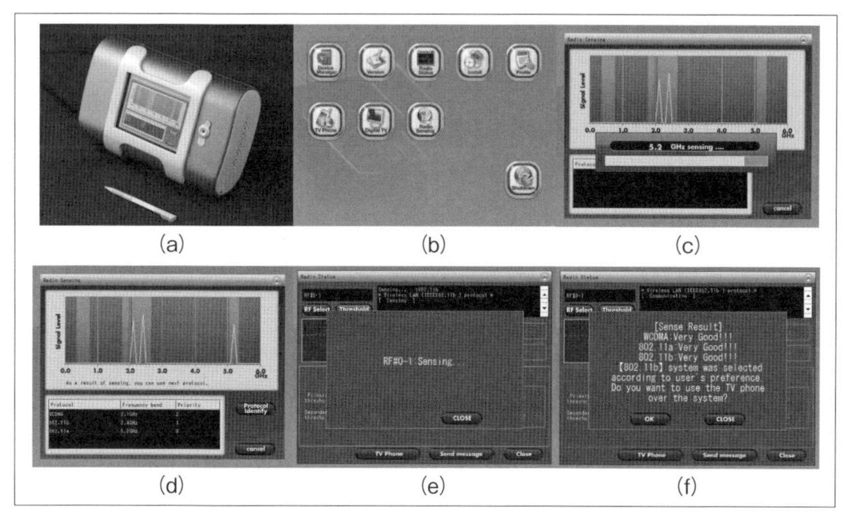
(a)
(b)
(c)
5.2 GHz sensing ....
cancel
(d)
(e)
(f)
Signal Level
0.0 1.0 2.0 3.0 4.0 5.0 6.0 GHz
Protocol Identify
RF Select
Threshold
RF#0-1 Sensing...
CLOSE
[Sense Result]
WCDMA:Very Good!!!
802.11a:Very Good!!!
802.11b:Very Good!!!
【802.11b】system was selected
according to user's preference.
Do you want to use the TV phone
over the system?
OK
TV Phone
Send message
Close

〔図 6-21〕開発したコグニティブ無線機の動作

3. リコンフィギャブルプロセッサを用いたソフトウェア無線機（送受信機）の実装例

3－1　概要

本節では2007年に開発をした950MHz MIMOセンサネットワーク無線装置について説明する。950MHz MIMOセンサネットワーク無線装置は研究用[23]として開発、用途が研究用試作機と言うことから、ベースバンド信号処理の一部（DDC、DUCなど）をFPGAで構成し、変更の多いベースバンド信号処理（符号化、変調など）と、MAC層に関しては、PCで処理を行う構成とした。950MHz MIMOセンサネットワーク無線機は、TDDのRF Board（スイッチ、LNA、PA、アップコンバータ、ダウンコンバータ、など）、4chAD/DA Board（ADC、DAC、FPGA、など）、PCから構成される。装置外観を図6-22に、装置構成を図6-23に示す。初期検討で開発、シミュレーションにMATLAB®（MathWorks®社）を使うことが多いことから、4ch AD/DA Boardの制御に必要なコマンドをMATLABのMEX関数として用意し、初期検討で使用したMATLABのプログラムを流用して、無線信号の入出力ができるように設計した。これにより利用者はFPGAの設計をすることなく、複雑な信号処理は

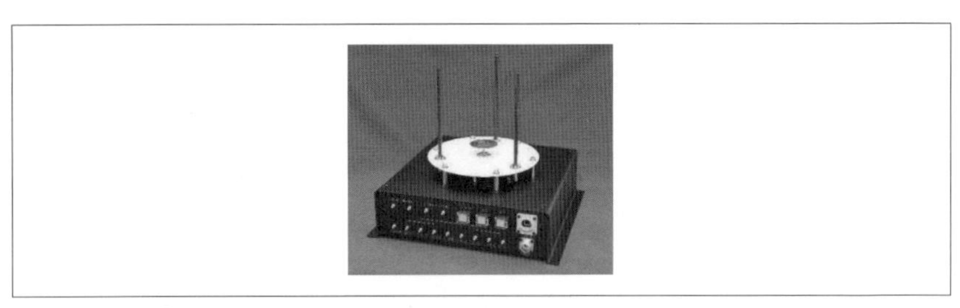

〔図6-22〕950MHz MIMOセンサネットワーク無線機外観

Analogue
Digital
RF Board
TDD RF Receiver,Transmitter
RFアップコンバータ
RFダウンコンバータ
RF信号
IF信号出力
IF信号入力
4chAD/DA Board
FPGA,AD Converter,DA Converter
DDC、DUC、NCO、
インターポーレーションフィルタ、
負の周波数イメージ除去回路、
バンドパスサンプリング
USB
ベースバンド信号
PC
MATLABがインストールされているPC
符号化、変調、
MAC層の信号処理

〔図6-23〕950MHz MIMOセンサネットワーク無線機構成ブロック図

MATLABで用意されている関数を利用可能となり、変調信号の試作期間の短縮ができるようにした。

3－2　RF BoardおよびAD/DA Boardの構成と周波数関係

本装置のRF Boardを図6-24に示す。本装置の通信方式にTDDを採用しており､そのための送受を切り替えるスイッチ､ローカル発振器（VCO)､周波数を変更するためのアップコンバータ（IFからRF）とダウンコンバータ（RFからIF)、送信のためのパワーアンプ（PA)、受信のためのローノイズアンプ（LNA)、バンドパスフィルタ（BPF）から構成さている。アナログ回路としての直交変調器は備えておらず、FPGA内部にディジタルアップコンバータ、ディジタルダウンコンバータとして搭載した。

次に4chAD/DA Boardの外観と主な回路ブロックを図6-25に示す。本ボードは以下の要素から構成される。

・FPGA
・PLL&VCXO
・クロック入出力
・アナログ入力用ADコンバータ（80Msps・16bit）を4チャンネル搭載
・アナログ出力用DAコンバータ（320Msps・16bit）を4チャンネル搭載

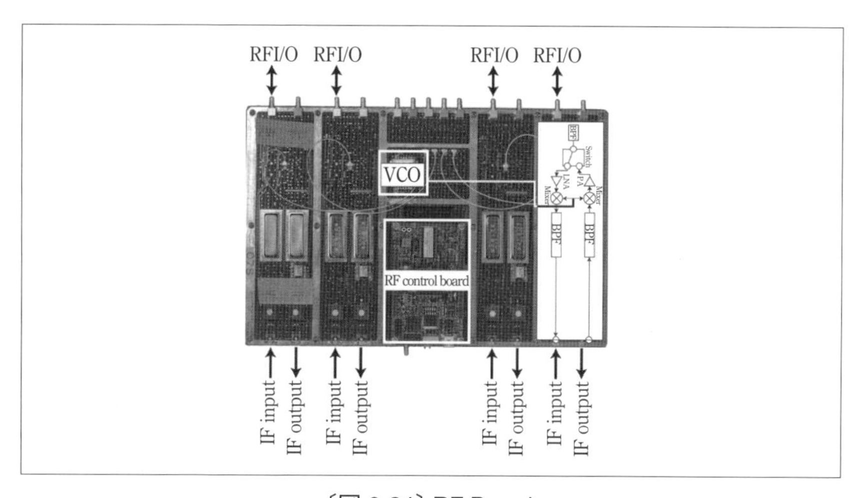
RFI/O
RFI/O
RFI/O
RFI/O
VCO
BPF
Switch
LNA
PA
Mixer
Mixer
BPF
BPF
RF control board
IF input
IF output
IF input
IF output
IF input
IF output
IF input
IF output

〔図6-24〕RF Board

・SRAM（72Mbit 品）2 個
・USB コントローラー
・電源

次にシステム全体の周波数変換について、図 6-26 に示す。

受信信号については、アンテナポートから入力される信号は、中心周波数 953.3MHz の RF 信号、ローカル周波数 1023.3MHz（アッパーローカル）によりミキシングを行い、70MHz の IF に変換する。アッパーローカルを用いたダウンコンバートの様子を図 6-27 に、ローワーローカルを用いた場合のダウンコンバートを図 6-28 に示す。

アッパーローカルを用いてダウンコンバートをした場合、Ⅳ章 2 で述

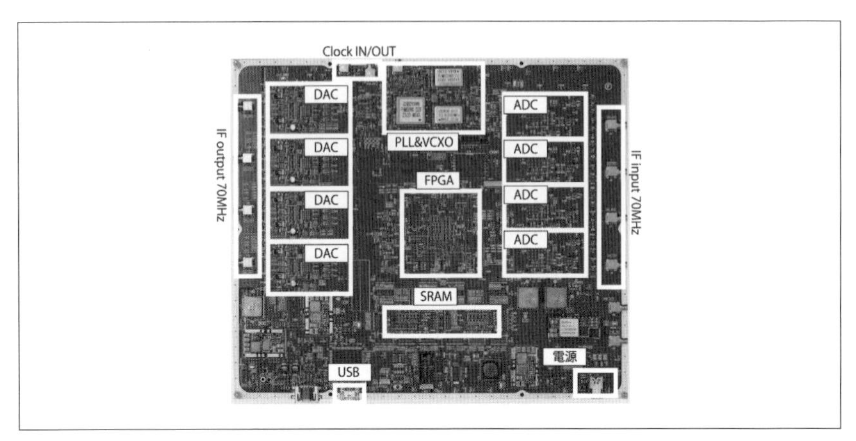
Clock IN/OUT
DAC
DAC
DAC
DAC
PLL&VCXO
FPGA
ADC
ADC
ADC
ADC
IF output 70MHz
IF input 70MHz
SRAM
USB
電源

〔図 6-25〕4ch AD/DA Board ブロック図

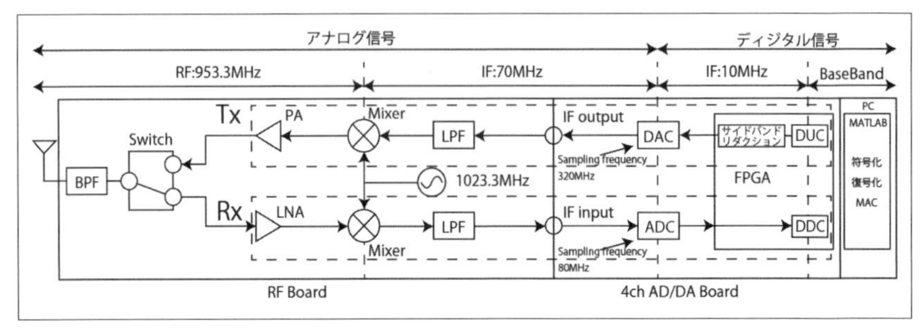
アナログ信号
ディジタル信号
RF:953.3MHz
IF:70MHz
IF:10MHz
BaseBand
Tx
PA
Mixer
LPF
IF output
DAC
サイドバンドリダクション
DUC
Switch
BPF
Sampling frequency 320MHz
1023.3MHz
FPGA
Rx
LNA
Mixer
LPF
IF input
ADC
DDC
Sampling frequency 80MHz
PC
MATLAB
符号化
復号化
MAC
RF Board
4ch AD/DA Board

〔図 6-26〕周波数変換

べられているように、RF：953.3MHzの信号は、スペクトルが左右反転してIF：70MHzの信号にダウンコンバートされる。

アッパーローカルの場合、そのままベースバンドまでダウンコンバートして復号を行うと、スペクトラムの上下が反転するので位相の符号が反転する。このため復号時にはコンスタレーションを反転（実軸または虚軸のの符号を反転）してシンボル判定する必要がある。しかし本装置ではサンプリング周波数Fsの下側でアンダーサンプリングを行うため、ADコンバータで再度周波数が反転され、スペクトラムの上下反転が元に戻る設計となっている。近年のADコンバータは、ナイキスト周波数よりも広い帯域の入力帯域を持っていて、アンダーサンプリングを可能にしている。サンプリングレートFs=80MHzのADコンバータを用いて、70MHzのIFをサンプリングする様子を、図6-29に示す。

ナイキスト周波数Fs/2=40MHzの外側にあるIF信号は、10MHzの信号をオーバーサンプリングした場合と同じ周波数関係にあり、違いはスペクトラムが反転することである。アンダーサンプリング後にFPGAに

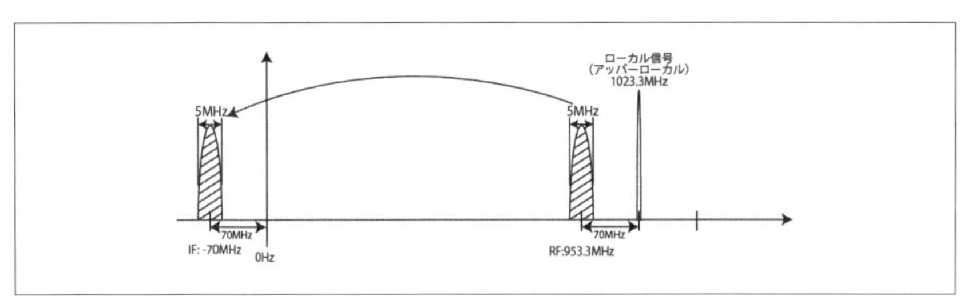
ローカル信号
(アッパーローカル)
1023.3MHz
5MHz
5MHz
70MHz
IF: -70MHz
0Hz
RF:953.3MHz
70MHz

〔図6-27〕アッパーローカルを用いたRFダウンコンバート

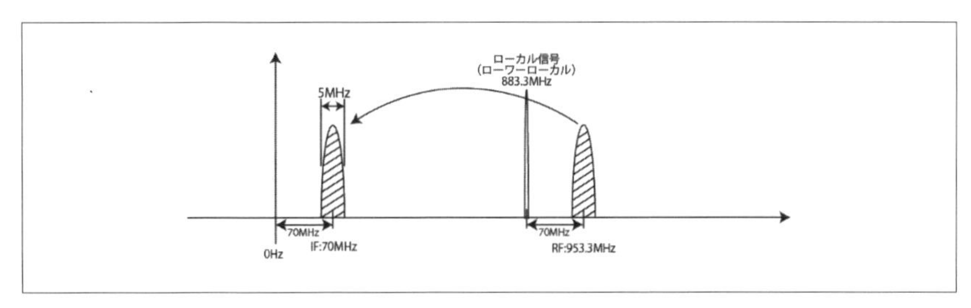
ローカル信号
(ローワーローカル)
883.3MHz
5MHz
70MHz
0Hz
IF:70MHz
70MHz
RF:953.3MHz

〔図6-28〕ローワーローカルを用いたRFダウンコンバート

取り込まれたIF信号イメージは図6-30のようになる。

以上のように本装置では、RFをIFにダウンコンバートをする際に、アッパーローカルを使用しているため､スペクトラムが左右反転するが、アンダーサンプリング時にスペクトラムが反転する条件を備えているため、ADC出力においてはスペクトル反転が元に戻る。

ところで本装置ではRF boardのローカル発振器を送受信共通で使用する構成であるため、送信信号についても、IF周波数70MHzで、そのスペクトルは反転している必要がある。その様子を図6-31に示す。

次にFPGA内部で構成している受信回路、ディジタルダウンコンバータについて説明する。受信回路(FPGA内部) ブロック図を図6-32に示す。

FPGA内部取り込まれたIF信号は、サンプリングレート80MHzから40MHzにダウンサンプルされる。サンプリングレートを40MHzに変換する理由にDDCで使用する発振器がある。この発振器では、COSと

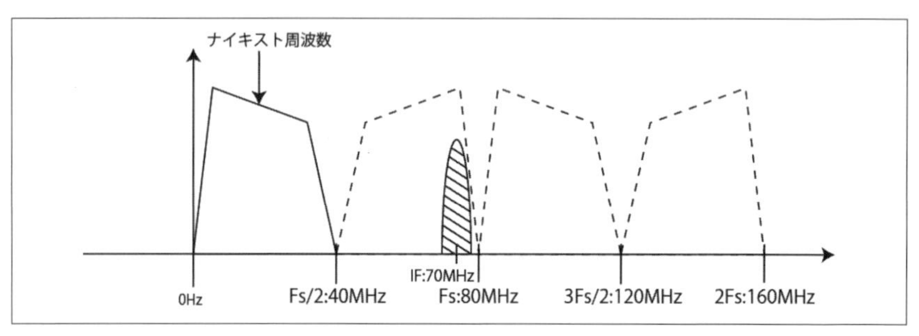
ナイキスト周波数
IF:70MHz
0Hz
Fs/2:40MHz
Fs:80MHz
3Fs/2:120MHz
2Fs:160MHz

〔図6-29〕IF：70MHzのアンダーサンプリングのイメージ

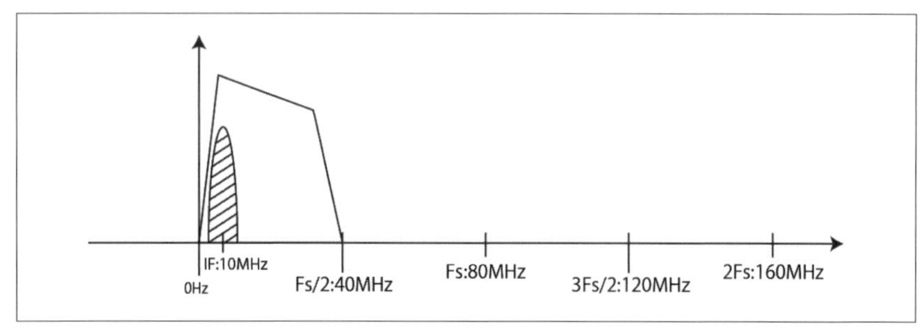
IF:10MHz
0Hz
Fs/2:40MHz
Fs:80MHz
3Fs/2:120MHz
2Fs:160MHz

〔図6-30〕アンダーサンプリング後にFPGAに取り込まれたIF信号イメージ

-SINを発生させる必要があるが、サンプリングレート40MHzで10MHzのCOS、SINは、'1'、'0'、'−1'、の3値で表現できる。発振器のCOS、SINの波形を図6-33に示す。これにより量子化誤差のない周期性に優れたローカル信号が発生できる。また、発振器を構成するのに必要な回路は最小限にとなり、FPGAのリソースを限りなく抑えられる。

また Mixerにおいても、乗算するローカル信号が、'1'、'0'、'−1'であることから、計算に乗算を用いることもなく、'1'ではデータはそのまま、'−1'で符号の反転、'0'でデータを'0'にするだけでローカルを乗算した結果と同様の結果が得られる。その後ローパスフィルタ（LPF）で平滑化、その後に1/4にダウンサンプルされ、サンプリングレート10MHz

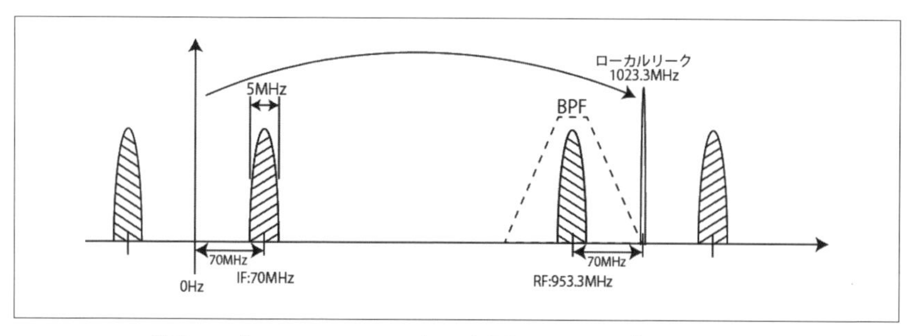
ローカルリーク
1023.3MHz
5MHz
BPF
70MHz
0Hz
IF:70MHz
70MHz
RF:953.3MHz

〔図6-31〕アッパーローカルを用いたアップコンバート

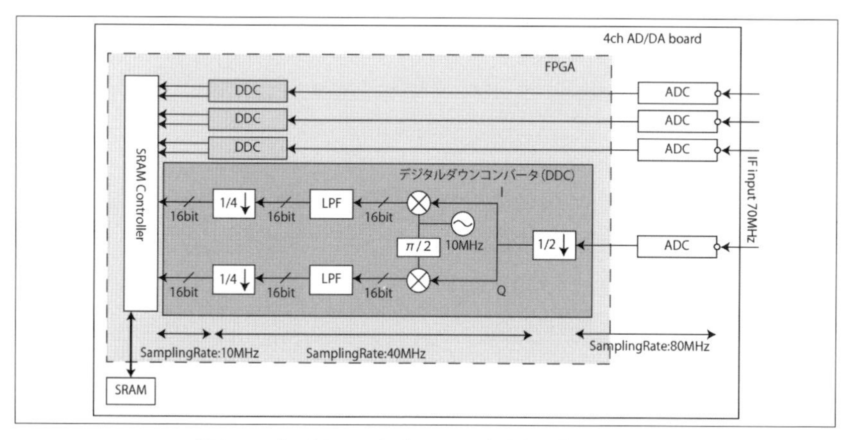
4ch AD/DA board
FPGA
DDC
DDC
DDC
ADC
ADC
ADC
ADC
SRAM Controller
デジタルダウンコンバータ(DDC)
1/4
LPF
16bit
16bit
16bit
I
Q
π/2
10MHz
1/2
IF input 70MHz
SamplingRate:10MHz
SamplingRate:40MHz
SamplingRate:80MHz
SRAM

〔図6-32〕受信回路（FPGA内部）ブロック図

になる、サンプリングレート10MHzになったベースバンド信号は、SRAMに保存されUSBインターフェース経由でPCに転送される。

FPGAのリソースは有限のため、各回路はできるだけFPGAのリソースを使わないように回路を作成する必要がある。前記DDCのMixerはその一例で、ローパスフィルタ（LPF）についても、回路構成によってリソースの使用量が違うため、他の回路を考慮すると、できるだけ回路規模の少ないLPFが必要となる。LPFのフィルタ係数をどのように決めるのか、本装置のディジタルフィルタを開発した際に使用したツールが、MATLABのSignal Processing Toolbox™にて提供されているフィルタ設計解析ツール「fdatool」である、フィルタ設計解析ツールを図6-34に示す。fdatoolでは、ローパスフィルタ以外に、ハイパスフィルタ、バンドパスフィルタ、バンドストップフィルタ、などのGUIから設計解析ができる。今回はローパスフィルタの設計について説明する、fdatoolで設定する項目は、サンプリング周波数、通過帯域、遮断帯域、帯域内リップル、遮断特性を入力することで設計ができ、設計方法も選べる。

fdatoolを使い設計したフィルタについて、最終的にFPGAへ実装し計算を行うため、固定小数点で計算を行った場合のフィルタ特性についても検討する必要がある。固定小数点での計算では、浮動小数点と違い計算精度は計算に用いるビット数に依存する。浮動小数点で設計したフィルタが、固定小数点による計算でもフィルタの性能を維持し、必要以

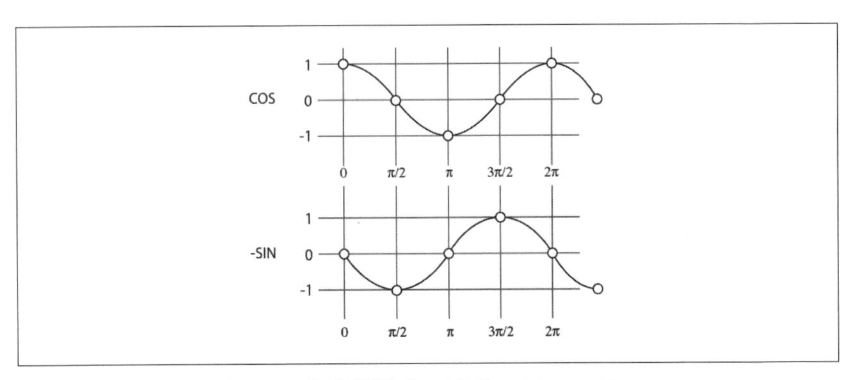
COS
1
0
-1
0
π/2
π
3π/2
2π
-SIN
1
0
-1
0
π/2
π
3π/2
2π

〔図6-33〕発振器出力波形COS、−SIN

上にリソースを使用していないか、何ビットで計算すればよいのか、などの解析も併せて行うことができる[1]。

固定小数点での解析結果を図 6-35 に示す。破線で書かれているのが浮動小数点で計算した場合のフィルタ特性、実線で書かれているのが固定小数点 10bit で計算した場合のフィルタ特性である。通過帯域の特性に影響はほとんど見られないが、遮断帯域の減衰量に大きな影響が見られる。このように所要のフィルタ特性を計算するために必要なビット数を解析し、設計をすることができる。

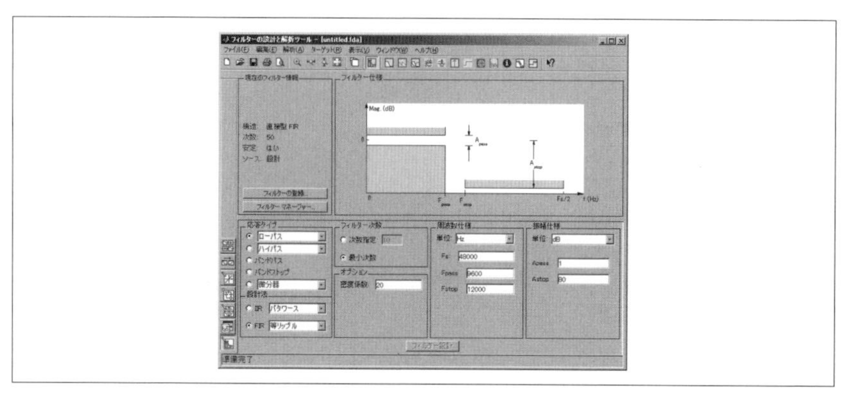
フィルターの設計と解析ツール - [untitled.fda]
ファイル(F) 編集(E) 解析(A) ターゲット(R) 表示(V) ウィンドウ(W) ヘルプ(H)
現在のフィルター情報
構造: 直接型 FIR
次数: 50
安定: はい
ソース: 設計
フィルターの登録...
フィルター マネージャー...
フィルター仕様
Mag. (dB)
Fs/2
f (Hz)
応答タイプ
ローパス
ハイパス
バンドパス
バンドストップ
微分器
設計法
IIR
バタワース
FIR
等リップル
フィルター次数
次数指定
最小次数
オプション
密度係数
20
周波数仕様
単位
Hz
Fs
48000
Fpass
9600
Fstop
12000
振幅仕様
単位
dB
Apass
1
Astop
80
準備完了

〔図 6-34〕fdatool GUI インターフェース

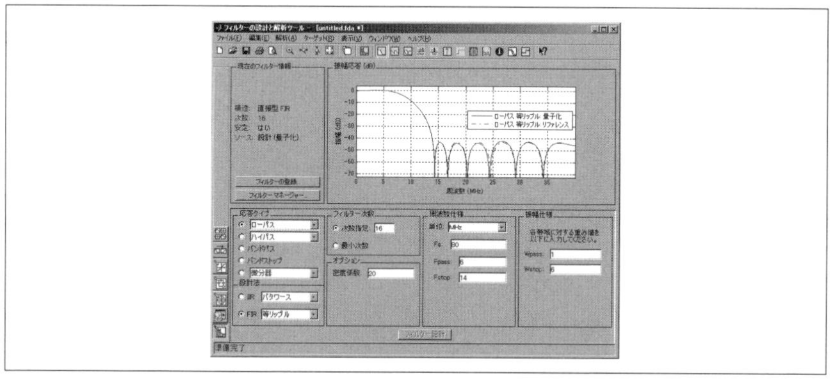
フィルターの設計と解析ツール - [untitled.fda *]
ファイル(F) 編集(E) 解析(A) ターゲット(R) 表示(V) ウィンドウ(W) ヘルプ(H)
現在のフィルター情報
構造: 直接型 FIR
次数: 16
安定: はい
ソース: 設計 (量子化)
フィルターの登録...
フィルター マネージャー...
振幅応答 (dB)
ローパス 等リップル 量子化
ローパス 等リップル リファレンス
振幅 (dB)
0
-10
-20
-30
-40
-50
-60
-70
0
5
10
15
20
25
30
35
周波数 (MHz)
応答タイプ
ローパス
ハイパス
バンドパス
バンドストップ
微分器
設計法
IIR
バタワース
FIR
等リップル
フィルター次数
次数指定
16
最小次数
オプション
密度係数
20
周波数仕様
単位
MHz
Fs
80
Fpass
6
Fstop
14
振幅仕様
各帯域に対する重み値を以下に入力してください。
Wpass
1
Wstop
6
フィルター設計
準備完了

〔図 6-35〕固定小数点によるフィルタの解析

[1] 固定小数点でのフィルタ特性を解析する場合は Fixed-Point Designer™ が必要になる。

さらにfdatoolで作成した結果について、フィルタの計算を簡単にするため、2倍、4倍、1/2、1/4などのビットシフトが適用できるよう、調整したフィルタ係数をfdatoolに入力し、フィルタ係数からのフィルタ特性の解析を行うことができ（図6-36）、フィルタ係数の変更による特性への影響を確認し回路を小さくする検討もできる。

このようにして求めたフィルタ係数を、次にFPGAに回路として実装する。標準的なFIRフィルタの回路構成を図6-37に示す。乗算、加算、乗算回路の数は、フィルタの段数と同じ数必要となり、段数の多いフィルタを構成する場合、FPGAのリソースを大量に必要とする。

フィルタ係数が時間軸で左右対称特性を生かして、乗算を半分にする方法を図6-38に示す[24]。フィルタ係数が同じときのデータを事前に加

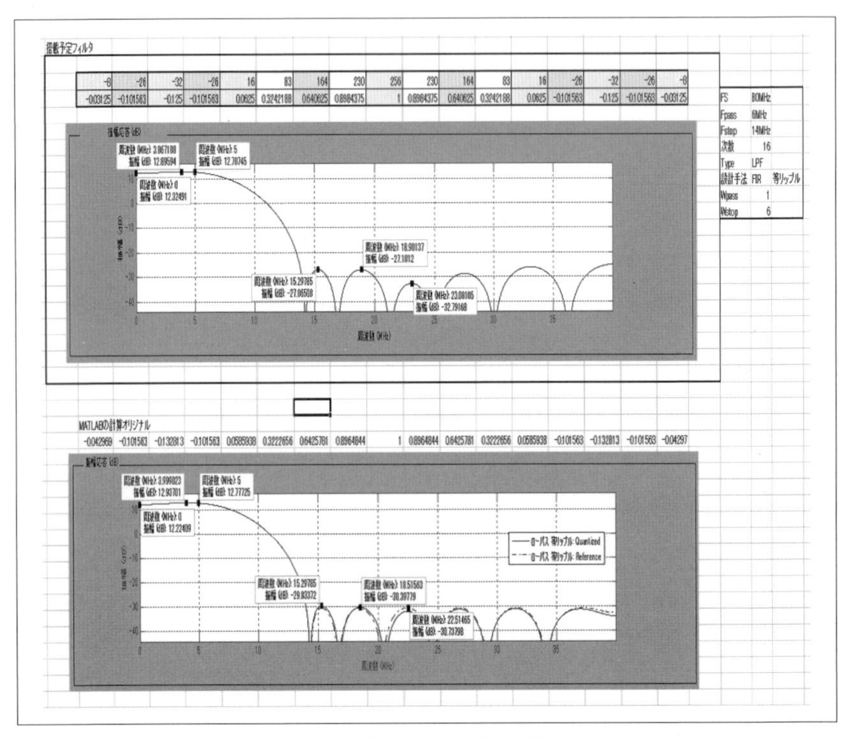

搭載予定フィルタ
-8 -26 -32 -26 16 83 164 230 256 230 164 83 16 -26 -32 -26 -8
-0.03125 -0.101563 -0.125 -0.101563 0.0625 0.3242188 0.640625 0.8984375 1 0.8984375 0.640625 0.3242188 0.0625 -0.101563 -0.125 -0.101563 -0.03125
FS 80MHz
Fpass 6MHz
Fstop 14MHz
次数 16
Type LPF
設計手法 FIR 等リップル
Wpass 1
Wstop 6
周波数 (MHz): 3.867188 振幅 (dB): 12.89594
周波数 (MHz): 5 振幅 (dB): 12.70745
周波数 (MHz): 0 振幅 (dB): 12.32491
周波数 (MHz): 18.90137 振幅 (dB): -27.1812
周波数 (MHz): 15.29785 振幅 (dB): -27.06508
周波数 (MHz): 23.08105 振幅 (dB): -32.79168
MATLABの計算オリジナル
-0.042969 -0.101563 -0.132813 -0.101563 0.0585938 0.3222656 0.6425781 0.8964844 1 0.8964844 0.6425781 0.3222656 0.0585938 -0.101563 -0.132813 -0.101563 -0.04297
周波数 (MHz): 3.999023 振幅 (dB): 12.93701
周波数 (MHz): 5 振幅 (dB): 12.77725
周波数 (MHz): 0 振幅 (dB): 12.22409
ローパス 等リップル: Quantized
ローパス 等リップル: Reference
周波数 (MHz): 15.29785 振幅 (dB): -29.83372
周波数 (MHz): 18.51563 振幅 (dB): -30.39779
周波数 (MHz): 22.51465 振幅 (dB): -30.73798

〔図6-36〕フィルタ解析結果

算することで、乗算の数を半分に減らすことができる。FPGA で FIR フィルタを構成する場合有効な方法ある。その他、入力信号が FPGA 動作周波数よりも十分遅い信号の場合は、一つの乗算機を切り替えながら計算する方法などもある。

また乗算回路を使用しないで、加算とルックアップテーブルだけで FIR フィルタを構成する方法もある [24]。あらかじめ入力信号に対応した計算結果をルックアップテーブルに保存しておいて、入力信号に合わせて読み出し、加算をする方法で回路の小型化と高速化が可能である。欠点としては、フィルタの次数が大きくなると、それに併せてルックアップテーブルのアドレスが指数的に増えてしまい、メモリを大量に消費してしまうことである。ルックアップテーブルを用いた FIR フィルタの

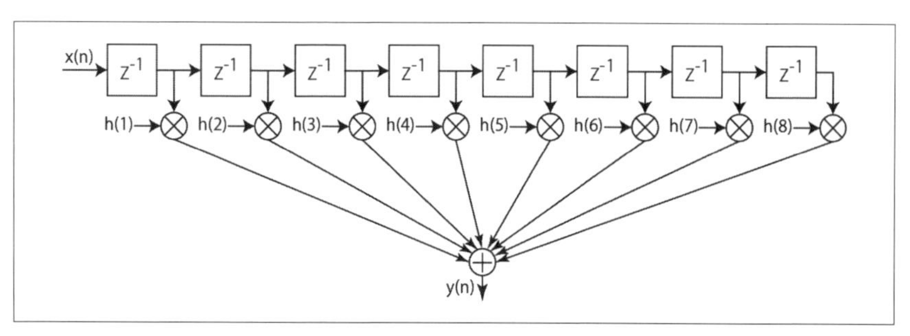

x(n)
z^{-1}
h(1)
h(2)
h(3)
h(4)
h(5)
h(6)
h(7)
h(8)
y(n)

〔図 6-37〕標準的な FIR フィルタ回路

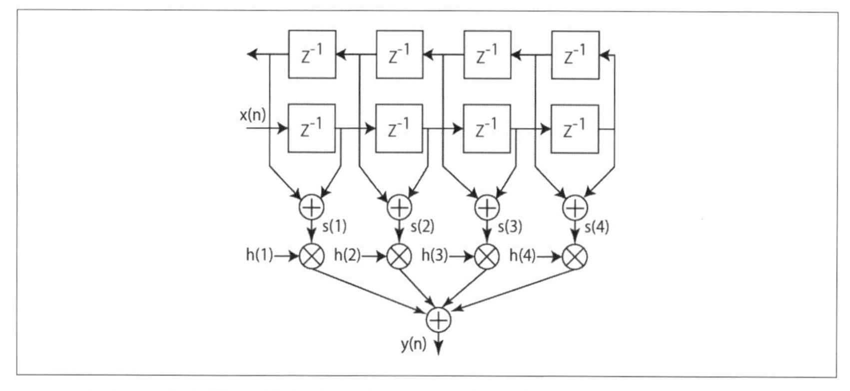

x(n)
z^{-1}
s(1)
s(2)
s(3)
s(4)
h(1)
h(2)
h(3)
h(4)
y(n)

〔図 6-38〕係数の対称性を利用して乗算を半分にした FIR フィルタ

計算例を図6-39に、ルックアップテーブル型FIRフィルタの回路を図6-40に、ルックアップテーブルを表6-7に示す。

本装置で使用した48tapのFIRフィルタについて、乗算回路を使用したFIRフィルタのリソース使用量を表6-8に、ルックアップテーブルを使用したFIRフィルタのリソース使用量を表6-9に示す。

表6-8に示した回路は、フィルタ係数の対称性を利用して乗算回路を半分にしたフィルタの1個分の結果で、システム全体で8個のフィルタが入るため、すべてを乗算回路で構成した場合、受信フィルタだけでFPGAの乗算回路のリソースを約38%使用してしまう計算になる。表6-9の回路では、乗算回路が使われてないことがわかる。表6-8に比べると、Registerの使用量とLUTの使用量が増えているが、これを8倍使用しても、FPGAのリソースとしては、5%にも満たないため、他の回路にリソースを十分に割り当てることができる。

次に、FPGA内部で構成される送信機、アップコンバータ、インターポーレーションフィルタ、サイドバンドリジェクションについて説明する。FPGA内部で構成される送信機を図6-41に示す。

PCで変調されたベースバンド信号はUSBインターフェースを使いSRAMに転送され、SRAMから送信回路に供給される。ディジタルアッ

```
    Multiplicand h(n) →       01  11  10  11
      Multiplier s(n) →   x   11  00  10  01
Partical Product P1(n) →      01  00  00  11   =   100
Partical Product P2(n) → +   01  00  10  00    =  011
                             011 000 100 011   =  1010
```

〔図6-39〕FIRフィルタの計算

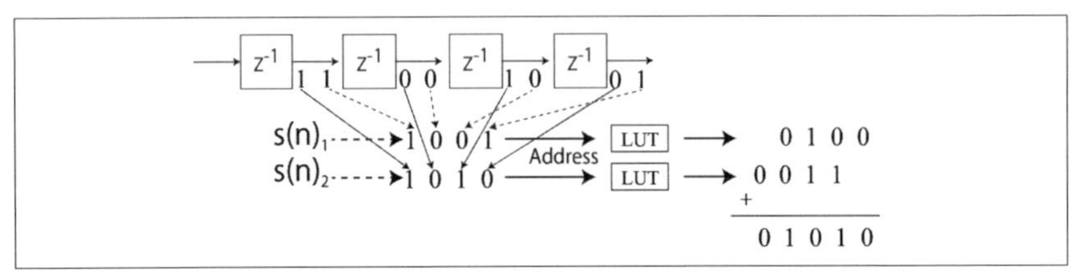

z^{-1}
z^{-1}
z^{-1}
z^{-1}
1 1
0 0
1 0
0 1
$s(n)_1$
$s(n)_2$
1 0 0 1
1 0 1 0
Address
LUT
LUT
0 1 0 0
0 0 1 1
+
0 1 0 1 0

〔図6-40〕ルックアップテーブル型FIRフィルタ

〔表 6-7〕ルックアップテーブル

s(n)1	P1	Result
0000	0	00 + 00 + 00 + 00 = 0000
0001	h(1)	00 + 00 + 00 + 01 = 0001
0010	h(2)	00 + 00 + 11 + 00 = 0011
0011	h(2) + h(1)	00 + 00 + 11 + 01 = 0100
0100	h(3)	00 + 10 + 00 + 00 = 0010
0101	h(3) + h(1)	00 + 10 + 00 + 01 = 0011
0110	h(3) + h(2)	00 + 10 + 11 + 00 = 0101
0111	h(3) + h(2) + h(1)	00 + 10 + 11 + 01 = 0110
1000	h(4)	11 + 00 + 00 + 00 = 0011
1001	h(4) + h(1)	11 + 00 + 00 + 01 = 0100
1010	h(4) + h(1)	11 + 00 + 11 + 00 = 0110
1011	h(4) + h(2) + h(1)	11 + 00 + 11 + 01 = 0111
1100	h(4) + h(3)	11 + 10 + 00 + 00 = 0101
1101	h(4) + h(3) + h(1)	11 + 10 + 00 + 01 = 0110
1110	h(4) + h(3) + h(2)	11 + 10 + 11 + 00 = 1000
1111	h(4) + h(3) + h(2) + h(1)	11 + 10 + 11 + 01 = 1001

〔表 6-8〕乗算回路を使った FIR フィルタのリソース使用量

・デバイスー ALTERA Stratx Ⅱ（EP2S130F1508C）
・1LPF を実装した場合（1 システム 8 個実装）

・Resource	Used	Avail	Utilization
・LUTs	273	106032	0.26%
・Registers	825	112634	0.73%
・Memory Bits	0	6747840	0.00%
・DSP block 9-bit elems	24	504	4.76%

〔表 6-9〕ルックアップテーブルを使った FIR フィルタのリソース使用量

・デバイスー ALTERA Stratx Ⅱ（EP2S130F1508C）
・1LPF を実装した場合（1 システム 8 個実装）

・Resource	Used	Avail	Utilization
・LUTs	464	106032	0.44%
・Registers	946	112634	0.84%
・Memory Bits	0	6747840	0.00%
・DSP block 9-bit elems	0	504	0.00%

プコンバータで使用するローカルの発信周波数は10MHz、受信回路でも説明した発振器の回路構成が簡単なサンプリングレート40MHzにする必要がある。ベースバンド信号はサンプリングレートが10MHzであるため、4倍のインターポーレーションフィルタによって、サンプリングレートを40MHzに変換する。4倍のインターポーレーションフィルタによる周波数変換を図6-42に示す。サンプリング周波数F1を、4倍のサンプリング周波数F2にするためには、信号に‘0’を3個(F2/F1−1)

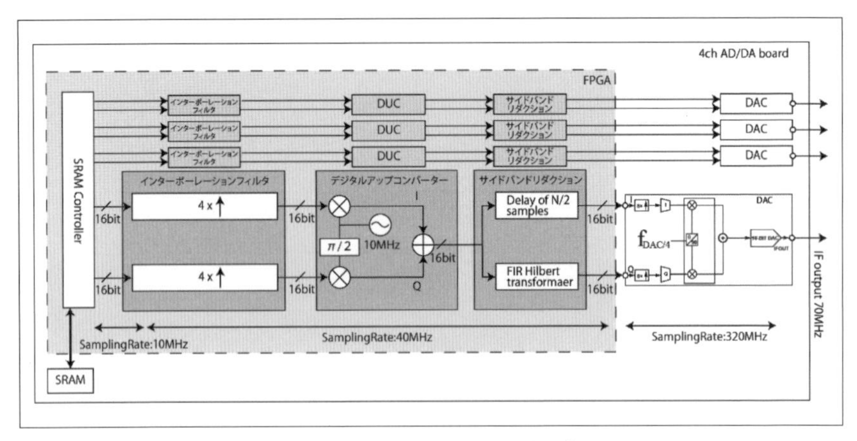
4ch AD/DA board
FPGA
SRAM Controller
インターポーレーションフィルタ
DUC
サイドバンドリダクション
DAC
デジタルアップコンバーター
4 x
16bit
I
Q
π/2
10MHz
Delay of N/2 samples
FIR Hilbert transformaer
IF output 70MHz
SamplingRate:10MHz
SamplingRate:40MHz
SamplingRate:320MHz
SRAM

〔図6-41〕送信回路(FPGA内部)ブロック図

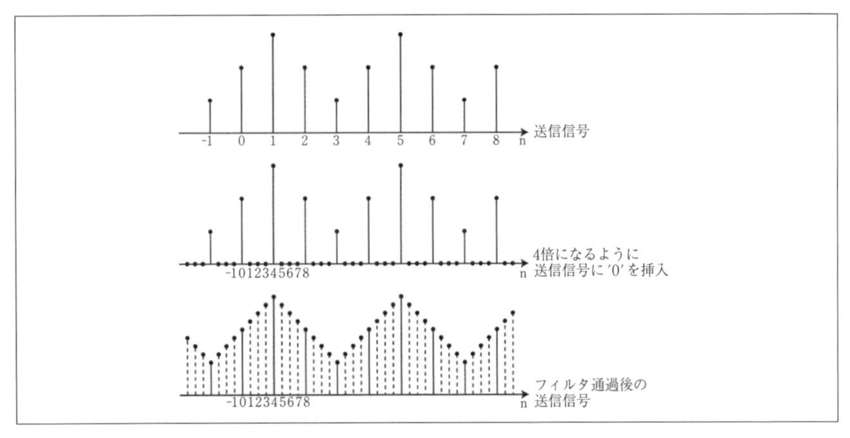
-1 0 1 2 3 4 5 6 7 8 n
送信信号
-1012345678
4倍になるように
送信信号に'0'を挿入
フィルタ通過後の
送信信号

〔図6-42〕4倍のインターポーレーション

挿入する。この状態では波形がパルス状でエイリアシングが発生する、この信号をアンチエイリアシングするためLPFを通す。これにより、挿入した'0'信号が補完される。

DAコンバータに変調機能があるが、ハードウェアの制限により内部のNCOがDAコンバータのサンプリングレート（320MHz）の1/2、1/4、1/8からしか選べず、70MHzを発生させることができないため、FPGA内部のディジタルアップコンバータを使い、IF10MHzに変換する、DAコンバータをアップコンバータとして使い、NCOから80MHzを発生させ、80MHz−10MHz=70MHzを取り出した。この場合、図6-43のように80MHzを中心に折り返し信号が発生する。近傍に発生するためそのため小型のBPFでは十分な減衰量が取ることができず、折り返し信号の除去ができない。そのため信号処理によってナイキスト周波数の折り返し信号を除去する必要がある。

FPGA内部のディジタルアップコンバータで中心周波数10MHzのIFに直交変調後、DAコンバータ内部でアップコンバートする際に発生するイメージを抑制するために、サイドバンドリダクション処理を行い、DAコンバータからイメージが抑制された中心周波数70MHzのIF信号が出力される。

FPGA内部で構成しているディジタルアップコンバータとサイドバンドリジェクションについて説明する。ディジタル直交変調回路を図6-43に示す。ディジタルアップコンバータでも説明したように、サンプリン

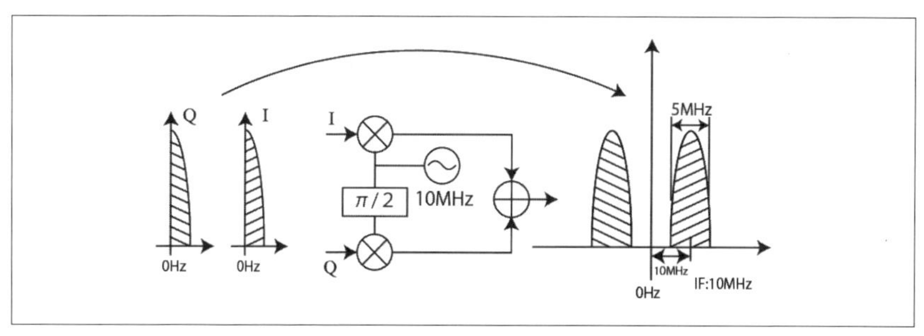
Q
I
0Hz
0Hz
I
Q
π/2
10MHz
5MHz
10MHz
0Hz
IF:10MHz

〔図6-43〕ディジタル直交変調回路

グレートを40MHzにして、ローカル発振器の周波数を10MHzに設定することで、計算回路を大幅に減らすことができ、ディジタルアップコンバータについては乗算回路と加算回路の削減ができる。計算の様子を図6-44に示す。入力信号に対して、COSと-SINのマイナスにあたる信号について符号反転を行うだけで、計算することなく直交変調回路の実装が可能である。

FPGA内部で10MHzのIF信号を作成、RF boardへはIF70MHzで渡す必要があるため、DAコンバータに内蔵されているアップコンバータを使用してIF70MHzを作成した。通常のアップコンバートを行うと、図6-45に示すようにローカル80MHzの両サイドに信号が発生する。これをアナログ回路で処理する場合は、希望波が通過できるバンドパスフィルタが必要になるが、周波数が近すぎてフィルタの減衰量が十分とれずイメージが残ってしまう。これを解決する方法として、サイドバンドリ

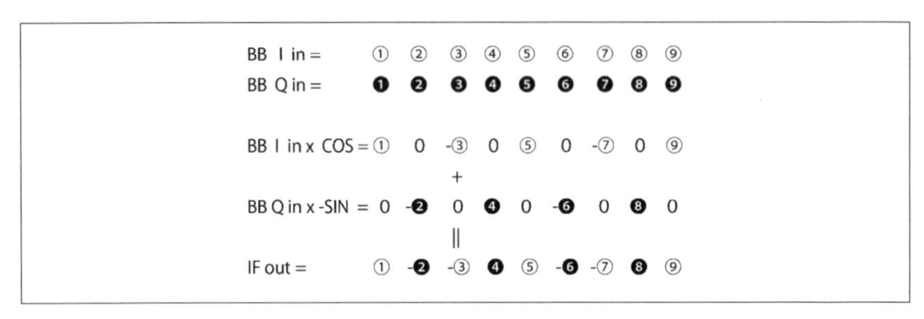
BB I in = ① ② ③ ④ ⑤ ⑥ ⑦ ⑧ ⑨
BB Q in = ❶ ❷ ❸ ❹ ❺ ❻ ❼ ❽ ❾
BB I in x COS = ① 0 -③ 0 ⑤ 0 -⑦ 0 ⑨
+
BB Q in x -SIN = 0 -❷ 0 ❹ 0 -❻ 0 ❽ 0
||
IF out = ① -❷ -③ ❹ ⑤ -❻ -⑦ ❽ ⑨

〔図6-44〕ディジタル直交変調計算

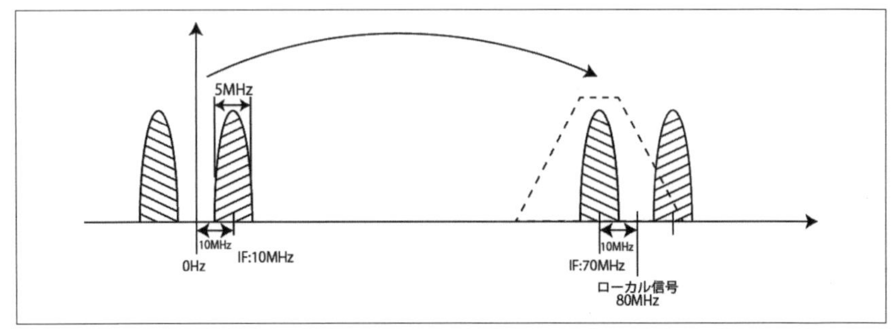
5MHz
10MHz
0Hz
IF:10MHz
10MHz
IF:70MHz
ローカル信号
80MHz

〔図6-45〕DAコンバータの機能を使ったディジタルアップコンバート

ジェクションを利用した。サイドバンドリジェクション回路を図 6-46 に、概念を図 6-47 に、サイドバンドリジェクション後のスペクトラムを図 6-48 に示す。図 6-46 に示したサイドバンドリジェクション回路の Hilbert Transfer（ヒルベルト変換）を実現するために、FIR フィルタを使ったアルゴリズムを使用した。また、この FIR フィルタによって遅延が

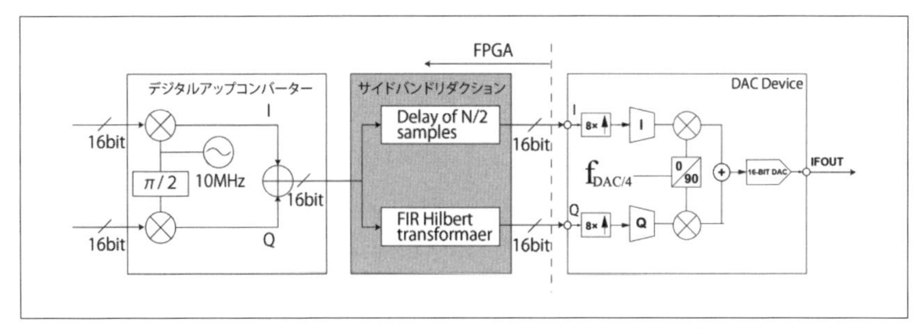

FPGA
デジタルアップコンバーター
サイドバンドリダクション
DAC Device
16bit
16bit
I
Q
π / 2
10MHz
16bit
Delay of N/2 samples
FIR Hilbert transformaer
16bit
16bit
I
Q
8×
8×
I
Q
$f_{DAC/4}$
0
90
16-BIT DAC
IFOUT

〔図 6-46〕サイドバンドリジェクション回路

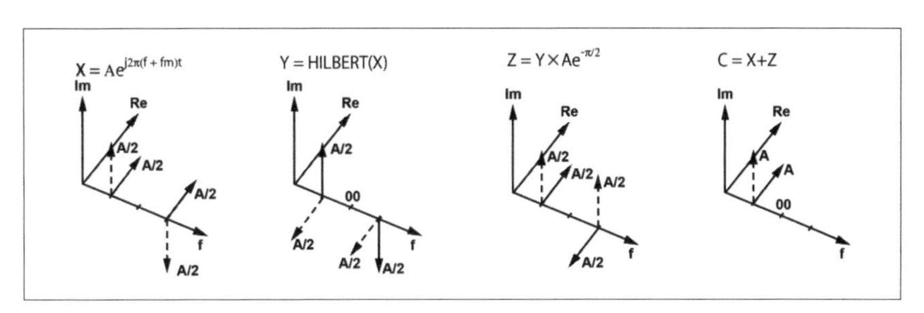

$X = Ae^{j2\pi(f + fm)t}$
Y = HILBERT(X)
$Z = Y \times Ae^{-\pi/2}$
C = X+Z
Im
Re
A/2
f
00
A

〔図 6-47〕サイドバンドリジェクション概念

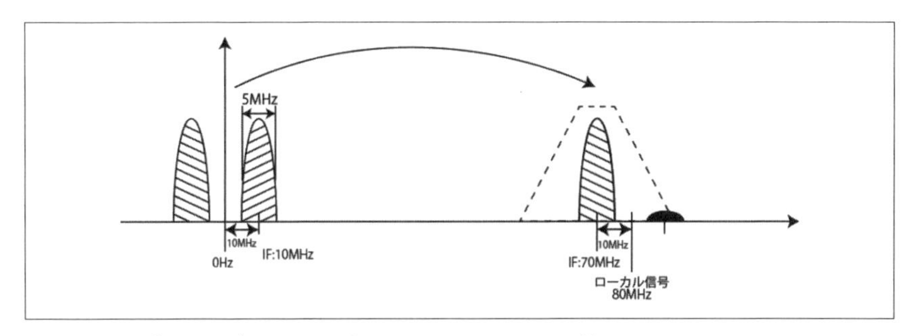

5MHz
10MHz
0Hz
IF:10MHz
10MHz
IF:70MHz
ローカル信号
80MHz

〔図 6-48〕サイドバンドリジェクション後のスペクトラム

生じるため、ヒルベルト変換を行わないもう一方の信号には$N/2$の遅延(NはFIR Hilbert Transferのフィルタ次数)を与える必要がある。

サイドバンドリジェクションを行う場合、ヒルベルト変換が必要である。ヒルベルト変換をディジタル回路で実現する方法としてヒルベルトフィルタがある[25]。ヒルベルト変換は正の周波数の位相が90度遅れ、負の周波数の位相が90度進む特徴がある。FPGA内部で直交変調を行ったIF信号の後に、ヒルベルトフィルタを通過した信号と、ヒルベルトフィルタの遅延分遅延させた信号を作成する。この二つの信号を使って、DAコンバータの直交変調を用いてアップコンバートすることにより、任意のサイドバンドをキャンセルすることができる。

MATLABを用いてサイドバンドリジェクションの効果について確認する。図6-49はサイドバンドリジェクションなしでアップコンバートした結果を、図6-50はサイドバンドリジェクションを使ってアップコンバートした結果を示す。サイドバンドリジェクションの効果により、十分イメージが抑制されていることがわかる。

次にMATLABでの計算で効果の確認できた回路について、本装置のFPGAに組み込みサイドバンドリジェクションの効果について確認した。実機でのサイドバンドリジェクションなしを図6-51に、実機でのサイドバンドリジェクションありを図6-52に示す。図からもわかるように、実機でも十分な効果が確認することができる。また送信に必要な

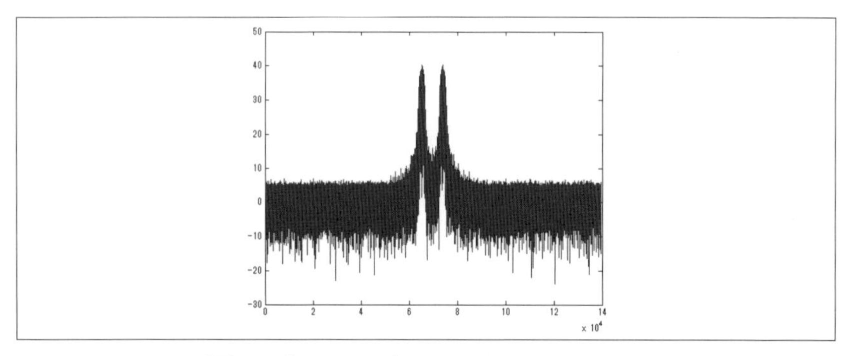
50
40
30
20
10
0
-10
-20
-30
0
2
4
6
8
10
12
14
× 10⁴

〔図6-49〕サイドバンドリジェクションなし

スペクトラムが逆のイメージ信号を取り出すことも同時に行っている。

3－3　まとめ

950MHz MIMO センサネットワーク無線装置では、RF アナログ無線回路の一部を、アンダーサンプリング、サイドバンドリジェクション、DDC、DUC などソフトウェア無線技術を使うことで、アナログ回路を縮小し要求される条件を緩和することができる。また、ハードを制御す

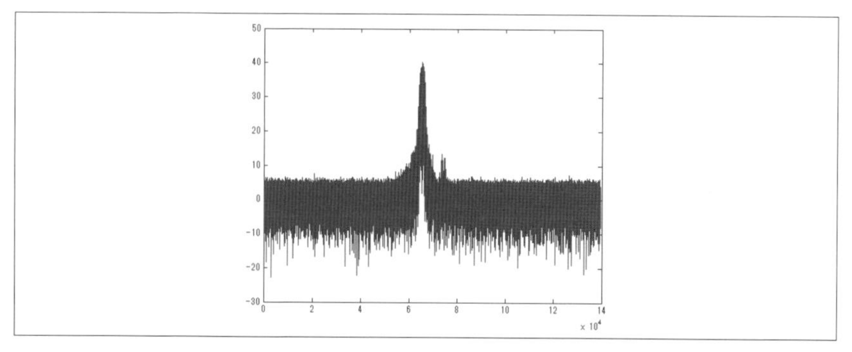

50
40
30
20
10
0
-10
-20
-30
0
2
4
6
8
10
12
14
x 10^4

〔図 6-50〕サイドバンドリジェクションあり

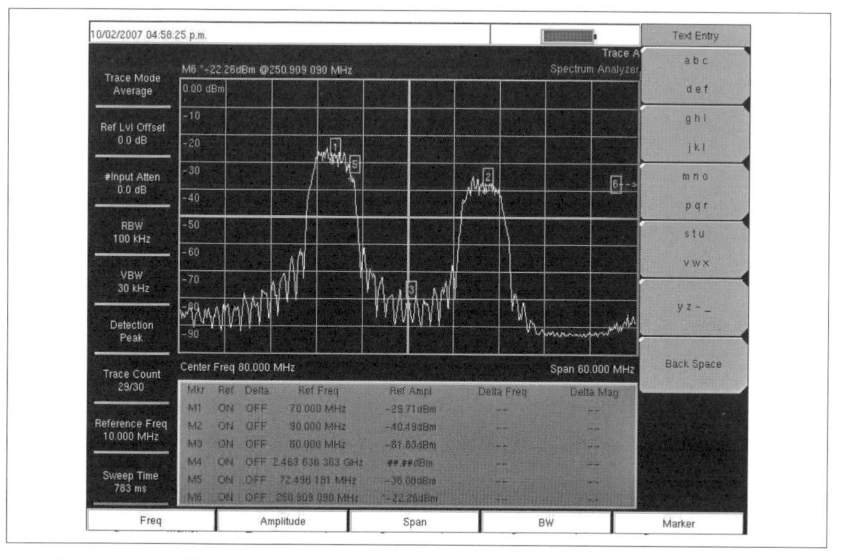

10/02/2007 04:58:25 p.m.
Text Entry
Trace A
Spectrum Analyzer
M6 *-22.26dBm @250.909 090 MHz
Trace Mode Average
Ref Lvl Offset 0.0 dB
#Input Atten 0.0 dB
RBW 100 kHz
VBW 30 kHz
Detection Peak
Trace Count 29/30
Reference Freq 10.000 MHz
Sweep Time 783 ms
0.00 dBm
-10
-20
-30
-40
-50
-60
-70
-80
-90
abc
def
ghi
jkl
mno
pqr
stu
vwx
yz-_
Back Space
Center Freq 80.000 MHz
Span 60.000 MHz
Mkr Ref Delta Ref Freq Ref Ampl Delta Freq Delta Mag
M1 ON OFF 70.000 MHz -29.71dBm -- --
M2 ON OFF 90.000 MHz -40.49dBm -- --
M3 ON OFF 80.000 MHz -81.83dBm -- --
M4 ON OFF 2.463 636 363 GHz ##.##dBm -- --
M5 ON OFF 72.496 181 MHz -36.08dBm -- --
M6 ON OFF 250.909 090 MHz *-22.26dBm -- --
Freq
Amplitude
Span
BW
Marker

〔図 6-51〕実機の出力スペクトラム（サイドバンドリジェクションなし）

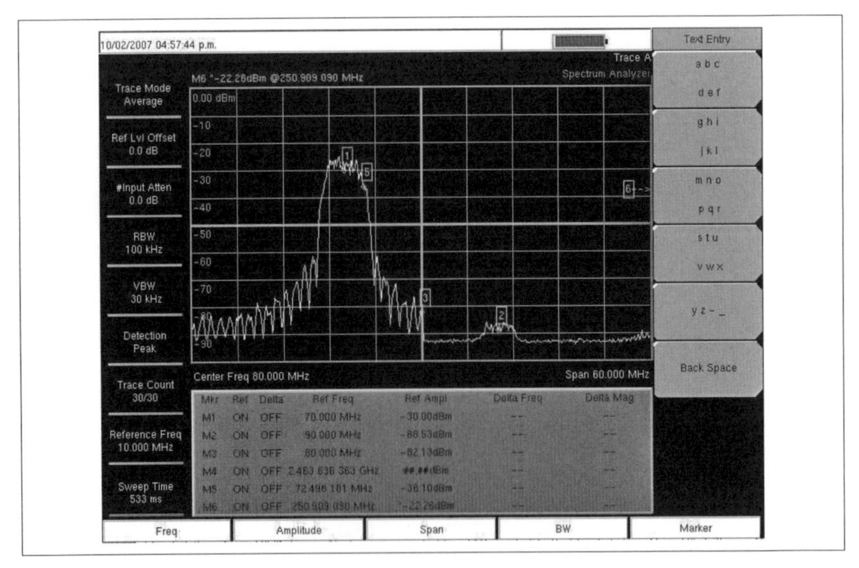
10/02/2007 04:57:44 p.m.
Text Entry
Trace A
Spectrum Analyzer
M6 *-22.26dBm @250.909 090 MHz
Trace Mode
Average
Ref Lvl Offset
0.0 dB
#Input Atten
0.0 dB
RBW
100 kHz
VBW
30 kHz
Detection
Peak
Trace Count
30/30
Reference Freq
10.000 MHz
Sweep Time
533 ms
0.00 dBm
-10
-20
-30
-40
-50
-60
-70
-80
-90
abc
def
ghi
jkl
mno
pqr
stu
vwx
yz-_
Back Space
Center Freq 80.000 MHz
Span 60.000 MHz
Mkr Ref Delta Ref Freq Ref Ampl Delta Freq Delta Mag
M1 ON OFF 70.000 MHz -30.00dBm
M2 ON OFF 90.000 MHz -88.53dBm
M3 ON OFF 80.000 MHz -82.13dBm
M4 ON OFF 2.463 636 363 GHz ##.##dBm
M5 ON OFF 72.496 181 MHz -36.10dBm
M6 ON OFF 250.909 090 MHz *-22.26dBm
Freq
Amplitude
Span
BW
Marker

〔図6-52〕実機の出力スペクトラム（サイドバンドリジェクションあり）

るためのMATLAB関数を用意することで、符号化、復号化、MAC処理をMATLAB行い、シミュレーションで使用した資産を生かし、短期間で無線評価が可能である。FPGAのリソースに関しても使用量を最小限に抑えることで、符号化、復号化の処理についても、回路としてFPGAに搭載することができる。

4．LTE基地局への応用

4－1　市場動向

携帯電話市場はスマートフォンの普及により急速なトラフィックの増加を招いている。その対策として3G（WCDMA、CDMA）よりも周波数効率の高いLTEの商用化が世界中で一気に進んでいる。LTEが導入された2010年と比較し、2015年までに携帯のデータトラフィックは約20倍になると言われている。図6-53に世界の携帯のトラフィック予想を示す。

携帯のトラフィックは音声主体からデータ主体のものに変化しており、データ通信に対してフラットレートが適用されるようになっている。

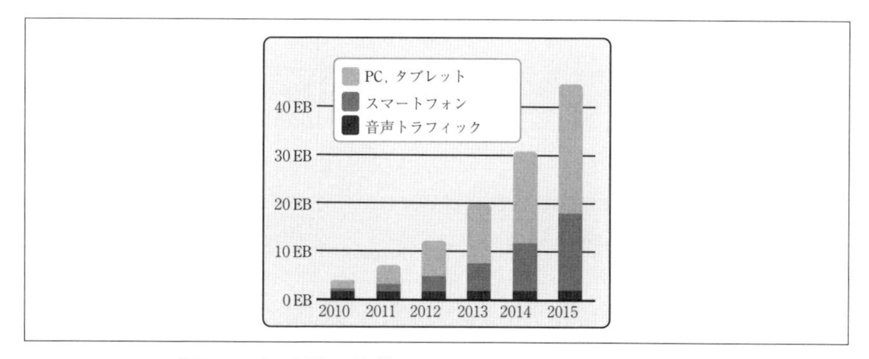
PC, タブレット
スマートフォン
音声トラフィック
40 EB
30 EB
20 EB
10 EB
0 EB
2010
2011
2012
2013
2014
2015

〔図 6-53〕世界の携帯のトラフィック予想 [EB/ 年]

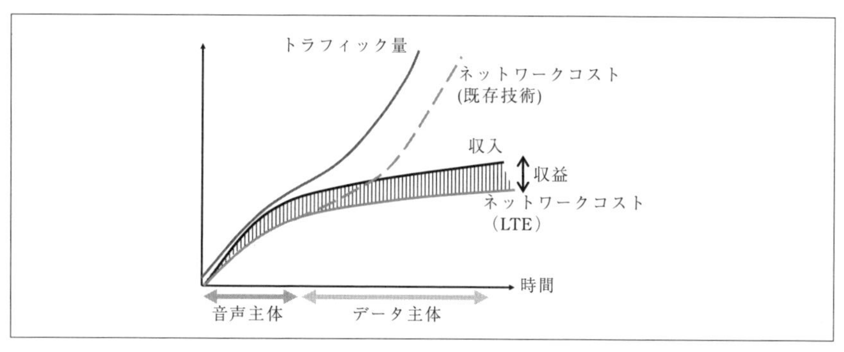
トラフィック量
ネットワークコスト
(既存技術)
収入
収益
ネットワークコスト
（LTE）
時間
音声主体
データ主体

〔図 6-54〕ネットワークコストと収益の関係

図 6-54 にネットワークコストと収益の関係を示す。既存技術によるネットワーク構築ではトラフィック量に応じてコストが上がってしまう。一方でフラットレートの導入などにより携帯電話事業者の収入は頭打ちになっている状況である。利益を確保するためには、低コスト、低ビット単価のネットワーク構築が必要であり、新世代の技術である LTE によるネットワーク構築を進める必要がある。

世界の携帯電話市場では、日本、韓国、米国を中心に LTE の整備が進んでいるが、世界の基地局出荷台数を見ると、LTE の基地局数は未だ全体の 10% 程度に留まり、GSM、WCDMA の基地局が多数を占める。機器ベンダは、複数の無線方式に対応した基地局を提供する必要があり、いかに基地局のコストを下げるかが大きな課題となっている。

4－2　ソフトウェア無線ベースの基地局

4－2－1　ソフトウェア無線ベースの基地局アーキテクチャ

ノキアは、ソフトウェア無線ベースのFlexi Multiradio基地局を開発し、2005年より商用出荷を開始した[26]。基地局をソフトウェア無線ベースとすることにより各無線方式で共通のハードウエアを使用することができ、量産効果による低コスト化を実現している。また、各無線方式を共通のハードウエアで実装することにより、製品コストの低減を実現するのみならず、保守費用も含めて通信事業者の投資効率を上げることが可能である。

最新のFlexi Multiradio基地局は、ソフトウェア変更だけでGSM、WCDMA、FD-LTE、TD-LTE、LTE-Advancedの各方式に対応可能である。

図6-55にFlexi Multiradio基地局のアーキテクチャを示す。

Flexi Multiradio基地局はFlexiシステムモジュールとFlexi RFモジュールで構成されている。Flexiシステムモジュールは、基地局制御、タイミング制御などを行う制御部と各無線方式の変復調処理などを行うベースバンド処理部から構成されている。

Flexi RFモジュールは、直交変復調、RF信号の送受信処理を行う。

Flexiシステムモジュールと Flexi RFモジュール間はOBSAI（Open Base Station Standard Initiative）またはCPRI（Common Public Radio

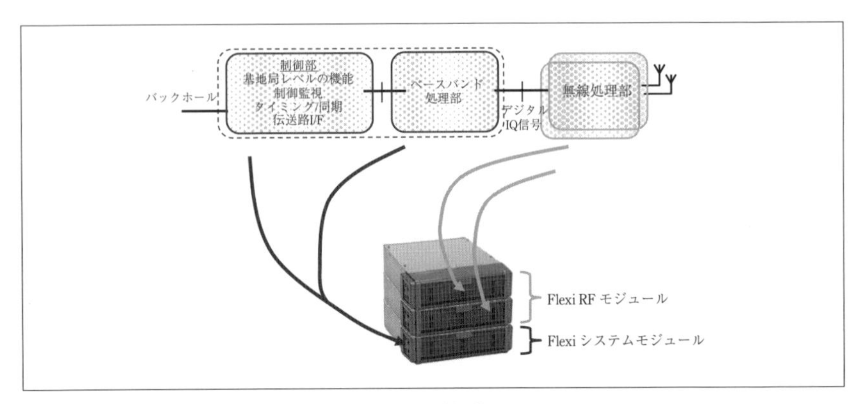
制御部
基地局レベルの機能
制御監視
タイミング/同期
伝送路I/F
バックホール
ベースバンド
処理部
デジタル
IQ信号
無線処理部
Flexi RFモジュール
Flexiシステムモジュール

〔図6-55〕Flexi Multiradio基地局のアーキテクチャ

Interface）のデジタルIQ信号インタフェースで接続されており、最大40kmまで離して設置することが可能である。

Flexiシステムモジュールは、CPU、SoC（System on Chip）、DSPで構成することによりソフトウェア無線を実現し、各デバイスにWCDMAやLTEといった各種無線方式のソフトウェアを保守運用サイトから遠隔でダウンロードすることにより、各方式に対応した基地局に変更できる。また、基地局容量の追加をFlexiシステムモジュール数を増やすことで実現できるスケーラビリティを擁している。

Flexi RFモジュールでは、高精度のデジタルフロントエンド部および直交変復調部によりデジタルアナログ変換と直交変復調が行われる。RF回路部分は各種変調方式に対応できるように線形性の高い回路構成としている。それにより無線方式に依存しないハードウエアの共通化を実現している。

4－2－2　LTE基地局への応用

ノキア製のソフトウェア無線ベースのFlexi Multiradio基地局は、GSM、WCDMA、LTEの基地局に応用されている。小型・軽量で屋外設置可能な基地局であり、たとえばLTE基地局として動作させる場合、3台のモジュールだけで2×2MIMOの3セクタ基地局が構成できる。図6-56にソフトウェア無線ベースのLTE基地局例を示す。

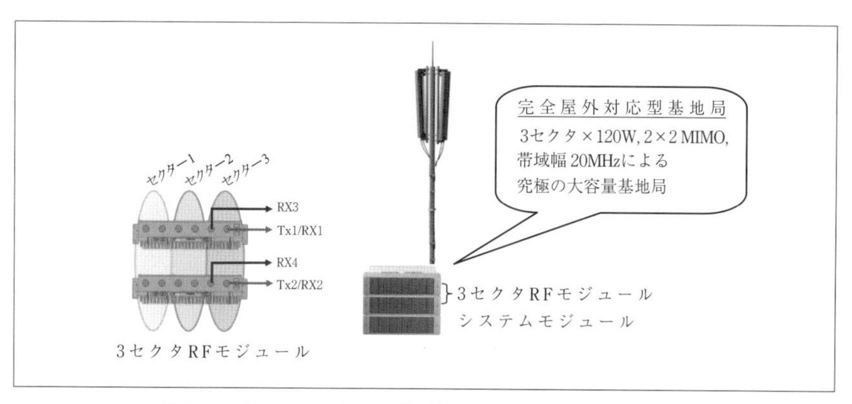

完全屋外対応型基地局
3セクタ×120W, 2×2 MIMO,
帯域幅20MHzによる
究極の大容量基地局
セクター1
セクター2
セクター3
RX3
Tx1/RX1
RX4
Tx2/RX2
3セクタRFモジュール
3セクタRFモジュール
システムモジュール

〔図6-56〕ソフトウェア無線ベースのLTE基地局例

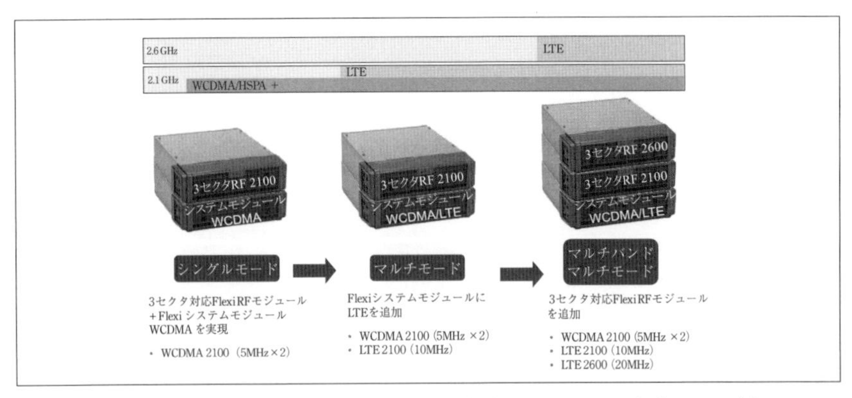
2.6 GHz
LTE
2.1 GHz
LTE
WCDMA/HSPA +
3セクタRF 2100
システムモジュール
WCDMA
3セクタRF 2100
システムモジュール
WCDMA/LTE
3セクタRF 2600
3セクタRF 2100
システムモジュール
WCDMA/LTE
シングルモード
マルチモード
マルチバンド
マルチモード
3セクタ対応FlexiRFモジュール
+Flexi システムモジュール
WCDMA を実現
・ WCDMA 2100 (5MHz×2)
Flexiシステムモジュールに
LTEを追加
・ WCDMA 2100 (5MHz ×2)
・ LTE 2100 (10MHz)
3セクタ対応FlexiRFモジュール
を追加
・ WCDMA 2100 (5MHz ×2)
・ LTE 2100 (10MHz)
・ LTE 2600 (20MHz)

〔図 6-57〕WCDMA 基地局の LTE 基地局へのアップグレード例

ソフトウェア無線の特長として、ソフトウェアの変更により新しい無線方式の導入を素早くできることが挙げられる。3 セクタの WCDMA 基地局を LTE 基地局にアップグレードする例を図 6-57 に示す。

このようにソフトウェア無線ベースの基地局は実用化されており、携帯電話業界で投資効率のよいエコシステムを提供するのに役立っている。

また、ソフトウェア無線の特長を活かし、LTE-Advanced のような将来技術への対応も可能である。

ソフトウェア無線による携帯電話業界への貢献度は大きく、今後のソフトウェア無線技術の展開・発展が期待されている。

参考文献

[1] GNU Radio web site http://gnuradio.org/redmine/projects/gnuradio/ wiki

[2] Ettus Research web site http://www.ettus.com/home

[3] B. Bloessl, M. Segata, C. Sommer, and F. Dressler, “An IEEE 802.11a/g/p OFDM receiver for GNU Radio,” Proc. of ACM SIGCOMM 2013, Aug. 2013.

[4] T. Schmid, “GNU Radio 802.15. 4 en- and decoding,” Networked & Embedded Systems Laboratory, UCLA, Technical Report TR-UCLANESL-200609-06, June 2006.

[5] B. Bloessl, C. Leitne, F. Dressler, and C. Sommer, “A GNURadio-based IEEE

802.15.4 testbed," Proc. of 12. GI/ITG KuVS Fachgespräch Drahtlose Sensornetze (FGSN 2013), Sept. 2013
[6] P. Fuxjäger, A. Costantini, D. Valerio, P. Castiglione, G. Zacheo, T. Zemen, and F. Ricciato, "IEEE 802.11p transmission using GNURadio," Proc. of 6th Karlsruhe Workshop on Software Radios (WSR), March 2010.
[7] Open BTS web site, http://open bts.org/
[8] J. Demel, S. Koslowski, F.K. Jondral, "A LTE receiver framework implementation in GNU Radio" Proc. of WInnComm-SDR Europe 2013, June 2013.
[9] 山本衛 , 脇坂洋平 , 橋口浩之 , "USRP1 及び USRP2 のリモートセンシングへの応用 ,"信学技報 SR2010-26, 2010 年 7 月
[10] Y. Ihara, H. Kremo, O. Altintas, H. Tanaka, M. Ohtake, T. Fujii, C. Yoshimura, K. Ando, K. Tsukamoto, M. Tsuru, Y. Oie, "Distributed autonomous multi-hop vehicle-to-vehicle communications over TV white space," Proc. of CCNC2013, Jan. 2013.
[11] 金ミンソク , "GNU Radio-USRP を用いたソフトウェア無線機の試作と評価 ,"信学技報 SR2010-25, 2010 年 7 月
[12] 藤本裕真 , 篠原 諒 , 村田英一 , "共同干渉キャンセルを行う MU-MIMO システムの伝送実験 ,"信学技報 SR2013-55, 2013 年 10 月
[13] 小泉純子, "総務省の電波政策と最近の動向 ,"信学技報, ソフトウェア無線研究会, SR2007-60, pp.135-139, 2006 年 11 月
[14] J. Mitora III, "Cognitive Radio for Flexible Mobile Multimedia Communications," MoMuC' 99, p.3-10, Nov. 1999.
[15] H. Harada, "Software defined radio prototype toward Cognitive Radio Communication Systems," IEEE Dyspan 2005, vol. 1, pp.539-547, Nov. 2005.
[16] 原田博司, "コグニティブ無線を利用した通信システムに関する検討," 信学技報 ,SR2005-18, pp.117-124, May. 2005
[17] 原田博司, "コグニティブ無線端末機の実現に向けた要素技術の研究開発," 信学技報 ,SR2006-10, pp.49-56, April. 2006
[18] 原田博司, "Cognitive wireless cloud を実現する無線機の研究開発 : ソ

フトウェアプラットフォーム，" 信学技報 , SR2006-76, pp.67-72, March 2007

[19] H. Harada, "Software defined radio prototype for W-CDMA and IEEE802.11a wireless LAN," IEEE VTC2004-Fall, vol. 6, pp. 26-29, Sept. 2004.

[20] 原田博司，"Software Defined Cognitive Radio を実現する無線機の実証試験，" 信学技報 , SR2007-40, pp.129-136, July 2007

[21] 蔭山千恵美，中島健介，堤恒次，谷口英司，下沢充弘，末松憲治，"0.8-5.2GHz 帯マルチバンド／マルチモード，ダイレクトコンバージョン受信機用 SiGe MMIC Q-MIX," 信学技報 ,MW2004-31, pp.17-32, May 2004

[22] 原田博司，"Cognitive wireless cloud を実現する無線機の研究開発：ハードウェアプラットフォーム，" 信学技報 , SR2006-74, pp.51-58, March 2007

[23] K. Mizutani, T. Miyamoto, K. Sakaguchi, and K. Araki, "Prototype Hardware for TDD Two-way Multi-hop Relay Network with MIMO Network Coding" IEICE Trans. Commun., vol. E95-B, no. 5, pp. 1738 — 1750, May. 2012.

[24] ALTERA, "Implementing FIR Filters in FLEX Device," Application Note 73

[25] Analog Devices, AD9786 data sheet.

[26] ノキア製 Flexi Multiradio 基地局仕様
http://jp.networks.nokia.com/products/

著者紹介

太郎丸　眞（たろうまる　まこと）
福岡大学　工学部　教授　博士（情報工学）
昭和62年東京工業大学大学院理工学研究科電気・電子工学専攻修了、
同年九州松下電器（株）入社。同社在籍中、
平成9年九州工業大学大学院情報工学研究科にて博士（情報工学）の学位を取得。
平成13年九州産業大学工学部助教授
平成16年（株）国際電気通信基礎技術研究所（ATR）波動工学研究所入社
平成17年同所無線方式研究室長
平成22年より現職
平成26～28年電子情報通信学会無線通信システム研究専門委員会委員長
無線通信システムを中心に、信号処理から送受信回路までの研究に従事。
大学では無線部の顧問となり、アマチュア無線のモールス電信による交信で「ディジタル無線通信」を楽しんでいる。

阪口　啓（さかぐち　けい）
東京工業大学　准教授　ドイツFraunhofer研究所　兼務
平成10年東京工業大学物理情報工学専攻修士課程修了、
平成18年東京工業大学電気電子工学専攻学術博士取得。
平成25～27年電子情報通信学会ソフトウェア無線（現スマート無線）研究専門委員会委員長。
現在はミリ波帯を用いた第5世代無線通信システム（5G）の研究開発および国際標準化に従事。その傍らで無線給電の研究も行い線に捕らわれない自由な通信の実現を目指している。

●ISBN 978-4-904774-43-4

信州大学　田代 晋久　監修

設計技術シリーズ

環境磁界発電原理と設計法

設計技術シリーズ
環境磁界発電
原理と設計法
[著]
信州大学
科学情報出版株式会社

本体 4,400 円＋税

発行／科学情報出版（株）

●ISBN 978-4-904774-14-4

島根大学　山本 真義
島根県産業技術センター　川島 崇宏　著

設計技術シリーズ

パワーエレクトロニクス回路における小型・高効率設計法

設計技術シリーズ
パワーエレクトロニクス回路における小型・高効率設計法
昇圧チョッパから結合インダクタの設計まで
山本 真義
川島 崇宏
科学情報出版株式会社

本体 3,200 円 + 税

発行／科学情報出版（株）

●ISBN 978-4-904774-20-5

三菱マテリアル㈱　田中　芳幸　著

設計技術シリーズ

サージ対策入門と設計法

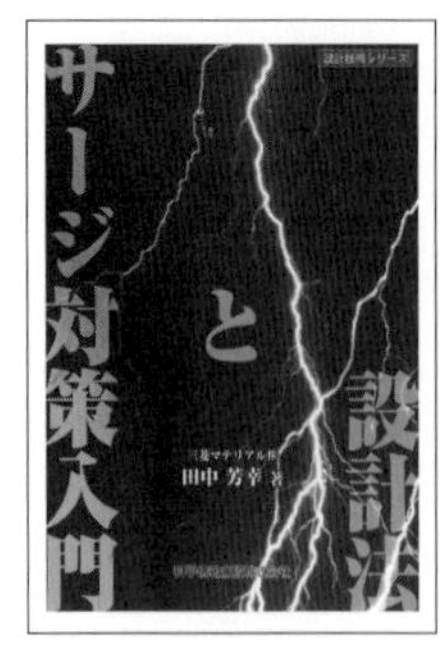

本体 2,400 円＋税

第 1 章　「なぜサージ対策が必要？」「どんな対策部品があるの？」

1．なぜサージ対策が必要か？
2．サージとは何か？
　2－1　誘導雷サージ
　2－2　静電気サージ
3．どのように機器を守るか？

第 2 章　サージ対策部品の種類と特徴

1．サージ対策部品の種類と構造、動作原理
　1－1　放電管型
　　1－1－1　マイクロギャップ方式の放電管
　　1－1－2　アレスタ方式
　1－2　セラミックバリスタ
　1－3　半導体型
　　1－3－1　TSS（Thyristor Surge Suppressor）
　　1－3－2　ABD（Avalanche Breakdown Diode）
　1－4　ポリマー ESD 素子

第 3 章　サージ対策部品の特徴を活かした使い分け

1．サージ対策部品の使い分け
　1－1　インバータ電源回路の保護
　1－2　通信線に接続された製品の保護
　1－3　静電気サージ対策事例：車載アンテナアンプの保護

第 4 章　電源回路のサージ対策 1

1．AC 電源のサージ対策
　1－1　絶縁協調
　1－2　対策部品の配置、サージ退路への配慮
　1－3　ヒューズの配置について
2．サージ対策事例：コモンモードフィルタ使用時の対策
　2－1　共振現象と対策
　2－2　コモンモードフィルタが 2 段の時
　2－3　コモンモードフィルタの他に
　　　　コイルとコンデンサのペアが含まれている場合
　2－4　コモンモードフィルタ対策時の注意点

第 5 章　電源回路のサージ対策 2　情報機器電源のサージ対策（IEC 60950-1）

1．国際規格 IEC 60950-1：変遷と解釈
2．2006 年の第 2 版改訂の内容と解釈
3．2013 年 IEC 60950-1 Am.2 Ed.2（最終決定）
4．関連トピック：TV セットのアンテナカップリング
補足 1．絶縁の種類について
補足 2．機器のクラス分けについて
補足 3．タイプ B のプラグについて

第 6 章　通信線へのサージ対策

1．通信装置のサージ対策
2．通信線用のサージ防護装置
3．新たな通信手段とサージ対策

第 7 章　無線通信機のサージ対策

1．データ通信の無線化に関して
2．アンテナ部分の静電気サージ対策
　2－1　静電気サージ試験
　2－2　信号に対する安定性について

第 8 章　アンテナ部分の静電気対策

1．静電気対策方法
2．静電気対策の実例
　2－1　各対策部品のサージ吸収特性
　2－2　試験基板での評価結果
3．まとめ

第 9 章　放電管とバリスタの直列接続について

1．放電管とバリスタを直列接続した時の直流放電開始電圧について
　(Q1)
2．放電管とバリスタの直列接続時のインパルス放電開始電圧について
　(Q2)
3．バリスタ＋放電管と放電管＋バリスタという接続について
　(Q3)

第 10 章　SPD 分離器用ヒューズについて

1．雷サージ対策について
2．低電サージ防護デバイスの規格について
3．SPD 分離器に関して
4．SPD 分離器の規格について

第 11 章　サージ対策試験について（立会試験）

1．実機での試験の意味
2．電子機器のサージ対策に関する実例
　2－1　事例 1
　　　　より良い保護方法の提案：残留電圧の低減
　2－2　事例 2
　　　　見落とされていた部品の影響の確認：共振現象への対策
　2－3　事例 3
　　　　予想外のサージ侵入経路が存在：
　　　　同じ建屋でも機器間の接続部のサージ対策は必要
　2－4　事例 4
　　　　予想しなかった経路：図面だけでは見えないところもある
3．立会試験は有効

発行／科学情報出版（株）

●ISBN 978-4-904774-07-6 (一社) 電気学会／電気電子機器のノイズイミュニティ調査専門委員会

電気学会 編集

ノイズ耐性試験・計測ハンドブック

電気電子機器における
ノイズ耐性試験・
設計ハンドブック
科学情報出版株式会社

本体 7,400 円＋税

発行／科学情報出版（株）

設計技術シリーズ
ソフトウェアで作る無線機の設計法

2016年9月28日　初版発行

編　著　　太郎丸　眞／阪口　啓　

発行者　　松塚　晃医
発行所　　科学情報出版株式会社
〒300-2622　茨城県つくば市要443-14
電話　029-877-0022
http://www.it-book.co.jp/

ISBN 978-4-904774-47-2　C2055